科研不端问题的哲学分析

张德昭＿＿著

上海三联书店

图书在版编目(CIP)数据

科研不端问题的哲学分析/张德昭著.--上海:上海三联书店,2024.8.-- ISBN 978 - 7 - 5426 - 8656 - 5

Ⅰ.G311

中国国家版本馆 CIP 数据核字第 20243KV530 号

科研不端问题的哲学分析

著　者 / 张德昭

责任编辑 / 吴　慧
装帧设计 / 徐　徐
监　制 / 姚　军
责任校对 / 王凌霄

出版发行 / 上海三联书店

　　　　(200041)中国上海市静安区威海路 755 号 30 楼
印　刷 / 上海惠敦印务科技有限公司

版　次 / 2024 年 8 月第 1 版
印　次 / 2024 年 8 月第 1 次印刷
开　本 / 655mm×960mm　1/16
字　数 / 290 千字
印　张 / 18
书　号 / ISBN 978 - 7 - 5426 - 8656 - 5/B · 919
定　价 / 72.00 元

敬启读者,如发现本书有印装质量问题,请与印刷厂联系 13917066329

目　录

引　言

　　科研不端不仅是中国的问题,而且是世界性的问题,它不仅严重阻碍科学的健康发展,而且严重影响社会的健康发展。以大学为例,耶鲁大学教授帕利坎(J. Pelikan)说:"学术欺骗将会摧毁大学的基础,其方式和程度甚至为最恶毒、最讨厌的政治诽谤对国家基础的摧毁所不及。"他说:"如果不坚持学术诚实,大学不仅会伤害自己,而且会走向毁灭;在将来——现代社会和技术力量正在创造出来的那个将来,大学是否还会有资源,包括道德资源,继续衡量自由和探究智识活动中的诚实,这个问题必须提出。"①也就是说,科研不端有可能使大学的信誉受损,极端情况下会导致社会对大学断供,从而危及大学的生存。因此,深入探究科研不端产生的根源、内在机制和治理措施,对规范科研行为、改善学术生态和提升国家科研实力等都具有十分重要的意义。本书试图根据科学社会学理论,基于现代性批判视角,分析现代科学活动中的科研不端,并从制度和道德两方面有针对性地提出防范和治理科研不端的对策。

　　研究科研不端,首先要明确科研不端的定义和表现形式。即对"科研不端"这一概念给出准确定义;对科研不端的类型和表现形式加以简要归纳,确定应该把哪些行为包括在科研不端之中。只有如此,才能准确把握科研不端问题的研究对象和适用范围,也才能透过现象把握本质。美国科学社会学家默顿(R. K. Merton)较早使用了"科学界的越轨行为"这一概念,但是,由于默顿主要研究的是自然科学的社会学问题,因此,他对越

---

① 帕利坎:《大学理念重审》,杨德友译,北京大学出版社,2008 年,第 55 页。

轨问题的讨论基本上没有涉及人文科学和社会科学。同时,默顿主要是从科学制度的角度研究因优先权之争而产生的越轨,因而有其局限性。另一位美国学者贾德森(H. F. Judson)将科研不端定义为"科学中的欺诈",他认为,不管科研不端的表现形式如何,其实质都在于欺诈。在贾德森看来,无论是人体系统还是自然界中的生物系统、物理系统,都是存在缺陷的,而"缺陷的存在为人们理解被其扰乱的进程提供了途径",因为如果没有这些缺陷的扰乱,那么上述系统的进程会过于庞大、复杂和快速,从而使得对这些系统的有意识的干预不可行或不道德。缺陷的价值在于它扰乱了系统运行的进程,从而为人类干预提供了机会。同样,作为科学研究中的缺陷,"科学欺诈和一些相关的不端行为无疑也是科学发展过程中的缺陷"①,如果没有这些缺陷,那么,对科学活动的干预就难以实施,也不可行,甚至是不道德的,因为对一个完美无缺的对象实施人为干预,这是对对象的破坏而不是改进,因而是不道德的。只有对那些有缺陷的对象来说,人为的干预才是可行的、干预措施才是可以实施的,也才是有道德的。换言之,对象的缺陷既为改进这种缺陷而实施的人为干预提供了可能性,也为改进这种缺陷的措施提供了合法性基础。从道德意义上说,道德存在的合理性在于对道德的需要,对道德的需要往往根源于对象的缺陷,针对有缺陷对象的人为干预是道德的,针对无缺陷对象的人为干预有可能是不道德的。对贾德森提出的这个逻辑要正确理解,系统存在缺陷是对系统加以干预的前提,但系统存在缺陷不是值得感激的事。科研不端是科研系统存在的缺陷,它是治理科研不端的前提,但不能说科研不端为治理科研不端提供了机会,只能说它为治理科研不端提供了必要性,就像不能说疾病为医疗提供了机会,而只能说疾病为医疗提供了必要性一样。

在现有的研究中,学者们一般使用"科研不端""学术不端"等概念,不过,如果要严格加以区分的话,这两个概念其实是有差别的。"学术不端"不同于"科研不端",学术不端涵盖了学术活动的全部环节和过程,而科研

---

① 贾德森:《大背叛——科学中的欺诈》,张铁梅、徐国强译,生活·读书·新知三联书店,2011年,第3页。

不端指的主要是在学术活动过程中的"科学研究"这个环节出现的不端行为。学术活动包括很多环节,尤其是在现代科学已经成为流水线生产的情况下,学术活动过程包括课题申报、科研组织、科学研究、论著发表、成果应用、科学奖励等诸多环节。另外,学术不端的主体与科研不端的主体也是有区别的,学术不端的主体可以是与学术活动相关的任何人,而科研不端的主体主要是科研人员。因此,"学术不端"这一概念虽然比较全面,涵盖范围更大,但是,这个概念又显得比较笼统,不够明确。本书使用的"科研不端"主要指的是在科学研究这个环节中出现的不端行为,因为学术活动过程中的不端行为主要发生在科学研究这个环节。当然,本研究也不可避免地会涉及学术活动的其他环节。

对科研不端的定义应该既注重动机,也注重行为,更注重结果,动机、行为与结果是相关的,动机是内在根源,行为是外在表现,结果则是行为产生的影响,应该把这三个方面联系起来分析。大致说来,科研不端指的是科研人员在科研活动过程中以获取名利为目的而进行的伪造、剽窃等违背学术规范和学术道德准则的行为。真正的科学研究应该以增进知识为目的,而科研不端以获取名利为目的,这种动机、目的上的差异是科研不端与合规科研行为的根本区别。从类型看,科研不端主要表现为捏造、篡改、剽窃、买卖论文、代写论文、代投论文著作、虚假陈述、隐匿学术事实等。

在实践中,学术界对"科研不端"的定义多种多样,原因在于科研不端行为本身多种多样,而且随着现代技术手段在科学研究中的运用,科研不端行为的手法也出现了技术化特征,可以说花样翻新,哪怕用"八仙过海,各显神通"来形容也不为过。大致从 20 世纪 80 年代以来,国内外的众多学者和机构开始对科研不端给予较多关注并开展研究,也对科研不端给出了多种定义和分类。美国国立机构"公共卫生局"在 1989 年就提出了科研不端的定义。2002 年,美国科技政策办公室对"科研不端"给出了明确定义,认为科研不端指的是在研究计划、研究过程、评议评审或报告研究结果中存在的伪造(fabrication)、篡改(falsification)、剽窃(plagiarism)等行为。这个定义将伪造、篡改和剽窃规定为科研不端的三种主要类型,由于这三种类型的三个英文单词的第一个字母分别是 F、F、P,故又被称为"FFP定义",这一定义被美国高校广泛接受和遵守。[①] 此外,美国对科研不端的定义还具有高校特色,不同的学校根据自己学校的实际情况对科研不端作了不同界定,然后基于这一界定制定相应的管治方案和措施。比如,加州大学洛杉矶分校将科研不端分为"作弊""伪造""剽窃""助长学术失信""胁迫评级和评价"及"未授权的协作"等七大类。德国在2000年将科研不端分为"故意弄虚作假""侵犯其他人知识产权""破坏其他人的研究"和"联合作伪"等类型;英国皇家物理学院等机构对科研不端的定义是"抄袭及剽窃""捏造数据"和"侵占他人研究成果";丹麦、瑞典和芬兰等国也提出了对科研不端的定义。中国学者和学术机构也对科研不端进行了研究和分类。2006年,中国科技部将科研不端定义为"违反科学共同体公认的科研行为准则的行为",其具体界定侧重于科研成果的科学性和有效性;2007年,中国科学院将科研不端定义为"研究和学术领域内的各种编造、作假、剽窃和其他违背科学共同体公认道德的行为;滥用和骗取科研资源等科研活动过程中违背社会道德的行为",这一界定侧重于科研立项和科学研究阶段出现的各种违规行为。从以上简要介绍可以看出,相较于国外学术界,国内学术界对科研不端行为的定义相对宽泛,但其含义大同小异。其中,"伪造""篡改"和"剽窃"是科研不端的主要类型和表现形式。

探讨现代科学活动中的科研不端,还要注意科研不端的发生率,即科研不端的数量与全部科研数量、科研不端的科研人员数与全部科研人员数,以及通过科研不端获得的科研成果数与全部科研成果数之间的比率。由于上述概念具有不确定性,同时很难准确确定各种数量指标等多方面原因,科研不端的发生率显然难以精确计算。必须看到,虽然科研不端不仅在当代科学活动中存在而且在历史上的科学活动中就存在,但有一个基本事实可以肯定,在现代科学活动中,科研不端出现的密集程度前所未有,科研不端的发生率呈现出不断增长的趋势。究其原因,随着现代经济社会发展规模和科学研究规模的不断扩大,科研不端发生的可能性也大

---

① 高文波、柳咏心:《对美国高校处理学术不端行为机制的研究》,载《学校党建与思想教育》2011(25):73—75。

大提高了。这种现象意味着,科研不端的产生有其时代根源和客观根源,不能仅仅将科研不端的根源归结为科研人员的主观思想觉悟差,或者对科研人员的思想道德教育失败。如果那样,就会陷入主观主义,难以把握科研不端问题的实质。为此,必须坚持唯物主义原则,探究科研不端的时代根源和客观原因,这一思路自然引导我们将科研不端与现代性批判联结起来。

研究现代科学活动中的科研不端,必须将科研不端作为一种现代性现象,将其置于现代性批判这一主题中。无论从中国还是从世界范围看,当代大学和科研机构都正在以前所未有的规模陷入现代性(Modernity),科学界也出现了明显的现代性特征,困扰着科学界的科研不端正是这种现代性特征的一个具体表现。举例来说,科研不端本质上是科研活动中的欺诈行为,而按照贾德森的看法,欺诈行为是"从十九世纪末开始大行其道"的。[①] 换言之,尽管欺诈行为在历史上早已有之,但是,它是从19世纪末开始密集出现的,不仅如此,科研活动中的欺诈与社会生活其他领域中的欺诈本质上并无二致。如此现象说明,科研不端行为的大量出现存在着并非源自人的本性或人的主观思想觉悟方面的客观根源,它是现代化进程中出现的一种现代性征兆。

"现代性"是颇具争议和歧义的概念,而且不同时代所说的"现代"具有相对性,因此,"现代性"具有多方面的内涵,很难对其进行清晰描述。斯塔夫里阿诺斯(L. S. Stavrianos)认为,现代文明是"充满活力的、扩张主义的新型文明",它与"传统的、以农业为基础的文明有着本质区别"。人类通过现代化试图"将增强对外部环境的控制能力以作为提高物质生产力人均产量的手段"。现代化的特征还包括"对民众的唤醒和激发""对现在和未来比对过去有更大的兴趣""一种把人类事务看成可以理解的而不是受超自然力量控制的趋势""对科学和技术的益处的信赖"等。[②] 斯塔夫里阿诺斯指出了现代性的"进步""民主""启蒙"和"理性"等方面的特征。韦伯(M. Weber)在《新教伦理与资本主义精神》一书中将资本主义

---

① 贾德森:《大背叛:科学中的欺诈》,张铁梅、徐国强译,生活・读书・新知三联书店,2011年,第9页。
② 斯塔夫里阿诺斯:《全球通史》(上卷),吴象婴等译,北京大学出版社,2005年,第371页。

的特征概括为"理性地追求经济利益",这实质上也可被视作现代性的基本特征:一方面是追逐经济利益(实践的目的和价值取向),如韦伯所说,"资本主义不外乎以持续不断的、理性的资本主义'经营'(Betrieb)来追求**利得**,追求一再**增新**的利得,也就是追求'**收益性**'"。^① 另一方面,与资本的逐利本性相伴随的是整个社会的理性化(实践的手段和方法)。资本主义经济是一种理性经济,表现在它包含计算理性。韦伯说:"在理性地追求资本主义营利之处,相应的行为是以资本**计算**(Kapitalrechnung)为取向。"^②韦伯所说的理性地追求经济利益,本质上是科学技术与经济发展、技术逻辑与资本逻辑的共谋。韦伯对这种共谋关系有精练的描述:"近代西方特有的资本主义首先很显然是受到**技术**能力的进展的强烈影响。如今其合理性在本质上是取决于,技术上的决定性因素的**可计算性**,这些关键性的技术要因乃精确计算的基础。换言之,这合理性乃是有赖于西方科学的独特性,尤其是奠基于数学及实验的那种既精确又理性的根基上的自然科学之特殊性。而反过来,这些科学以及以这些科学为基础的技术的发展,则又受到资本主义营利机会的巨大刺激,换言之,资本主义的营利机会,作为奖赏的诱因,与科学技术的经济利用产生了密切关联。"^③总之,现代性的内核是理性地追逐经济利益,这对科研不端有推波助澜的作用。

本书把现代性理解为人类在现代化进程中出现的基本特性。仅从实践层面看,可以将英国工业革命视为现代性的历史起点,因为工业革命建立起了科学技术与经济发展的历史性共谋。工业革命将瓦特改良的蒸汽机应用于纺织工业中,建立起机器大生产,这意味着现代技术成为现代经济的基础。因此,现代化的核心是科学技术与经济发展的共谋,科学技术和经济发展是现代化的两个主要支柱,技术逻辑和资本逻辑是现代社会的主要规则。由于现代经济主要是市场经济,因此,科学技术与经济发展

---

① 韦伯:《新教伦理与资本主义精神》,康乐、简惠美译,广西师范大学出版社,2007年,"前言"第5页。

② 韦伯:《新教伦理与资本主义精神》,康乐、简惠美译,广西师范大学出版社,2007年,"前言"第5页。

③ 韦伯:《新教伦理与资本主义精神》,康乐、简惠美译,广西师范大学出版社,2007年,"前言"第11页。

的共谋主要是科学技术与市场经济的共谋。现代化的基本思路是,资本为了实现价值增值的目的,将现代技术作为手段,在自然界和社会生活中建立起理性秩序,运用现代技术奠定自然界和社会生活的合理性基础,通过这种方式不断提高生产效率,进而达到利润增长的目的。于是,科学技术的发展和资本的不断进取相互促进,共同推动社会进步。技术逻辑和资本逻辑的二重奏构成了现代化的主要乐章,"不断进步"成为现代化的基本精神。现代化的发展取得了巨大历史成就,但是也带来不可忽视的问题。由于现代化是由科学技术发展与经济发展共同谋划的,现代性从这两方面衍生出来,因此,现代性批判的主题也主要聚焦于两个核心:一是对资本逻辑的批判;二是对技术逻辑的批判。因此,本书对科研不端的现代性批判也主要从上述两个视野展开。基于现代性批判视野研究科研不端,意味着赋予科研不端问题的研究以具体性和时间性,将科研不端作为一种时代问题来认识。在不同的时代中,科研不端的根源以及相应的学术规范并不是一成不变的,它们是随着社会的发展不断变化的。研究当代科学活动中的科研不端,特别要基于现代性批判视角,将科研不端作为一种现代性现象,通过揭示科研不端的现代性根源,将科研不端治理作为克服现代性的一种努力。

经济发展的规模化必然推动科学技术发展的规模化,这一特点表现在,现代大学和科研机构的体制化特征十分突出;科学的加速发展导致各个学科专业和研究方向的从业人员大量增加;围绕同一学科、同一研究方向、同一问题,一定存在大量的科研人员在不同时间、地点进行重复研究;科学与社会的相互作用日益增强;社会对科学的经费投入不断增加。如此等等。这些都有可能成为科学领域中科研不端行为加剧的诱因。同时,运用科学技术来推动经济发展是现代化的基本思路。这一思路表明,现代科学技术与现代经济发展的共谋绝不是平等的共谋,现代科学技术仅仅是手段和工具,而现代经济发展才是目的,这是科学地位的时代性变化,这一变化对科学研究、科研管理产生了巨大影响,对科研不端的产生也难辞其咎。比如:资本的普世性导致资本逻辑介入科学领域甚至取代科学领域的运行原则;社会对科学研究的经费投入不断增加,科学对社会的经济价值也不断增强,经济领域的投入产出原则在科学界的推行,意味着对科研人员的科研动机、目的的经济驱动加强,由于科研人员个人只是投入产出链中的微小一环,因此,其科研动机有可能从追求科学转变为通过科学追求经济利益,这是不以人的意志为转移的,甚至是适应社会发展的必然变化,而科研动机的经济取向一旦走到极端就必然会产生科研不端。再如,科学技术与经济发展的相互作用导致现代社会出现以"进步强制(Progrssionszwang)"①为核心的现代性。经济社会发展的进步必然将其速度传递到科学领域,推动科学的加速发展。科学与社会协作还导致现代科研管理的理性化、技术化趋势,这些变化要求将现代技术和理性主义管理作为理性形而上学加以批判,并从这个角度探究科研管理中的量化逻辑与科学劳动的学术个性、科研管理的计算理性与科学研究的风险性、科研管理的技术效率与科学研究的自然效率、科研管理的标准化要求与科研人员的感性学术生活之间的矛盾等,并从中揭示科研不端的现代性根源,探索解决科研不端的思路和办法。

研究现代科学活动中的科研不端,要从科学与社会的协作关系去展开。有的学者认为,不能把对科学欺诈"增多的指责归结于下列因素:大学要求学者提高产出的压力、公共和私人基金机构对确切产出的要求、研究人员为了获得职位和基金资助而进行的竞争,以及人的诚实和气节标准的降低",②这是全然错误的看法,因为当代科学活动中的科研不端与上述因素恰恰是相关的。在大科学视野中,科学与社会协作要求突出科研成果的经济效益和社会效益,突出科学的社会功能。为此,要研究科学与社会协作过程中社会规则与科学规范、社会效率与科研效率、社会的计划性要求与科学的非计划性、基础科学与应用科学、社会文化与科学文化之间的矛盾等,从科学与社会协作关系的不同层面探究社会要素对科研人员的动机、目的和行为模式等方面的影响,进而揭示科研不端的根源,探究科研不端问题的解决办法。

研究现代科学活动中的科研不端,要研究社会实践对科研不端的推动,特别是要研究科研实践对科研不端的影响。作为一种社会实践,科学

---

① 费迪耶等:《晚期海德格尔的三天讨论班纪要》,丁耘编译,《哲学译丛》2001年第3期。
② 帕利坎:《大学理念重审》,杨德友译,北京大学出版社,2008年,第54—55页。

研究有生产力层面,也有生产关系层面。科研人员从事科学研究、实施科研不端的动机、目的和行为只能从科学研究实践中去理解。同时,科研实践是具体的和历史的,要根据不同时代科研实践的特点去研究科研人员的动机、目的和行为模式。从生产关系层面看,现代科研管理出现的新变化对科研不端有推动作用,生产关系层面对生产力层面中科研人员的科研动机、目的和利益等具有反作用。因此,不仅要从生产关系层面探究科研不端的根源和解决办法,而且要深入科研实践的内在结构、科研实践的生产力层面去研究科研不端的动机、目的和行为。从生产力层面看,现代科研劳动出现了诸多新变化和新特点,对科研不端的变化具有推动作用,这些问题构成本书后续研究的主体内容。

本书主要从五个方面建构科研不端问题的研究框架,全书共包括 5 章 38 节的内容。各章节思路和主题大致如下:第一章"大科学与科研不端"。主要从大科学时代科学与社会的协作关系中,研究现代科学活动中的科研不端,分析了其生成机制和治理科研不端的基本思路。第二章"量化管理与科研不端"。聚焦于现代科学研究的生产关系层面,主要分析了理性主义管理在现代科研管理中的应用如何推动了现代科学活动中的科研不端,以及相应的治理路径。第三章"资本逻辑与科研不端",主要根据马克思等人对货币、资本的批判,分析现代社会中货币原则、资本逻辑向科学活动的渗透及其催生科研不端的内在机制,并从这个角度分析科研不端治理的思路和对策。第五章"科研不端治理:捍卫学术精神"。本章主要思路是如何从学术精神建设上管控科研不端。

本书的基本思路是,以马克思主义哲学和当代西方哲学对现代性的批判为切入点,以科学社会学理论为基础,结合哲学、法学和教育学等学科的观点,在充分认识科研不端的时代性和客观根源、总结国内外关于科研不端的现有研究成果的基础上,从历史与现实、理论与实践相结合的角度,分析科研不端所涉及的科学社会学问题,探究科研不端的现代性根源。在此基础上,系统探究防范和治理科研不端的思路和对策。然后从加强科研诚信建设、建设良好学术生态、实现科研健康发展的现实需要出发,提出对中国防范和治理科研不端的对策思路,深化对学风和科研诚信的建设、对科研管理中的若干重大理论与现实问题的研究,深化科学社会学研究的理论视野。本书可能的创新主要表现在：通过对科研不端问题的研究推进相关学科的理论创新。从现代性批判维度将科研不端作为严肃的学术问题加以研究，能够从特定视角推动科学社会学、STS、科学技术哲学等学科相关问题的理论创新。基于现代性批判视角研究科研不端的科学社会学问题，不仅能够为当代哲学的新走向提供理论参照，而且能够全面、准确把握科研不端的时代根源，为治理科研不端提供具有针对性的思路和对策。

第一章　大科学与科研不端

　　当代科研劳动的一个显著变化在于,科学研究走出"象牙塔"与社会协作,从而出现了大科学(Big science)。大科学是在科学社会学、科学史研究中提出来的一个重要概念。美国科学社会学家普赖斯(D. Price)著有《小科学,大科学》一书,该书是科学社会学领域中较早系统研究大科学的专著。科学社会学领域中的其他一些名著也提到过"大科学"这一概念并作了一定程度的分析,此处不一一赘述。大科学的根本特征是科学与社会协作,这可以理解为当代科学研究在科学活动"领地"上发生的重大变化,即当代科研人员的活动范围已经超出了科学领域,延伸到了社会的政治、经济和文化等各个领域之中。科学与社会协作推动了科学的社会化和社会的科学化,拓展了科学的使命和任务,为科学研究创造了新的机会和动力;同时,社会政治、经济和文化等领域的制度、管理、文化和运行规则等也渗透到科学领域之中,并影响了现代科学的进程。为此,无论是分析当代科学活动还是分析当代社会发展,都不能忽视科学与社会协作这一重要视角,所谓STS(science、technology and society)、科学技术学(science and technology study)等学科的兴起,无非是对科学与社会协作这一时代特征的积极回应罢了。换言之,脱离科学的作用就无法理解当代社会,脱离社会的作用也无法理解当代科学。既然科学与社会协作对当代科学发展具有重大影响,那么也有充分的理由相信,科学与社会协作对当代科学活动中的科研不端同样具有重大影响。总之,科学与社会协作应当成为分析科研不端的重要视角,离开这一视角就无法真正理解当代科学活动中的科研不端。本章正是基于科学与社会协作视野分析科研不端,并从这一视角探讨大科学时代科研不端的生成机制和治理路径等。

一 从小科学到大科学

大科学是由小科学发展而来的。在小科学阶段,科学研究主要是研究者基于对大自然的好奇或探索自然奥秘的热情而从事的工作。在这个阶段,科学研究漫无目的,至少没有特定的社会目的,如果说科学研究有目的,那就是"以科学本身为目的",科学研究的路径是"学以致知",目的是"为科学而科学"。亚里士多德(Aristotle)将科学定性为"对原因的探究",对原因的研究就不是对结果的研究,重点在发现自然奥秘而不在应用于实践。科学发展到大科学阶段后,形成了科学与社会的协作关系,特别是在人类追求现代化的过程中,科学技术与经济发展的历史性共谋得以形成,科学技术和经济发展成为现代化的两根主要支柱,经济发展规模的不断扩大,支撑现代经济发展的科学技术也出现了规模化特征,贝尔纳(J. D. Bernal)称科学变成"巨大的工业垄断公司和国家都加以支持的一种事业了",相应,科学也"从个体的基础上转移到了集体的基础上"。[1] 因此,从小科学到大科学的转变标志着科学从目的到手段、从人性化创造到规模化生产的转变,这一转变要求将科学作为社会的有机组成部分,作为社会的子系统去理解,特别是要把科学作为经济体系的一个组成部分,把科学系统作为经济体系的子系统,置于经济系统去加以研究。由于"科学和社会的繁荣昌盛都有赖于科学和社会两者之间的正确关系"[2],因此,应该从科学与社会协作的视角去理解社会发展,也从科学与社会协作的视角去理解科学发展,同样,也要从科学与社会协作的视角去理解现代科学活动中的科研不端。

所谓大科学,指的是需要大量科研人员、大量科研管理人员、大额度科研经费、大型仪器设备、大规模实验装置和场地等条件的科学研究。大科学正由于其"大",所以任何科研项目都不能由单一的科研机构完成,而

---

① 贝尔纳:《科学的社会功能》,陈体芳译,张今校,商务印书馆,1985年,第25页。
② 贝尔纳:《科学的社会功能》,陈体芳译,张今校,商务印书馆,1985年,第28页。

往往需要科研机构与科研机构之间、科研机构与大学之间、科研机构与政府之间,甚至不同国家之间的通力合作才能完成。可以说,大科学促进了科学研究的整体化发展,也促进了科学与社会的整体化发展。大科学必然促成各种"合作",大科学研究是一种协作研究。在人类历史上,从来没有哪一个时代像现代社会这样拥有如此大规模的科学研究。现代科学研究中的诸要素,如科研队伍、经费投入、场地设施、学术合作、科研流程等,都具有空前庞大的规模,这种状况在古代社会是难以想象的。从小科学到大科学转变的根本原因在于,在人类不断推进现代化的历史进程中,社会对科学的需要增强了,科学对社会的重要性也越来越强,正是社会对科学的需要和科学对社会的重要性推动了大科学的产生和发展,也推动了科学与社会的历史性连接。因此,科学与社会的协作不是与科学发展同步的,即它不是从科学诞生之初就存在的现象,而是随着科学发展和社会发展,到了一定历史阶段才出现的,尤其是在现代社会中,科学与社会协作成为一种重要现象。

科学与社会协作的要害在于,科学与社会相互作用和相互渗透,这意味着科学与社会之间出现双向影响。于是,就需要研究和评估科学与社会双向影响的效果。科学技术是一柄双刃剑,它对社会的作用具有二重性,同样,社会对科学来说也是一柄双刃剑,它对科学的作用也具有二重性。也就是说,科学对社会的作用既有积极的一面也有消极的一面,同理,社会对科学的作用也是既有积极的一面也有消极的一面。因此,必须辩证地分析和看待科学与社会的协作。从社会与科学的相互作用这个方面来看,科学与社会协作必然导致各种社会因素渗透到科学领域之中,同时也导致科学领域的各种因素渗透到社会生活之中,导致科学与社会的双向介入,从而出现社会文化与科学文化、社会管理与科研管理、社会规范与科学规范、社会发展效率与科学研究效率、社会进步速度与科学发展速度等层面的多重矛盾,这些矛盾使科学的自主性受到挑战,甚至存在着使科学丧失独立性的危险。因此,科学与社会协作的过程本质上是科学的世俗化过程,在这个过程中,科学发展有可能得到社会支持,也有可能受到社会破坏,而科研不端的大量出现是这种破坏性作用的一个具体表现。

在现代化过程中,由于科学与社会的协作不是平等的协作,科学与经济发展的共谋不是平等的共谋,社会发展是目的而科学发展是手段,经济发展是目的而科学发展是手段。现代经济规模的不断扩大要求现代科学的规模随之扩大,于是,经济的规模化发展与科学的规模化发展之间出现矛盾,但手段必须适应目的,对科学来说,它必须适应经济规模化发展的需要,科学从属于经济需要和社会需要,从而使科学沦为经济社会发展的工具和手段,这也有可能使科学发展丧失自主性,并偏离科学自身的发展方向和目的。因此,科学与社会之间的关系决定了社会对科学有限定作用,大科学的发展导致社会对科研活动、科学文化、科学精神、科研行为以及科研规则等方面的重新塑造,这种重塑有好的方面,也有坏的方面,其中存在着催生科研不端密集出现的内在机制。从这个角度看,可以把科研不端视为科学与社会相互作用的产物。

二 从业余科学到职业科学

科学与社会协作的原因在于社会需要科学,科学对社会也有重要价值。从这个角度看,科学与社会协作必然推动科学服务或服从于社会的职业分工,科学与社会的协作具体表现为科学与职业的结合。因此,大科学的一个重要标志是从业余科学到职业科学的转变。业余科学也可以称为非职业性科学,从业余科学向职业科学转变,就是从非职业性科学向职业科学转变。过去,科研人员不是把科学作为职业而是作为业余爱好;现在,科研人员把科学作为职业而不是业余爱好。

关于非职业科学向职业科学的转变,已经有不少科学史家、科学社会学家作过较为系统和深入的研究。对这一转变的具体时间很难给予精确考证和说明,准确说,这一转变不是发生在某个具体的时间节点,而是一个历史过程。在科学史上,科学作为职业或科学家作为职业角色,这是经过较长时间的发展才出现的。按照美国科学社会学家巴伯的研究,一直到16、17和18世纪,科学家要么是科学的业余爱好者,要么是把科学当作非本职工作(即当作业余工作)的人。当时,从事科学研究的人并不是将科学作为谋生的手段,同时,社会既没有对科学提出明确的要求,也并不认可科学研究作为一种职业的合法性,这种状况"直到十九世纪末,西方社会才为大学、工业和政府中的大量科学家奠定了稳固的社会基础"。① 美国学者希尔斯(E. Shils)认为,非职业科学向职业科学的转折发生在美国南北战争(1861 年 4 月 12 日—1865 年 4 月 9 日)结束和第一次世界大战结束的历史时期。② 希尔斯划定的这一时间与巴伯划定的 19世纪末基本上是一致的。英国科学社会学家贝尔纳则认为,从非职业科学到职业科学的转折不是发生在 19 世纪,而是发生在 17 世纪。他说:"十七世纪标志着业余科学家到专业科学家的过渡。"③但他同时认为,个性化的科学研究仍然延续到 19 世纪,贝尔纳说,直到"十九世纪初叶,大部分科学研究工作仍然是在皇家科学普及协会或富有者的私人实验室一类地方进行的"。④ 从表面上看,贝尔纳的观点与巴伯和希尔斯的观点不太一致,但其实并不矛盾。贝尔纳的意思是,从非职业科学到职业科学的转折开始于 17 世纪而完成于 19 世纪,而巴伯和希尔斯的意思也是这一转折完成于 19 世纪。因此,大致可以得出一个结论,即贝尔纳、巴伯和希尔斯等三位科学社会学家的考察都表明,从非职业科学到职业科学的转折大致完成于 19 世纪末期。

在 19 世纪末,社会为职业科学、职业科学家奠定了基础,这标志着在这个时代中,科学与社会的协作得到加强,以至于科学研究成了社会生活中的一个正式职业。英国工业革命建立起科学技术与经济发展的历史性共谋,工业革命是现代化的历史起点,而 19 世纪末距离英国工业革命已经历百余年,因此,职业科学的出现是人类现代化发展的结果,它是一种现代性现象。也就是说,由工业革命奠定的现代性之核心——科学技术与经济发展的共谋——发展到 19 世纪末的时候,已经完成了科学与社会协作关系的建立,而职业科学是科学与社会协作的产物,也是科学与社会协作的表现形式。从这种意义上说,科学研究职业化的完成体现了现代性的基本内涵。

---

① 巴伯:《科学与社会秩序》,顾昕等译,生活・读书・新知三联书店,1991 年,第 81—82 页。
② 希尔斯:《学术的秩序》,李家永译,商务印书馆,2007 年,第 3 页。
③ 贝尔纳:《科学的社会功能》,陈体芳译,张今校,商务印书馆,1985 年,第 62 页。
④ 贝尔纳:《科学的社会功能》,陈体芳译,张今校,商务印书馆,1985 年,第 69 页。

从非职业科学向职业科学的转变一旦发生,就推动科研规模不断扩大,而业余科学随之走向衰落,这意味着科学界的学术秩序发生根本改变,其中根基性的一点是科学成为重要社会建制(social institution)。希尔斯认为,业余科学家是"没有义务将自己看作某一机构的成员,并通过学术论文、授课和研讨班来与自己的同行和晚辈发现并交流真理的学者或科学家";他们"业余从事学术活动同时又供职作为行政人员或外交官,或从事新闻,或受雇于私人企业,或从业于某一无论是圣职或世俗的学术行业而取得收入的学者或科学家"。[①] 在当代社会,科学研究已经成为重要的职业活动;科学研究已经成为社会职业中的重要组成部分;科研人员已经成为重要的职业角色;社会为科学提供了大量专业需要和职业机会,也向科学研究提出了大量待解问题,这些因素都是科学发展的重要前提。从非职业性科学向职业科学的"范式转换"开启了"通过机构培育学术的历史",科研人员转变为"将大部分时光投入其中并在复杂的机构中以研究和教学为业的学者和科学家",[②]这一转变表现在多重维度上,如:科研人员从非职业科学家转变为职业科学家;科研动机从对大自然的好奇转变为谋生的手段;科学研究的目的从以认识自然为主转变为以改造社会为主;科研劳动的特点从人性化创造转变为规模化生产;科学研究的组织形式从个性化的自我组织转变为社会对科学的外部组织;科学活动由业余活动转变为职业活动;科研劳动的性质表现为通过服务于社会进而转变为"实用科学"。上述转变是科学与社会协作的结果,也是社会对科学产生决定性作用的具体表现。科学活动之中不会自发地产生出职业分工,也不会自发地产生出职业概念,职业分工是在社会发展过程中生发出来并赋予科学的。从非职业性科学到职业科学的转变本质上是社会赋予科学、科学家、科学活动以新的时代属性,是社会对科学的重新塑造,其实质在于社会对科学的重新定向,它表明社会对科学的需要和作用力显著增强了。本章后续将会对上述多重维度的变化进行详细分析,这里仅列举几个主要方面进行概括性的说明:

---

① 希尔斯:《学术的秩序》,李家永译,商务印书馆,2007年,第3页。
② 贝尔纳:《科学的社会功能》,陈体芳译,张今校,商务印书馆,1985年,第82页。

从科学研究的物质条件上看,古代的科学研究也需要有物质支撑才能进行下去,当时的研究者也需要有物质资源才能得以生存。但是,在人类历史的很长时期内,科学研究都是个人的业余爱好,因此,科研经费主要来自个人的私有财产,或者来自贵族的捐助。业余科学家的科研经费不是来自社会对科学的投入,而是来自个人的私有财产,他们是"靠私人积累或继承的财富为生的学者或科学家"①。非职业性科学研究的科研文献主要是研究者们自己拥有的书籍和资料,科研场所也主要是个人的实验室或私人社团的实验室。因此,业余科学研究没有社会化的组织性特点,科学研究是自由的事业。可是,随着现代化的推进,经济发展要求组织化、系统化的科学研究。从此,科学研究不再是个人的事,而是社会重点发展的事业。于是,科研人员的研究经费主要来自政府拨款或企业界的支持;科研人员也是通过在大学或科研机构担任职务以获得薪金来维持生计。社会之所以要对科学投入经费,原因在于科学发展能够为社会发展提供某种意义上的担保,比如,科学职业化能够为社会职业提供担保,科学的组织化能够为社会的组织化提供担保,科学建制化能够为社会的建制化提供担保,这些都充分彰显了科学与社会的协作,彰显了科学的社会价值。

从科学研究的动机和目的看,业余科学家的收入不是从业余科研之中获得,他们从事业余科研的目的不是赚钱谋生,因此,业余科学家并不是基于功利目的去从事科学研究的。他们既没有对科研机构、学术同行的科研义务,也没有满足社会需要的科研任务,更没有个人私利的驱动,对他们来说,科学研究主要是一种内在的兴趣、爱好,甚至游戏而已。由于古代科学的物质前提主要是由个人提供的而不是由社会提供的,资助科学不是社会的整体性行为,因此,科学研究的动机、目的和方向等都不受社会制约。按照当代管理学中的资源依赖理论,既然社会没有为科学提供资源,科学无须依赖而且没有依赖社会提供的资源,那么,社会就无权为科学研究定向,科学也无须考虑社会的需要。在非职业性科学阶段,科学研究的重点在于认识世界而不是改造世界,非职业性科学主要面向

---

① 希尔斯:《学术的秩序》,李家永译,商务印书馆,2007 年,第 3 页。

自然而不是面向社会,它所面对的问题主要不是按社会需要确定的,而是由科学发现的内在逻辑确定的,科学与社会协作不是科学研究的基本模式。在这种情况下,科学与社会之间存在着某种程度的分离性,科学仿佛是游离于社会之外的独立活动,科学与社会不存在基于相互需要的利益关系。因此,非职业性科学具有非功利性,功利性和实用性不是业余科学考虑的重点。非职业科学家也具有特立独行的特点,古代学者主要以认识自然、揭示自然奥秘为己任,以学以致知为取向,以科学本身为目的,他们致力于推进知识,建立概念体系,极少考虑科学的功利价值或社会对科学的功利需要。实际上,这些特点是科学具有自主性的表现。

在现代性背景下,情况完全不同了,时代精神和科学的精神气质发生了根本改变。如前所述,科学与社会协作的实质在于科学沦为手段而社会需要才是目的,这一关系决定了职业科学中认识世界与改造世界的关系也是手段与目的关系,即认识世界的目的是改造世界。职业科学是既面向自然也面向社会的科学,科研人员认识自然的目的是控制自然和改造自然以造福社会。虽然科学同样以认识自然界的本质和规律为己任,但增加了改造自然以服务社会这一世俗任务,而且这一任务是科学的终极目的。因此,认识自然界只是手段,改造自然界并造福社会才是真正的目的。科研人员从事科学研究的动机不再仅仅是对大自然的好奇或探索自然奥秘的乐趣,而且是服务于社会的功利需要。当社会需要成为推动科学发展的主要动力时,由于社会各个领域对科学的需要是不平衡的,社会不同领域对科学的需要程度和所需的学科专业等是不同的,因而社会的"外来的需要促成了一种不平衡的科研体系"①。社会需要的不平衡性反映到科学界,导致科学界各个学科获得社会支持的力度不平衡,进而导致了不同学科发展的不平衡,有些学科能够得到很好发展,而有些学科则可能被忽视,这种状况不仅会加剧科学界为获得社会支持而进行竞争,而且会加剧不同学科的分化,进而导致社会需要决定科学发展的结构、方向等。科学史上带头学科的更替,不同历史时期带头学科与非带头学科的结构性变化等都与科学与社会的协作有关。竞争就会产生动力和压力,

---

① 贝尔纳:《科学的社会功能》,陈体芳译,张今校,商务印书馆,1985 年,第 2 页。

在各种竞争之中存在着诱发科研不端的各种因素。

从科研人员的价值观上看,从业余科学到职业科学的转变意味着科学价值观的转变。科学保持独立性和自主性意味着科研人员能够"独善其身"。古代的学者大都是科学理想主义者。在现代科学中,情况发生了根本改变,现代科学的价值取向主要是功利主义的,科研人员的价值观也主要是功利主义的。不过需要说明的是,从非职业科学到职业科学的转变不是瞬间发生的质变,而是非职业科学与职业科学的比重此消彼长的历史过程,因此,科学中的理想主义与功利主义也是此消彼长的过程,在非职业科学的时代有功利主义,在职业科学的阶段也有理想主义,两个阶段的转折取决于非职业科学与职业科学、理想主义与功利主义何者占据主导地位。

从科学的组织形式上看,早期的科学研究主要以个性化的自由创造为主,一直到14、15世纪的文艺复兴运动时期,科学家的研究工作仍然主要是在独立的状态下进行的,即使有科研合作,也仅仅表现为某几个人在某个大学城或某个王侯的宫廷中偶尔开展合作研究,这些科学家通过信函互相通报科学情报,由于人数很少,因此,每个人都能够以最快的速度获得任何一项新的科学发现和科学理论信息。后来,以这种私人合作的方式形成的科学交往在1645年的英国产生了第一个"无形学院"(Invisibles college),在此基础上形成了英国皇家学会(The Royal Society)。非职业科学主要是自由创造的科学,因而也是自我组织、自我管理、自我定向的科学。但是,在现代科学中,职业科学是由社会组织、社会管理和社会定向的,因此,职业科学带来的后果是科学原则与行政原则的冲突:科学发展的自由本性与社会对科学的行政化组织、科学研究的自然速度与官僚体制要求的科研速度、科学研究的非效率性与官僚体制的效率原则之间出现矛盾。贝尔纳说:"科学家本来就天生不讲效率,官僚主义的发展则使科学家的效率更低了,而不是提高了;既不能让科学遵照科学自己固有的倾向自由发展,也不能有效地加以引导,使之为工业服务。"[①]于是,科学与社会协作、职业科学的出现、科学成为规模化生产等变化一方面推动科研人员进入大学、政府和工业企业的科研机构之中工作;另一方面又推动

---

① 希尔斯:《学术的秩序》,李家永译,商务印书馆,2007年,第74页。

政府、工业企业及其他社会机构的影响力介入大学和科研机构之中。如此变化势必出现科研人员与大学、政府或企业管理人员之间的矛盾;科研目的与大学、政府和企业的目的之间的矛盾。

从非职业性科学到职业性科学的转变能够为当代科学活动中大量出现的科研不端提供某种解释。显然,对科学的实用性和功利性的强调,导致了科研人员的价值观从理想主义为主向功利主义为主转变,科学研究从自由创造到服务社会的转变,科研管理从自由组织到社会组织、从自我管理到社会管理的转变等,这些变化无不意味着科学性质、科研动机和目的、科学精神、科研行为和科研规则等发生变化,意味着社会因素渗透到科学之中,而其中的某些不良因素为科研不端的密集出现提供了更大的可能性。对这些问题,本章将在后面的内容中加以细致分析和阐述。

三 基础科学与应用科学

随着业余科学向职业科学转变,科学研究开始从注重基础研究转变到注重应用研究:政府主导科学研究的目的主要是经济社会发展的需要;企业介入科学研究的目的主要是提升企业的经济效益。随着业余科学和自治科研机构的衰落,科学被纳入建制化的学术秩序之中,也被纳入经济社会体系之中,于是,科学研究从个人的事转变为社会的事。凡工具都是被应用的东西,科学沦为工具就是科学变成应用科学,因此,科学与社会协作的实质是科学在社会实践中的应用价值得到提高。以现代大学中基础科学与应用科学的关系来说,从以基础科学为主转变到以应用科学为主不是瞬间发生的,而是逐步实现的,在这个过程中,大学确立了它在学术界的中心地位。大学中基础研究与应用研究的比例关系也经历了一个历史过程。一开始,基础研究的比例大于应用研究的比例,在那个阶段,无论是在大学还是企业,直接从事应用研究的人数都比较少。根据希尔斯的考察,大致从美国南北战争(1861—1865)、第一次世界大战(1914—1918)到第二次世界大战爆发(1939)之前的十年,无论是在美国、德国、法国还是英国,大学里的科研人员对基础研究的兴趣、对学术事业的热爱、对知识的探究欲、对科学发现的愉悦,以及试图理解事物的愿望等纯学术动机都得到了很好保持,甚至还得到了加强。由于那个时代基础科学的比例较大,因而强大的学术传统得以保持下来。希尔斯说:"大学依然是富有成果的科学和学术知识的中心。最好的学者坚信他们所做的事情的价值,传统、学术力量和坚定的信念结合在一起,产生了骄人的成果。"①根据希尔斯《学术的秩序》一书记载,晚至 1900 年,在美国的 9000 名称职的化学家中,只有 276 人全职受雇于化学工业。美国钢铁公司直到第一次世界大战还没有建立研究机构。通用电气公司是个例外,它有一个 102 人的工业实验室,涉及街道照明、X 射线、冶金、无线电等方面。在那个时代,大学的核心任务是致力于非实用目标的研究,即使致力于实用目标的研究也主要是通过教学和传播来推进"精神的改进",而不是通过研究和发现来推动知识参与到"实用型的改进"之中。

随着现代化的推进,基础科学与应用科学的比例开始发生变化。现代大学对科学发展的意义主要表现在两个方面:一方面,大学本来"有助于提供对不存在即刻实用性或经济上的重要性的事物的献身精神能够兴盛不衰的条件",因为大学可以"研究基础性的问题,它们的工作不受必须具有实用性的限制",基础科学在大学中得到重视和发展,大学里有一部分人在从事非实用性的科学研究,科学在大学中成为一种信仰,对科学的神圣与敬畏、对科学研究的虔诚心理、知识上的探究欲、以科学为目的等科学精神被保留下来了,由于"对基础性学问的关注,大学在某种意义上能够作为宗教的继承者"。② 科研人员以发现自然规律为己任,基本不考虑科学的应用价值。另一方面,现代大学面临的一个重要问题是"在一个专门化和实用性的时代,大学设法达成了专门化与广泛性、实用性与基础研究的协调"。③ 也就是说,社会的专门化和实用性需要促成了大学中科学研究的专门化和实用性,也影响了大学中基础科学与应用科学的比例结构。在以应用科学为主导的背景下,由于大学和科研机构都是科学与社会协作的中转站,因此大学和科研机构的自主性、纯粹性不保。可以说,现代大学兼具教育机构和经济机构双重属性,现代科研机构兼具科研

① 希尔斯:《学术的秩序》,李家永译,商务印书馆,2007 年,第 131 页。
② 希尔斯:《学术的秩序》,李家永译,商务印书馆,2007 年,第 12 页。
③ 希尔斯:《学术的秩序》,李家永译,商务印书馆,2007 年,第 12 页。

机构和经济机构双重属性,现代社会的科研人员兼具科研人员和经济人士双重身份,现代科研文化兼具科学文化和世俗文化双重特征。现代大学和科研机构都不仅是教育组织和科研组织,而且是经济组织和社会组织,它们都肩负着重大的经济职能和社会职能,即使将现代大学和科研机构看成经济体系的一个组成部分也是毫不为过的。大学和科研机构在属性上的变化使科学的应用价值得到凸显,大学和科研机构更加注重应用科学。

第二次世界大战爆发前后,在美国、英国、德国、法国和西欧国家中,大学受到的尊重前所未有,而大学受到尊重的主要原因不再是它对学术精神的保持,而是"基于它们通过年轻人从事重要的学术职业、通过它们的科学和学术成就以及通过它们在战争与和平时期服务于所处的社会而为国家的利益作出的贡献。即使在战前,它们在所有西方国家也被认为是改进人们生活的那类知识的源泉,它们保护人们的健康,通过提高工业、最重要的是通过提高农业的生产率提高了人们的生活水准。在战争期间,它们在军事技术上作出贡献的能力赢得了更多的赏识。这在美国尤其如此,在这里,人们传统上就期望州立大学和工程学院关注在当前有直接的实际价值的问题。"①换言之,在现代社会中,科学受到关注的原因主要是它对社会的应用价值,大学和学术界、大学教师和学者、高等教育和科学研究受到推崇的原因,主要不再是对理想主义精神的保持,而是对社会功利目标的意义;社会对大学和学术界的评价主要不是基于精神性标准,而是基于物质性标准;大学和学术界的地位在很大程度上取决于它参与社会事务的程度,取决于它给社会发展带来的功利价值之大小。

基础科学与应用科学比例的结构性变化,推动了科学的地位、性质、科学精神、科学文化、科研人员的价值观等方面的新变化,这些变化具有推动科研不端滋生的条件。从这种意义上说,基础科学与应用科学的比例变化推动了科学研究的世俗化进程,既发挥了科学在社会发展中的积极作用,也为科研不端的产生提供了更大的可能性。现在,大学和科研机构必须从事应用研究,必须培养经济社会发展所需的专业人才,这个路

① 希尔斯:《学术的秩序》,李家永译,商务印书馆,2007年,第132页。

向推动大学和科研机构与社会各个领域更为广泛、深刻和紧密的结合。于是，科学从目的转变为工具；科学的使命从认识世界为主转变为改造世界为主；科学的任务从面向客观世界揭示客观规律为主转变为面向社会服务于经济社会发展为主。在现代社会，作为大学和科研机构中的主体，科研人员既是科学研究者，也是科学应用者；既肩负发现客观规律的任务，也肩负推动科学服务于经济社会发展的任务；大学和科研机构既是科研中心，也是科研成果的转化和辐射中心。从精神层面上看，应用科学比例的增加必然推动大学和科研机构中功利主义精神的兴起，大学和科学界的功利主义价值观得到加强，注重科学的实用价值，通过发展科学以推动经济社会发展，通过科学来实现经济利益，用经济价值来衡量科学技术的价值等，这些方面成为科研人员的主要价值取向。在现代社会，如果不注重应用研究，不注重与社会紧密结合，那么，就难以受到重视，也难以得到发展。这种价值取向的主体可以是社会，也可以是个人；科研人员可以用科学去为社会造福，也可能用科学去实现个人利益。显然，这些变化很容易在科研人员中形成"以获取名利为目的"的科研动机，从而推动科研不端的产生。

为了更清楚地说明这一问题，可以从以下几个方面加以进一步的分析。

首先，基础科学与应用科学的比例会影响科学研究的发展方向。基础研究主要基于科学发展的内在逻辑确定选题方向，而应用研究则主要基于社会的功利需要确定选题方向；基础科学的选题具有内在性、自主性，而应用科学的选题具有外在性、被动性。所以希尔斯说，以基础科学为主标志着"大学没有可以为它们指定实用或常规研究的事主"[①]。所谓"没有事主"，就是说科学研究不是处于从属地位，科研人员是自主的个体，科学研究是独立的事业，科研机构是独立的部门。但是，随着应用研究的比例不断增长，尤其是在当代社会中，应用科学的比例已经大大超过基础科学的比例。现代大学和科学的发展出现了一些新特点，其中最重要的变化是，大学教育和科学研究承载了越来越多的社会理想。大学院

---

① 希尔斯：《学术的秩序》，李家永译，商务印书馆，2007年，第132页。

长、校长"吸收了要在强有力的道德进步和国家走向强盛的大潮中做弄潮儿的这种理想的某些成分。院校长们分享着杰出的商界人士、政治家和政论家对全国共同事业的庄严伟大的信心"。① 因此,随着基础科学与应用科学比例的变化,科学界的兴趣中心也发生了明显变化,对基础研究的忠诚与对实际事务的兴趣、对科学发现之内在动机的坚守与对社会发展之功利需要的满足,成为科研人员面临的两难选择。随着应用科学比例的增长,科学的社会功能在增长,如此一来,科研人员的科研动机、科研目的和价值取向等都有可能转变为对经济利益、功利价值的追逐,在这个过程中,科研人员容易丢失科学研究的初心和使命,他们的价值观就有可能发生扭曲,学术生态就会恶化,学术道德就会堕落,科研不端产生的土壤、推动科研不端产生的内在机制、科研不端的动机和目的等很容易形成。

其次,基础科学与应用科学结构比例的变化,与科学界理想主义精神和功利主义精神的此消彼长具有密切关联。一般来说,注重基础科学研究更有助于理想主义的保持和传承,而注重应用科学研究更容易推动功利主义的兴起。在大学和科学界,本来意义的科学研究在多大程度上转变为规模化生产,科学的内在精神得到何种程度的保持,功利主义精神在多大程度上兴起,这些问题很大程度上取决于基础科学与应用科学比例结构的变化。随着人类现代化的推进,在基础科学与应用科学的比例关系中,基础科学的占比逐渐减少,应用科学的占比逐渐增加。不仅如此,在现代国家中,实际上也没有什么纯粹的基础科学,因为即使基础科学研究照样存在,人们也往往是从功利价值的角度去看待基础科学,基础科学不再被视为自在自为的力量,而是被视为服务社会需要的功利性存在:它要么被视为国家的战略性资源,要么被视为对应用科学的发展具有重要价值的理论基础。即使美国这种非常重视基础科学的国家,其重视基础科学的原因也主要是由于基础科学对保持美国的技术领先、技术优势和经济发展具有重要战略意义,比如前总统克林顿发布的国情咨文,题目是《科学:国家的战略利益》。从功利主义角度看待基础科学,把基础科学视为有用的社会资源,这是现代社会看待基础科学的基本视角。可以说,在

---

① 希尔斯:《学术的秩序》,李家永译,商务印书馆,2007 年,第 24 页。

现代化进程中,基础科学已经成了"实用性基础科学""功利性基础科学"。但是,基础科学与应用科学的比例关系不仅应该由社会发展的功利需要进行调节,而且应该由科学发展的内在规律进行调节;不仅应该由经济发展的外在需要确定,而且应该由科学自身发展的内在需要确定。基础科学研究受到重视,理想主义得到保持,能够使科研不端的核心——以获取名利为目的——这一动机形成的可能性相对减弱。因此,现代科学活动中的科研不端和基础科学与应用科学的比例关系有一定程度的关联。基础科学与应用科学结构比例的变化代表了学术精神的改变,一旦以科学为目的的学术精神失落,一旦功利主义成为学术精神的主流,科研不端的发生就是不可避免的。

但是,这并不是说科研不端仅仅发源于应用研究,相反,某些应用研究不仅不会产生科研不端,而且还会铸就积极的道德精神和学术精神,比如中国的"两弹一星"研究等。同时,也不能说基础研究中就不会发生科研不端,基础研究中也有科研不端产生的内在机制,在科学史上有很多科研不端发生在基础科学领域中。帕利坎说:"对于完全不必顾及知识用途的大学来说,知识本身即目的,所以,即使伪造的研究结果没有(有时候的确被用来)用于药品生产或者实施于社会政策从而造成严重祸害,这样的警惕也是必要的。"①因此,在基础科学领域中也会产生科研不端。但是,基础研究主要以增长知识为目的,科研人员主要面向客观世界,以发现客观规律为己任,理想主义和科学精神更容易得以维持,因此,在基础研究中更有可能避免将科学作为追逐名利的工具,从而更容易减少科研不端产生的可能性。同时,应用科学比例的增加,以及以应用性和实用性标准评价科学,这有可能增强科学界的功利主义倾向,对科研不端的产生有直接的,甚至根本性的影响。因此,基础科学与应用科学之间比例关系的变化是思考科研不端根源的重要视角。不过,本书提出从基础科学与应用科学之间比例关系的变化来探索科研不端的根源,意思仅仅是说,基础科学比例的减少和应用科学比例的增加使科研不端的产生具有了更大可能性,应用科学比例的增加对科研人员的观念和行为形成强大的外在压力,

---

① 帕利坎:《大学理念重审》,杨德友译,北京大学出版社,2008 年,第 55 页。

使科研不端产生的外在条件加强了。但是,可能性不等于现实性,可能性也不是唯一性,在应用科学比例不断增加的背景下,科研不端是否现实地发生,还有更多复杂因素和条件的作用。

从科研人员的主体性因素看,基础科学与应用科学的比例关系只是科学研究中的一种客观变化,这种客观变化虽然对科研不端的产生具有推手的作用,但还是通过科研人员的主体作用才有可能让科研不端现实地发生。基础科学与应用科学比值的变化为科研不端的产生提供了外在条件,但是科研不端是否现实地产生还需要有科研人员的内在条件。因此,基础科学与应用科学比例关系的变化是解释科研不端大量产生的必要条件而不是充分条件,外因必须通过内因而起作用。为什么在以基础科学为主的时代中,基础科学领域中同样存在科研不端?为什么在以应用科学为主的时代中,某些应用科学领域中并不产生科研不端?原因就是科研人员自身的主体性因素不同。因此,一是基础科学与应用科学的占比,二是科研人员的主体作用,只有把这两个主要因素统一起来才能合理解释科研不端的发生机制。在科研人员的主体性因素中,有一个重要因素是,科研人员的价值取向是个人利益导向还是集体利益导向。无论基础科学还是应用科学,科研人员的功利主义价值取向并不是科研不端的根本原因,科研人员在价值观上持有何种功利主义才决定科研不端是否现实地发生。其实,功利主义并不是一个坏东西,因为存在着不同类型的功利主义。如果科研人员坚持的是个人功利主义,完全出于个人利益去从事科学研究,那么无论在基础科学领域还是在应用科学领域,也无论在基础科学为主的时代还是在应用科学为主的时代,都有可能发生科研不端。反之,如果科研人员坚持的是集体功利主义,出于国家、民族和全人类的利益去从事科学研究,那么无论在基础科学领域还是在应用科学领域,也无论在基础科学为主的时代还是应用科学为主的时代,都不仅不会推动科研不端的产生,而且还能够使科研人员自觉地将集体主义、爱国主义转化为强大动力,推动科学发展。

既然基础科学与应用科学的比值与科研不端的产生存在一定关联,那么,克服科研不端的路径也不能忽视如何正确处理基础科学与应用科学的关系这一问题。如何正确处理基础科学与应用科学的关系?在以应用科学研究为主的时代中,如何保持和传承学术精神?如何坚守对科学的理想主义?如何避免功利主义催生科研不端?这些问题成为现代科学发展面临的重要问题,也是探索和治理科研不端必须解决的问题。事实证明,无论是大学还是科研机构,都不能只注重应用科学,还必须重视基础科学;大学和科研机构也不能仅仅从应用性和实用性的角度去评价基础科学的作用,更不能完全用经济价值去衡量基础科学的价值,大学里的科学研究不能仅仅以满足经济需要、获得经济利益为目的。帕利坎在评价大学中基础科学与应用科学的关系时说:"大学如果依靠具有英雄主义气概的成就实现了把面包提供给每一个餐桌的抱负,同时却忽略了一条基本的格言……即:人不仅仅是靠面包活着,那么,大学就没有履行自己在心智上和道德上的责任。"[1]这一论述对正确认识和处理基础科学与应用科学的关系、科学与道德的关系等问题同样适用,而正确处理这些关系的目的在于不要让科学研究完全朝着应用科学、实用科学的方向发展,不要让科学精神和科学家的价值观完全朝着功利主义的方向发展。既然基础科学与应用科学比例关系使科研不端发生的可能性增大,那么,就要求科研人员对学术精神、学术道德的坚定性随之增强。

基础科学与应用科学比值的变化是现代社会中大科学发展的重要标志,国家的科技政策应该协调好基础科学与应用科学的比例关系,应用科学与基础科学是相对的,忽视基础科学研究就是牺牲将来的应用科学研究。基础科学占比的减少与应用科学占比的增加使大学与社会、科学与社会、科学研究与经济社会发展的需要等更加紧密地结合起来,大学和科学的世俗化程度不断加深,这种历史性变化导致大学精神、科学精神、理想主义的失落和功利主义的泛滥;推动理想主义价值观衰退和功利主义价值观增强;推动科学研究的自身性、独立性丧失和科学研究的世俗化程度加深;也导致学风、学术生态、学术精神的纯洁性不保。上述变化对推动科研不端具有直接影响。无论是在基础科学研究领域还是在应用科学研究领域出现的科研不端,其类型和表现形式都有可能千差万别,但是在功利主义价值观这个基本特征上并没有什么不同,而无论是在基础科学

---

[1] 帕利坎:《大学理念重审》,杨德友译,北京大学出版社,2008年,第20页。

领域还是在应用科学领域,科研不端的功利主义动机都会因科学的世俗化而得到强化。功利主义精神是资本主义精神的核心,也是现代精神的核心,因此,科研不端是一种现代性现象,它是学术资本主义时代的一种典型征候。

为了进一步说明大科学时代科研不端产生的根源,以下从科学规则与社会规则、科学动力与社会动力、科学管理与社会管理、科学速度与社会速度等方面进行分析。

四 科研不端与科学的独立性

科学与社会的协作固然有其积极意义,但是,它对推动科研不端的产生也难辞其咎。本节对大科学如何破坏科学的独立性,进而推动科研不端的产生作一个总体性说明。科学建制化和学术职业化对科学来说意味着什么? 希尔斯认为,从业余科学到职业科学转变的后果之一是业余科学家"被政府的研究机构所吸纳……在学者和科学家被广泛吸收到研究机构的过程中,大学在美国学术界优势地位的上升是这一时期意义最为深远的一个特点"。[①] 这一变化意味着,科学在一定程度上丧失了独立性,科研人员丧失了学术自由,科学从自由状态转而被纳入现代社会的庞大体系和机构之中。科学被纳入特定学术秩序之中,而这种学术秩序是顺应现代社会(尤其是现代经济)发展的需要而建立起来的,这种学术秩序是由现代社会规定的。无论是大学还是科研机构,也无论是官方科学研究还是民间科学研究,任何现代科研机构都具有一个共同特点,即如果它不能满足现代社会发展的需要,就不可能建立,更不可能得到良好发展,甚至也无法在社会上有立锥之地。因此,科学更深入地参与到社会生活之中,科学与社会之间建立起了双向供求关系,这就使科学与经济、政治、文化等各个领域更加紧密地结合起来。科学成为"大科学",大科学的核心是科学与社会协作,它标志着现代科学快速地朝着实用科学或应用科学方向发展。

---

① 希尔斯:《学术的秩序》,李家永译,商务印书馆,2007 年,第 3 页。

　　科学与社会协作有其客观必然性,它使科学与社会在各个层面上全方位地发生碰撞和融合,科学界与社会的对接是科学界与社会在组织、管理、规范、标准、文化等层面的全方位对接,这种对接的过程也是一种融合、碰撞和彼此重塑的过程,是科学文化与社会文化、科学规则与社会规则、科学制度与社会制度、科学体制与社会体制等方面的全面交叉渗透。科学与社会对接的结果是科学与社会"你中有我,我中有你",科学社会化,社会科学化。于是,科学的自主性和独立性的丧失从多种维度上展现出来:科学研究从兼职转变成专职;科研经费由私人提供转变为社会提供;科研人员由业余从事科研转变为职业性地从事科研;科学研究成为社会职业门类中的特定部门;科学研究的动机和动力由科研人员对大自然的好奇心(或对科学的热爱)等内在动力驱使转变为社会赋予科研人员的外在压力驱使;科学研究的价值取向从对大自然的好奇转变为对社会功利需要的满足;科学研究的路径从"学以致知"转变为"学以致用";科学研究的目的从认识世界为主转变为改造世界为主;科学问题从个人自由选择转变为社会的计划性安排;科研任务由个人自由决定转变为社会对科学的外在规定;科学研究从个性化、人性化的自由探索转变为社会对科学的外在"定制"。

　　科学与社会协作既有积极的一面也有消极的一面。从社会对科学的作用看,社会对科学的作用不完全是消极的,准确说,社会对科学的推动作用在整体上是积极的、正面的,许多重大的科学、技术和工程研究都是在国家和社会的大力支持下才得以完成的,离开社会支持,很多科学、技术和工程研究项目就不可能完成。但是,社会对科学的作用也有负面后果,其中一个重要方面是:科学变得不自在了。现在,科学似乎再也不能按照自身的发展规律来建构其组织、管理,确定其规范、标准、精神和文化。显然,这种发展最终会将学术性组织的科学改造成社会性组织的科学。科学在全面融入社会的同时,有可能丧失自主性,科学有可能偏离其理想和追求,科研人员有可能偏离正确的科研动机、目的和行为方式等。科学的独立性也有可能不保,科学独有的精神、文化、行为规范、体制机制等都不再具有独立性,科学甚至有可能丧失灵魂。这些变化对科研不端的产生具有推动作用。因此,科学与社会协作是有代价的,既然社会为科学提供了研究条件,那么科学也必须服务于社会需要。在这样的时代,无论是基础科学还是应用科学,归根结底都服务于社会的功利需要。

针对上述问题,科学社会学家们早已予以关注并从不同侧面开展了独到研究。早在 20 世纪 50 年代,巴伯就在《科学的社会秩序》一书中较为系统、深入地研究了大科学时代极权政治对科学自主性、独立性的破坏。他说:"哪里的科学工作不是按科学活动的准则而是完全以极权政府的政治与社会需要来评判,哪里的科学进步就会受到妨碍。"①巴伯认为,大科学发展的结果是,社会对科学的作用有可能导致科学的内在稳定性丧失,并且使科学研究成为社会对科学的外在"订购",而这种变化会导致违背科学精神和学术规范的科研不端行为发生。巴伯在谈到政治对科学的影响时说:"在任何既定的科学领域中的政治干预会破坏在这个领域中已经建立起来的科学控制的稳定性。当胜任的科学家们不能有意识地给出政治权威所需要的东西——特殊的实实在在的理论或'定购中的'结果——时,科学狂想徒和急功近利者——像遗传学中李森科那样的人——就会泛起。"②巴伯所说的社会对科学内在稳定性的破坏,指的不仅是社会的外在压力对科学发展内在动力的压抑,而且包含着这样的意思:社会对科学的作用导致科学对社会的依赖,科研人员按社会需要行动而不是按科学的内在逻辑行动。显然,这种变化有可能导致科研行为的偏离,从而产生科研不端。

20 世纪 70 年代初,墨顿注意到,在科学与社会的相互作用中,社会对科学有负面影响,这种负面影响表现在社会各个部门的相互依赖性增强而独立性和自主性减弱。他说:"社会结构中的这个基本联系本身就造成……体制领域之间的某种相互影响,甚至当这些领域分离成为似乎是自主的生活部门时,也是这样。除此以外一个体制领域里的成就所带来的社会、智力和价值后果会蔓延到其他体制中,早晚会引起[人们]对各种体制之间的联系的关注。各个分立的社会体制领域仅仅具有部分的而不是彻底的自主性。"③可见,虽然墨顿以研究学术科学或科学的内部社会

---

① 巴伯:《科学的社会秩序》,顾昕译,生活·读书·新知三联书店,1991 年,第 85 页。
② 巴伯:《科学的社会秩序》,顾昕译,生活·读书·新知三联书店,1991 年,第 97 页。
③ 墨顿:《十七世纪英格兰的科学、技术与社会》,范岱年译,商务印书馆,2000 年,第 4 页。

学问题为主,但是,他的研究其实也触及了科学与社会的相互作用,触及了科学的外部社会学问题。墨顿的论述表明,他坚持了一种社会整体观或系统观,他注重从不同社会要素的相互作用中研究科学。在他看来,社会结构中的各组成部分之间是相互联系、相互作用的,这种相互作用会导致社会各组成部分之间的相互渗透和相互影响,而这种相互影响有可能弱化社会各组成部分的相对独立性。这一分析对理解科学的地位同样适用。在大科学时代,科学与社会协作加剧了社会各组成部分从不同角度对科学的影响,其结果是科学的独立性、自主性受到挑战。墨顿的分析提供了从社会整体,特别是从社会有机体各要素的相互作用中解释现代科学的思路。其实,这就是"科学与社会"、STS 研究等学科的本质所在。按照这一思路的要求,对科研不端问题的研究也不能立足于科学本身,而应该把科研不端视为一种社会现象,从科学与社会协作的视野中,将科学置于社会之中,运用整体论和系统论的观念加以研究,才能给出合理解释。

齐曼(J. Ziman)在 20 世纪 80 年代提出:"学术科学正在结合进入日益扩大的'研究与开发'系统中,从中央政府和私人工业中筹集资金。这代表了科学的外部社会学的深刻的转变。学术科学正在丧失作为社会整体中具有自主性的一部分的地位及其独立的标准与目标。并且被纳入'合作'的控制之下。它已被逐渐当作有目的的社会活动的一种工具,而不再被认为是不可预测的社会力量的独立来源。"[①]为此,齐曼主张,科学"不应该过分依赖于国家以免失去智力活动的主动性"。[②] 这里,齐曼指出了现代社会中科学发展的几个主要变化:科研经费依赖社会;科学成为社会发展的工具;科学与社会的协作导致科学受社会控制;科学的独立性和自主性丧失。

现代科学变成了社会对科学的"订购",这实质上指出了现代科学成为社会发展工具的历史命运,它标志着现代科学被强势纳入经济体系和社会机器之中;科学发展的目标必须与经济、社会发展目标一致;科学发展的动机、目的由经济社会发展决定,与经济社会发展的动机、目的统一。

---

① 齐曼:《元科学导论》,刘珺珺等译,湖南人民出版社,1988 年,第 199—200 页。
② 齐曼:《元科学导论》,刘珺珺等译,湖南人民出版社,1988 年,第 199—200 页。

这表明科学从动机到目的全过程由经济社会发展设定,科学成为经济和社会的一部分。于是,科学不再能够按照自身的动机、目的和路径发展,科学不再能够遵循自身的内在规律和内在逻辑发展,它必须遵循经济和社会发展的外在规律、外在逻辑发展。失去独立性和自主性就是失去本来的存在,因此,可以将上述变化视为现代科学的"失真"状态。在现代科学"失真"的背景下,科研人员的科研动机、目的和行为"失真"几乎是自然而然的,科研不端实质上是科研价值观、科研行为的"失真"状态。在现代科学偏离科学内在逻辑和内在规律的前提下,科研人员的科研动机、目的和行为偏离本来意义的科研动机、目的和行为,这也是自然而然的,科研不端就是对本来意义的科研动机、目的和价值取向的偏离。在现代科学从属于经济体系和社会体系的背景下,科研人员的科研动机有可能转变为经济发展社会发展塑造的动机、科研人员的科研目的有可能转变为经济目的和社会目的、科研人员的科研行为有可能转变为经济行为和社会行为等,这些变化同样是自然而然的。从这种意义上说,科研不端无非是以个人利益为动机和目的的经济行为和社会行为。

可见,科学与社会协作有助于正确理解社会,也有助于正确理解科学,二者互为参照。其中,在科学与社会协作过程中,科学独立性的丧失能够为现代社会中科研不端的密集出现提供某种解释,作为科学活动一部分的科研不端也能够从这种协作关系中获得某种理解。甚至可以说,离开科学与社会协作这一视野,要准确把握现代科学中科研不端的根源和实质是不可能的。事实上,大科学有助于推进科学发展,但大科学的发展也是科研不端的重要根源。科学与社会协作必然导致科学与社会的交叉渗透,在这个过程中,科学与社会之间不可避免会存在负面、消极的相互影响。这种相互影响一方面导致科学独立性丧失;另一方面导致各种非学术因素介入科学领域。从这种意义上说,科研不端是现代科学—社会整体发展中的一种难以逃避的历史命运。

科学与社会的协作不仅是学术关系上的协作,而且会产生目标和价值取向上的复杂互动。从科研不端发生的根源上看,科学建制化与学术职业化导致的一个后果是,科学与社会之间出现病态协作。健康的大科学本来应该是大学、科学界与社会其他领域之间纯粹的学术联系,即基于纯粹的学术供求关系开展合作:社会有经费,有问题,需要借助科学界的力量予以解决;科学界需要经费,也有力量、有能力研究和解决社会提出的问题。但是,科学与社会的协作有可能偏离纯粹的学术合作,因为在这种协作中生发出了科学界与社会双向寻租的双重推动力量:一方面是社会向科学界借力。社会经济、政治、文化等领域的经费等有可能向科学界的科研人员寻租,从而导致社会不良文化和游戏规则渗透到科学领域之中,形成社会不良规则与科学界的学术规则、社会不良文化与学术文化之间的矛盾。另一方面是科学界向社会借力。在现代科学中,科研管理制度的规范化、标准化和科学化向科研人员提出了科研成果、科研经费、科研项目等功利要求,为了完成这些功利要求,达到科研考评的考核标准,科研人员往往不得不向社会借力。在上述双向借力的作用下,社会考评科学、科学考评社会的考评制度具必然性。于是,以注重功利结果、精确化、量化为核心的考评制度应运而生。在这种制度下,以量化考评为特征的科研管理在给科研人员造成巨大外在压力的同时,也导致"数量至上""数量优先""数量就是利益"等观念。数量指标取代学术价值成为科研管理的体制性目标,也成为科研人员追求的利益目标。数量与利益结合形成强大力量推动科学界与社会其他领域的联合,推动科学界的科研人员向社会借力,推动社会向科学界渗透,这种借力和渗透有可能演变成科研人员与社会各部门基于利益目的的双向寻租。现行科研考评制度实质上就是现代资产阶级工厂中的计件工资制,虽然也考虑了一些对科研成果质的要求,但主要以科研成果数量考评为标准,而数量又是利益分配的基础和根据。之所以要对科学研究进行计件和精确的数量计算,原因在于,只有这样的精确计算才能为精确的利益分配提供可靠根据。因此,量化考评只是手段,利益分配才是目的。量化考评蕴含的工具主义只是表面现象,利益分配的功利主义才是本质。以精确的数量计算为根据进行利益分配,通过对科研人员功利动机的刺激去推动科学发展,这种思路是科学与社会协作和大科学发展的必然产物,也是其必然要求,它是科学与社会协作和大科学发展内在机制的落实;同时也反过来强化了科学与社会协作和大科学发展过程中的功利主义取向。

　　量化考评及以此为基础的利益分配是科学与社会协作、大科学发展的基本手段。这种发展的结果是:一方面,它有可能把科学研究的动机引导到功利主义方向上去,另一方面,它也有可能把科学研究引导到单纯追求数量增长的方向上去。前一方面有可能导致科研人员对科学的内在动力、科学精神、理想主义的丧失;后一方面有可能导致科研工作贬值、学术垃圾成堆、科研成果泡沫化,而这些后果都为科研不端提供了温床,因为这些后果往往需要通过科研不端才能产生出来。一旦这种发展走向极端,那么,功利主义就会成为科学与社会协作的内在取向,从而彻底排斥理想主义。于是,大科学的发展出现了病态特征:科学与社会的协作变成双方的利益结合,其中包含大量以个人功利目标为基础的利益共谋。科学界与社会之间这种利益关系的形成对科研不端的产生具有很大推手作用。准确说,科学与社会之间的这种病态结合、病态特征本身就是科研不端的重要表现。事实上,在当代科学活动中,科学与社会其他领域的某些结合并不是纯粹的学术结合,而是基于经济需要和利益目的的病态结合,这种结合的实质是科研人员与社会其他领域的"利益寻租":一方面,它导致金钱、人际关系、行政权力和世俗文化等非学术因素介入科学,导致社会其他领域的游戏规则介入科学领域并破坏科学自身的运行规则。这些变化导致社会不良文化污染学术文化,科学界的科学精神、学术文化和学术生态遭到破坏,而个人利益最大化、投入产出、等价交换等市场法则、资本法则充斥着科学界。学术规范受到践踏,科研人员对科学的内在动力被外在经济利益的巨大压力取代,科研人员的科研动机和目的偏离正确方向,功利主义排斥理想主义,科学精神丧失,科研不端产生的文化土壤、内在机制和"以获取名利为目的"的价值取向很容易形成,有些科研人员的行为扭曲,科研不端的产生不可避免。在这种情况下,有些科研人员不是基于学术能力和踏踏实实的科学研究生存,而是基于人际关系、权力背景、权力寻租和利益共谋生存;科学界不是以学术能力和踏踏实实的科学研究为基础洗牌,而是以各种非能力因素为基础洗牌,劣币驱逐良币的"格雷欣法则"(Gresham's Law)在科学界发酵。另一方面,科学与社会的双向寻租也推动部分科研人员介入、参与到社会其他领域的腐败行为之中。科研不端与社会腐败相互结合,沆瀣一气。甚至可以说,部分科研人员的功利主义需要已经成为推动社会其他领域腐败滋生的新动力,因科研不端而产生的社会腐败已经成为腐败的新形式,因社会腐败而产生的科研不端也成为科研不端的新形式。

事实上,当代学术活动中发现的不少科研不端都是与社会腐败联系在一起的。在当代科学活动中,科学界与社会其他领域的某些协作不是学术协作而是利益协作,个别人在学术协作的幌子下暗度陈仓、无所不为。科研人员与官员、科研人员与企业家以"课题""项目"等多种形式,冠冕堂皇地进行洗钱、分赃和腐败等不齿行为。在这个过程中,不仅科学研究因成为利益分配的工具和手段而尊严尽失,而且科研人员与官员之间形成利益腐败的共谋关系:科研人员参与腐败,官员糟蹋学术;社会不良规则介入学术,科学界介入社会不良行为,科研人员与官员一起违背学术规范和道德规范甚至违法。正因为如此,当代科学活动中出现的一些科研不端已经不是纯粹的学术腐败,而是介入并包含了社会政治腐败、经济腐败等。科学与社会协作推动了学术腐败与社会腐败的结合;大科学催生了"大腐败",这是当代科学活动中科研不端的新特点和新趋势。科学与社会的某些协作成了腐败的新形式,某些科研不端本质上是一种腐败形式。因此,某些科研不端的性质已经超出科研道德的范畴,它们远远不是违背科研道德那么简单,从根本上说就是一种腐败行为或者腐败的帮凶,有些已经是严重犯罪问题。既然某些科研不端的产生是科学与社会协作的产物,那么,对于这类科研不端的治理也应该将科研不端治理与社会腐败治理、科学文化建设与社会文化建设、科学管理与社会管理等统一起来。不能把科研不端同社会有机体割裂开来,也不能把科研不端治理与社会治理割裂开来。在处理科学与社会的关系时,要警惕对待科学的功利主义态度,因为它将侵蚀科学的独立性。同时还要看到,这里"实际上存在一个反论:通常正是由于这种独立性和客观性才吸引了工业界和学术界的合作"。[①]

在以上总体性说明的基础上,为了从大科学视野更为全面地理解科研不端的生成机制,本章在以下的内容中,准备从内在动力与外在动力、科学观的变化、科研管理与社会管理、大科学与科学精神等维度进行更进一步的分析。

---

① 维斯特:《一流大学　卓越校长》,蓝劲松主译,北京大学出版社,2008年,第72页。

五　科学发展的内在动力与外在压力

从科学研究的起点看,随着大科学的发展,科学与社会协作的形成,科研人员的科研动机出现了新变化,推动科学发展的动力也出现了新变化。这些新变化对科学发展既有积极作用,也有消极作用,其消极作用表现在,它有可能将科研人员的科研动机引导到功利主义方向上去,有可能将科学发展的动力引导到依靠外在压力推动的方向上去,从而使科学发展的内在动力、科研人员对科学事业的神圣感和敬畏感丧失,在这种情况下,产生科研不端的内在机制就会形成,科研不端的密集出现就难以避免。

在科学史和科学社会学中,科学研究的动力问题历来是一个重大主题。科学研究的动力主要涉及科研动机和目的,贝尔纳把科学家从事科学研究的动机和目的分为三个。他说:"科学作为一种职业,具有三个彼此互不排斥的目的:使科学家得到乐趣并且满足他天生的好奇心、发现外面世界并对它有全面的了解、而且还把这种了解用来解决人类福利的问题。"[1]贝尔纳将第一个目的称为心理目的,将第二个目的称为理性目的,将第三个目的称为社会目的。他认为,基于心理目的从事科学研究,科研人员是不考虑效率的,科研人员以科学研究的自然速度从事科学研究,因而出于好奇心的科学研究"不可能在任何严格的意义上,联系科学的心理目的来估量科学的效率"。[2] 只有当我们考虑科学的总体效率时,由于心理上的好奇和快慰在科学研究中的作用不可排除,因而才需要把心理的快慰考虑进去。心理目的在科学史上有各种变形,比如在清教徒那里,科学研究被视为荣耀上帝的活动,科学是服务于上帝信仰的,科学研究与更高的精神价值相关,这种意义上的心理目的也可以视为功利取向的,因为它将上帝视为目的而将科学视为手段和工具。心理目的有可能转变为将科学研究作为满足个人心理需要的活动。科研人员有时候出于心理需要

---

[1] 贝尔纳:《科学的社会功能》,陈体芳译,张今校,商务印书馆,1985年,第94页。
[2] 贝尔纳:《科学的社会功能》,陈体芳译,张今校,商务印书馆,1985年,第94页。

从事科学研究,有时候出于纯科学的理想,有时候将科学作为逃避现实的方法或者玩世不恭的态度等。但是不管怎样,出于心理目的从事科学研究能够自发地产生强大的精神动力,有助于保持科学研究的非功利取向,因而难以形成急功近利和"以个人功利为目的"这一科研不端的内在条件。一般来说,基于心理目的从事科学研究往往是非功利性的,科研人员无需,也不必通过作假和欺诈等科研不端行为去满足自己的好奇心和心理快慰,除非这个科研人员心理病态或善于自欺欺人。因此,贝尔纳认为,出于好奇等心理目的从事科学研究能够使科研人员"抛弃了自己的工作所凭借的肮脏的物质基础"。① 如果考察一下科学史就会发现,出于好奇等心理目的而同时又搞科研不端的案例,应该是极少的或者根本就没有的,科研人员没有必要通过科研不端行为来达到心理目的。

在现代社会中,纯粹出于好奇心从事科学研究的科研人员已经很少。大科学的发展使科学与社会的联系日益紧密,科学与社会的协作日益加深,在这种时代背景下,游离于社会之外的科学或游离于社会之外的科研人员实际上已经不复存在。因此,必须从实践动机层面考虑科研动机与社会需要的新变化。现代社会已经极少有完全出于好奇心的科学研究,因为社会已经不允许这样的科学研究存在,现代科学必须考虑如何满足社会的功利需要,包括科学能够给其资助者带来何种价值、科学能够满足何种社会需要、科学能够达成何种社会目的等。完全不考虑功利需要的科学研究就是游离于社会之外的科学研究,就不是与社会协作的科学研究,从事这种科学研究的科研人员要么"生不逢时",要么"不识时务"。的确,科学研究永远需要好奇心,基于功利目的的现代科学研究仍然会利用科研人员的好奇心,但好奇心已经不是推动现代科学发展的主要动力。现代科学是由内在动力与外在压力、好奇心与功利心、心理目的与社会目的等共同推动的。从科学发展动力看,由社会需要生成的外在压力已经成为推动科学发展的主要动力。一句话,随着大科学时代的到来,现代科学的发展已经由单力推动转变为合力推动:科学研究的动力由内在动力为主转变为外在压力为主;科学研究的动机已经由内在动机为主转变为

---

① 贝尔纳:《科学的社会功能》,陈体芳译,张今校,商务印书馆,1985 年,第 94 页。

外在动机为主;科学研究的目的已经由内在目的为主转变为外在目的为主。在科学发展动力、动机和目的等方面发生的这些新变化是形成科研不端的重要根源,压力必然导致扭曲和变形,有些科研不端是在科学发展的外在压力作用下,科研人员在科研行为、科研路径等方面发生的扭曲和变形。

社会对科学的作用具有两面性,这种两面性表现在政治、经济、文化、道德、意识形态等方面。对此,当代科学哲学从政治与科学、经济与科学、文化与科学、道德与科学、制度与科学、意识形态与科学等多重维度上展开研究,形成了科学哲学和科学社会学中的许多论域。同样,对科研不端的研究也应该从多元维度上展开。也就是说,应该从社会的政治、经济、文化、道德、制度、意识形态等方面探索科研不端产生的根源和治理路径。其中,最重要的是经济发展与科学发展的关系。在现代社会,经济动力是推动科学发展最重要的外在压力,现代社会无不采取经济激励的方式来推动科学发展。因此,关于社会对科研动机、动力、价值取向、科研目的、科研行为的影响,需要特别关注的是经济发展对科学发展的影响。经济激励是一柄双刃剑,它对科学的作用具有二重性。对纯粹的科学研究来说,科研人员的动机、目的和价值取向等都不必考虑经济利益。但是,科学发展与经济发展的共谋促使社会对科学的经济激励不断增加,科学对社会的经济价值也不断增加,经济与科学相辅相成、相互促进。经济发展推动科学发展的途径是经济发展能够为科学提出需求和问题,同时增加对科学研究的物质投入,增加对科研人员的物质激励以调动其积极性。外在的经济激励虽然有助于科学发展,但也有可能将科研人员对科学的关注转移到对个人经济利益的关注上,它有可能强化科研人员的经济动机,科研人员既注重科研经费的获取,又注重科研成果的应用能够带来何种经济利益,可以说科学研究从头到尾都成了关注经济利益的活动。这就容易使科研人员将科学研究变成一种获利行为,甚至将个人私利作为科学研究的目的,而科学本身则沦为实现个人利益的工具和手段。如此,则科研人员就偏离科学研究的初心。动机、目的的偏离导致价值取向、科研行为、科研路径和科研方向的偏离。从价值观层面看,社会的经济激励有可能导致理想主义丧失,并且把科研人员的价值观引向功利主义。因为"增加科学家的待遇,总的说来是不是会有利于科学事业,也有些值得怀疑,因为这自然会吸引来大量自私自利的人,科学在目前对他们是没有什么吸引力的"。[①] 在这种情况下,对科学的忠诚就会丧失,"以实现个人利益为目的"这一科研不端的内核就很容易形成,科研不端行为就有可能密集出现。可以说,历史上大多数科研不端都是将个人利益凌驾于科学事业之上的结果,因此,科研不端不仅是一种个人主义,而且是一种利己主义。

外在经济激励本来试图增强科研人员从事科学研究的动力,提高科学研究的效率,并推动科学发展,但事实证明,这种做法的后果往往适得其反。韦伯曾经分析了物质激励与工作效率之间的关系问题。他发现,资本家试图通过提高计件工资费率来刺激工人的工作积极性,但结果却不仅不如资本家所预期的那样,而且起到了相反的作用。为了提高生产效率,资本家采取的一种方法是论件计酬制,即计件工资制。但是,论件计酬费率的提高并不意味着劳动效率的提高。比如,过去一个工人每收割一亩小麦所能得到的报酬是 100 元,某人一天收割了 3 亩小麦,他能得到 300 元报酬。如果资本家把论件计酬的费率提高到每亩 150 元,那么结果会不会如资本家的预期? 工人会不会为了较高的收入而去收割 4 亩小麦,赚 600 元? 恰恰相反,工人每天只收割 2 亩了,因为如此一来他能够更轻松地赚到 300 元。过去收割 3 亩赚 300,现在收割 2 亩赚 300,工人觉得很好。因为他不会问如果我把工作量放到最大的话,我每天能够赚多少? 而会问我必须做多少工作,才能够赚到我一向所得到的 300 元报酬?

同样的道理在科学研究中也适用,仅仅用经济刺激的办法来推动科学发展,有可能产生两个方面的消极后果:一是将科研人员的科研动机引导到对外在经济利益的追求上,从而削弱甚至消解了科学研究的内在动力,将科学研究转换成追逐物质利益的过程,从而将科学精神从科学研究中排除出去;二是经济激励试图增强科学发展的动力,提高科研效率以推动科学发展,这一初衷有可能适得其反,原因在于,一旦科研人员被引导

[①] 贝尔纳:《科学的社会功能》,陈体芳译,张今校,商务印书馆,1985 年,第 163 页。

到通过科学研究来追逐经济利益的方向上去,科研人员就会以自己获得经济利益的多寡得失来评估科学研究的价值,既然经济利益的满足决定科研动力的有无和大小,那么,只要经济利益得到满足,科研人员的科研动力也就随之消失了。甚至如果科研人员发现有更高获利的职业,他就很可能放弃科学研究,转行干别的。可见,经济刺激只能产生有限的科研动力,甚至会弱化科研动力,只有科学精神才能形成科学研究的持久动力。同时,经济刺激将科研人员的科研动机引导到对经济利益的追求上,也就意味着科研人员丧失了对科学的好奇、敬畏、责任等内在价值。科学研究内在动力的丧失就是科学精神的丧失,而在抽空科学精神的科学研究中,在一切以经济利益为重的科学研究中,科研不端产生的文化土壤和内在机制就很容易形成了。

社会对科学的作用所具有的两面性还表现在,社会需要的不平衡性与科学整体发展的平衡性之间的矛盾,这一矛盾也是思考科研不端的重要视角。人类各门学科的存在都有其合理性,各门学科的个性越是得到充分尊重和保持,科学领域内部的学科多样性就越强,科学发展的整体平衡度也就越高,这种状况也越有利于科学的健康发展。多样性和学科平等性越高的科学体系越有助于各门学科的发展,也越有助于科学的整体发展。因此,科学体系内部应该保持一种平衡性,这种平衡性与自然界的生态平衡一样重要,其基本要求是:最大化的个性、最大化的多样性、各门学科得到最大化的自我实现、最大化的平等,从而达到最大化的学科共生。但是,科学与社会的协作有可能打破科学发展所需要的整体平衡。社会发展给科学提出的需要有主次之分,社会在不同历史阶段给科学提出的问题也是有区别的,这些因素都会导致科学体系内部发展的不平衡,这种不平衡不仅会影响科学发展的重点和方向,而且会导致科研人员的薪金收入的不平衡,社会需要程度高的学科获得社会重视的程度越高,这些学科的科研人员收入也越高。反之亦然。于是,社会需要在很大程度上成为调节学科地位和科学界利益分配格局的函数,这种状况会加剧科学界的竞争,从而增加科学研究的外在压力,更有力地将科研人员的科研动机引导到对物质利益的追逐上去,进而使科研人员偏离科学理想。另外,社会对科学界利益分配格局的调整也会刺激科研行为选择的利益取向,其极端情况是科学界变成名利场,科学研究沦为逐利行为。所以,贝尔纳曾经尖锐地指出,社会需要的不平衡导致了学科地位的不平衡,也导致了利益分配的不平衡,这种不平衡所导致的利益差距"是推动科学界内部趋炎附势和猎取肥缺的极大动力"。"如果能使薪金有更均匀的分布,科学界就更有可能实现内部民主。这种民主将比科学界目前的寡头独断组织更能应付自己的任务。"①社会需要的不平衡性与科学内部平衡性之间的矛盾不仅不利于科学发展,而且有可能将科研动机和目的推向逐利方向,扭曲科研行为,使科学研究偏离正确轨道,从而推动科研不端的产生。

　　社会对科学的投入还在很大程度上决定科学发展的方向。本来,科学是社会整体之中相对独立的部门,它既需要遵循社会文化、制度和原则,又需要有自己的独特文化、制度和原则,但是,经济发展与科学技术的共谋将科学纳入经济体系之中,从而导致科学失去自主性,甚至使科学成为特定意义上的经济部门,出现这种情况,科学的内在精神就丧失了,科研不端就容易密集出现。事实上,现代科学已经成为现代经济体系的组成部分,科学受社会控制。贝尔纳说:"今天的科学家几乎完全和普通的公务员或企业行政人员一样是拿工资的人员。即令他在大学里工作,他也要受到控制整个生产过程的权益集团的有效控制,即令不是在细节上受到控制,也是在研究的总方向上受到控制。科学研究和教学事实上成为工业生产的一个小小的却是极为重要的组成部分。"②在这种情况下,科学研究的动机、目的和方向等都由经济发展的功利需要确定。社会决定科学研究的方向意味着科学失去自主性,从而在科学发展中出现社会为科学指引的方向与科学按自身内在逻辑确立的方向之间的冲突,科研人员及其科研工作的价值取向都会在这种冲突中得到重新校正和定位,这就有可能使科研行为偏离科学精神,而科研不端是这种方向偏差的重要产物。从价值层面看,社会对科学的控制实质上标志着科学从属于社会,相应地,科学家的价值取向也会从属于社会的价值取向,这很容易形

① 贝尔纳:《科学的社会功能》,陈体芳译,张今校,商务印书馆,1985年,第164页。
② 贝尔纳:《科学的社会功能》,陈体芳译,张今校,商务印书馆,1985年,第45页。

成"以个人私利为目的"的价值观,进而推动科研不端的产生。

　　社会对科学发展方向的影响特别表现在,科学发展的目的和价值取向出现新变化。在科学与社会协作中,势必出现价值和目标的冲突。科研人员有可能充当多种社会角色,他们有可能是科学研究者、科学传播者、科研项目负责人、科学咨询师、知识产权创造者和拥有者、企业家等等,而"在这些可能的角色当中,金钱无处不在,不同的使命和目标相互交织"。① 从目的上说,科学服务于经济社会发展,由于科学受社会资助,而社会资助科学是有目的的,社会对科学的资助遵循投入产出原则,从而导致科学对社会资源的依赖,按照"拿人钱财,为人消灾"的原则,科学变成经济社会部门的营利工具,科学本身也会以营利为目的。贝尔纳说:"不管科学在发展过程中受到多大的阻碍,要不是由于它对提高利润有贡献,它永远不可能取得目前的重要地位。"②科学规模取决于经济发展规模,科学的价值和地位取决于科学对经济社会的贡献。从科学对社会的价值来衡量科学,意味着不再从科学对自身发展的价值来衡量科学,于是,科学的目的取决于社会目的,科学不再能够自我定向,而是由社会为科学定向,这就很容易导致科研人员对科研目的的认识错位,从而推动科研不端。问题是,社会视野中的科学与科学视野中的科学,无论在范围上和内涵上都有很大差异,而且这两者事实上也应该有差别,不能完全一致。特别是在现代市场经济背景下,公众、政府、企业和其他社会组织都容易按照资本原则和市场法则去评估科学的价值,但这种评估科学的价值观和价值标准是功利主义的,如果完全以功利主义标准去评价科学和发展科学,那就非常危险,因为科学不能完全朝功利主义方向发展。科学服务于社会目的意味着科学偏离自身目的,科学追求社会价值意味着科学放弃自身追求,这就很容易使科学偏离自己的理想并变得越来越急功近利,在这种内在机制的推动下,科研不端的出现不可避免,这也正是当代科学界正在出现的一些危险迹象。

　　因此,如何在经济发展与科学发展、社会发展与科学发展之间保持必

---

① 维斯特:《一流大学　卓越校长》,蓝劲松译,北京大学出版社,2008 年,第 170 页。
② 贝尔纳:《科学的社会功能》,陈体芳译,张今校,商务印书馆,1985 年,第 47 页。

要张力,形成二者相互作用的最佳机制,这对促进经济、社会和科学的健康发展至关重要,对抑制科研不端也具有重要意义。只有科学的独立性得到保持,科学与社会协作才能建立起良性循环的内在机制。巴伯说:"如果科学受其他社会因素的影响,而且还有其自身的相对自主性发展,那么它也对社会的其余部分有影响。"①因此,在科学与经济、科学与社会的关系中,不能只注重经济对科学、社会对科学的作用这一面,而且要注重科学对经济、科学对社会的作用这一面;不能只强调科学适应社会发展、科学适应经济发展这一面,而且还要强调社会适应科学、经济适应科学这一面。为此,必须使科学的自身性、独立性得到保证,使科学规律、科学精神和科学文化得到尊重,否则,科学与社会、科学与经济的合作就有可能变成科学的沉沦,科研不端就会出现。

科学研究不能落入功利主义陷阱,不能仅仅以资本原则、市场法则来评价科学。维斯特在谈到对大学的评价时说:"不要过分强调这些贡献,并以之作为为大学吸引投资的理由。一旦我们这样做,那就有可能不经意间危及我们的传统——智力卓越、创新、诚实、开放、服务世界、渊博的学术和独立评价。"②维斯特对现代大学的这一论述同样适用于现代科学。在科学与社会协作中,越是强调科学的社会价值,就越有可能破坏科学的发展;越是从功利需要的角度去评价科学,就越有可能导致科学对自身目的的偏离,科学对社会的功利价值越大,就越有可能丧失自身的内在价值。同时,科学服务于社会也意味着科学从目的转变为手段,科学不再能够按照自身的内在目的发展,而是按照社会的目的发展;科学不再能够按照自身的内在规律发展,而仅仅按照社会的功利需要发展,如此一来,就有可能导致科学偏离科学规范,科学家的行为模式由社会定向的问题。一旦出现这种情况,科研不端就会产生。

六　科研管理与社会管理

大科学改变了科学研究的管理模式,这也是解释科研不端的重要维

---

① 巴伯:《科学的社会秩序》,顾昕译,生活·读书·新知三联书店,1991年,第39页。
② 维斯特:《一流大学　卓越校长》,蓝劲松译,北京大学出版社,2008年,第13页。

度。在小科学时代,科研管理只为科学本身而设置;在大科学时代,科研管理不仅要为科学而设置,而且要为社会而设置。在一定意义上也可以说,现代科研管理既不是为科学设置,也不是为社会设置,而是为科学与社会协作而设置。科学与社会协作要求现代科研管理能够既服务于科学发展的需要,又服务于社会发展的需要,现代科研管理与现代社会管理很难截然分开,现代科研管理实质上是"科学与社会协作"管理。

科研管理属于科学研究中的生产关系层面,因此,它对科研生产力具有反作用。无论是现代社会管理还是现代科研管理都面临一个基本任务,即如何在科学与社会之间建立起合理关系,促进科学与社会良性互动,既推动科学健康发展,又推动社会健康发展。既然现代科研管理不只是针对科学而设置的,那么,它就不只是尊重科研规律和科学发展规律而设置的,因而不可避免地存在忽视科研规律和科学发展规律的危险。现代科研管理在科学与社会协作中形成,它以对科研规律、科学发展规律、社会发展规律、科学与社会协作规律等方面的正确认知为前提,但事实上这是非常困难的。在对现代科研管理的制度设置上,很难对科研规律、科学发展规律、社会发展规律、科学与社会协作规律等有准确认知,因而也很难找到最适应科学发展和社会发展的科研管理。在科学社会学中,对现代科研管理的研究一直受到科学社会学家的重视,贝尔纳把现代科研管理的组织形式划分为三种:第一种是专制式。在这种管理模式中,科研机构的领导人把全部科研人员都视为自己的助手,并独断地向他们分派科研任务和其他工作任务。第二种是无政府主义式。在这种管理模式中,科研机构处于无政府状态,科研人员各自为政,独立选题,独立开展科学研究,缺乏行政权威和学术权威,也缺乏行政和学术上的集中统一,管理机构的领导者只是象征性的。在这种科研管理模式中"除了最能干的工作人员之外,大家都面临做什么以及怎样去做的问题。他们不得不过分依赖自己的才智。……这类实验室容易培养出一批科学隐士。他们相互妒忌,偷偷摸摸地一个人独自进行自己的研究工作。"[1]第三种是相互合作式。这种管理模式介于上述两种极端之间,是一种能够促进科研人

---

[1] 贝尔纳:《科学的社会功能》,陈体芳译,张今校,商务印书馆,1985年,第165页。

员之间相互合作的模式。贝尔纳认为,在这种科研管理模式中,科研机构的领导者、管理者,学术权威与科研人员之间能够相互协商、彼此合作,从而避免内耗和科研资源浪费。

专制式科研管理容易产生科研不端,因为在这类科研机构中,科研人员的地位不平等,这就决定了科研人员之间的科研合作不平等,因此,在科研资源分配、科研成果署名及其他科研利益的分配等问题上,都有可能出现不按学术规范处理而按行政权力处理的情况,专制权力必然介入科研利益分配,而且这种介入很可能是绝对的介入,专制领导人的特权有可能转变成对科研资源的垄断或对科研成果的占有。正是在这种意义上,贝尔纳说,专制式管理"妨碍独创精神,不能使助手具有责任感"。"高级人员尽量利用低级人员的工作成果的情况继续存在着。不少人几乎完全是通过巧妙的合作来赢得科学声誉的。"[①]可见,在实行专制式科研管理的科研机构中,科研人员之间的科研合作有可能在增加,但科研合作已经难以按照学术规则来处理,科研管理体制及其中蕴含的行政文化会介入科研合作之中,进而影响科研合作中的利益分配,成为催生科研不端的重要根源。科研管理的制度设计和科研文化中的行政化程度愈高,科研管理中的专制因素就越强,相应地,科研不端产生的概率也愈高。

无政府主义的科研管理本质上是科研管理的无组织性,它的优点是有助于增强科学研究的自由,这种绝对自由对科学研究的作用有积极的一面,因为它赋予了科研人员以绝对自由,从而把科研管理从外在管理转变成科研人员的自我管理,对于那些有高度自觉性和责任感、有高度自律意识和自律能力、热爱科学事业、对科学抱有理想主义态度的科研人员来说,这种科研管理模式能够使科学研究回归人性化、个性化的自由探索,科研人员能够完全基于内在动力从事科学研究。因此,无政府主义科研管理在一定程度上能够推动科学发展。但是,理想主义者、能够自律的科研人员毕竟是少数,在科学与社会协作日益加深的现代社会中,无政府主义科研管理并不适应社会发展和科学发展的需要,无政府主义不仅有可能使科研机构的存在难以为继,而且有可能使科研机构失去存在的合理

---

① 贝尔纳:《科学的社会功能》,陈体芳译,张今校,商务印书馆,1985 年,第 165 页。

性。同时,无政府主义无法产生科研效率,这与现代社会对科学研究的效率要求背道而驰。科研管理上的无政府主义使科研行为出现无政府主义:对科学研究没有集中统一的领导,也就意味着对科研不端的治理同样没有集中统一的领导;一旦科研管理处于无政府状态,实施科研不端行为的人也有可能处于无政府状态;科研机构中缺乏体制和文化上的权威,也就意味着科研机构中缺乏科学精神上的权威;对科学研究缺乏管理,对科研不端也缺乏管理;对科学研究放任,对科研不端也放任;可见,无政府主义科研管理也有可能催生科研不端。

现代科研管理是经济发展与科学发展的交汇点,这一重要特征决定了,现代科研管理的理念、制度、体制和机制的设立等都不仅要以科学发展为依据,而且要以经济发展为依据。现代科研管理也是现代经济管理,而现代经济管理也是现代科研管理,现代科研管理与现代经济管理相互包含、相互渗透,你中有我,我中有你。现代科研管理的一个重要主题是,正确协调和处理社会发展与科学发展、社会发展需要与科学发展需要、社会发展规则与科学发展规则、社会发展方向与科学发展方向、社会发展目的与科学发展目的等方面的矛盾,如果不能正确认识和处理这些矛盾,就有可能既破坏科学发展又破坏社会发展。在现代科研管理中,要特别避免仅仅按社会发展来为科学发展定向,从而造成社会发展对科学发展的破坏,抑制科学精神,使科学发展的自主性和独立性不保。因为"科学总是保持一定范围的独立性,就像社会的其他部分一样,这只不过是因为科学有它自己的内部结构和行动过程"[①]。其中,最重要的问题是经济发展对科学发展的影响。经济发展是现代社会压倒一切的任务,因此,应该用经济发展推动科学发展,却要避免用经济发展"压制"科学发展,即避免仅仅用经济发展来为科学发展定向。巴伯说:"现代工业给予科学的资助无论是对现代科学的发展速度还是方向,都有重要的影响。"[②]经济发展和社会发展会影响科学的自主性和独立性,影响科学发展的方向、速度和结构等,也会影响科学发展的价值取向、科研动机、目的和科研人员的价值

---

① 巴伯:《科学的社会秩序》,顾昕译,生活·读书·新知三联书店,1991年,第38页。
② 巴伯:《科学的社会秩序》,顾昕译,生活·读书·新知三联书店,1991年,第36页。

观，它有可能将现代科学引向功利主义方向，科研不端的产生与这些影响有密切关系。无论采取哪种管理模式，在现代科研管理中都会出现社会管理与科研管理之间的矛盾，这一矛盾对科研不端的产生具有推动作用。

现代科研管理有可能打破科学体系的整体性，使科学领域呈现碎片化的特征。现代科学与经济社会发展的紧密结合，经济社会领域中的专业化分工等因素决定了科学领域中的专业化分化，这种专业化分工导致作为整体的科学被分割成与经济社会领域中的专业分工对应的机械组成部分，因此，专业化的结果有可能是科学领域的碎片化。实际上，这是一个重大变化：它标志着科学不再能够按照自身的内在逻辑定向，而是按照经济社会发展的需要定向。本来，科学发展的内在逻辑、内在方向或内在目的取决于科学的整体性存在，只有在科学作为整体的前提下，科学才能有其内在规律并按照其内在规律存在和发展。如果科学作为整体已经被切割成彼此分离的部分，尽管这些组成部分之间仍然存在所谓的"学术联系"，但是，科学内部各组成部分之间的耦合与关联所形成的整体性以及科学的内在逻辑已经被打破了，科学领域的各组成部分被纳入经济/社会系统之中，由经济/社会给科学注入活力，由经济/社会为科学定向。在现代社会中，经济发展的方向就是科学发展的方向，社会发展的方向就是科学发展的方向。科学不再能够按照它的内在逻辑发展，准确说它已经失去了内在逻辑；科学不再能够按照它整体的方向发展，准确说，它已经失去自己的方向。

在现代科学中，由于科学研究的规模化发展，科研管理出现行政化特征，因为只有建立一支庞大的行政队伍，才能对规模庞大的科研系统进行管理。科学与经济、科学与社会的紧密结合使现代科研管理不再是科学研究的管理机构，而是对科学与经济、科学与社会之间关系的管理机构。现代科研管理机构都是科学界与经济界、科学领域与社会领域的牵线人，都兼具科研管理与经济管理、科研管理与社会管理的双重特征。韦伯甚至认为，现代科研机构出现了企业化、官僚化的特征：科研人员成为"无产阶级"，他们依赖国家或企业提供的资金和要求从事科学研究；科学从属于经济/社会组织，处于被定制和被强求的状态；科研人员从属于机构负责人，因为"机构负责人信心十足地认为机构就是'他的'机构，处在他的掌握之中。因而助理的位置和'无产阶级'或美国大学的助教一样,常有朝不保夕之虞"。① 上述变化引发的后果是:经济社会发展对科学发展和科学的自由探索之间出现紧张关系,科研人员不再能够自由地开展科学研究,而必须受制于经济社会发展的要求。由于科研管理的行政化、官僚化使科研人员从属于机构负责人,因而科研人员学术人格的独立性丧失了。在这一官僚体系中、在科研人员与官僚管理者之间有可能建立起科研不端产生的内在机制:形成以权力作为基础,以学术作为交换手段的利益共谋关系。在当代科学界存在着一种现象:种瓜人与摘瓜人不同,种瓜人不一定是摘瓜人,摘瓜人也不一定是种瓜人,真正做科研的人是科研人员,得到科学成果的人却有可能是科研管理者;有的人耕耘而不收获,有的人收获而不耕耘;真正做科研的人默默无闻,不做科研的管理者却可能享有很高学术荣誉;真正做科研的人无法得到科研资源,而不做科研的管理者能够借助行政权力获得巨大的科研资源。必须承认这个事实:当代科学界存在着学术对政治、学术对行政、学术对经济、学术对社会的主从关系;甚至存在着个别科研人员对官僚的依附关系;也存在着一些享有特权的科研管理者阶层,他们用权利介入学术,践踏科学界的学术文化和学术生态。在这种状况下,学术欺骗已经成为公开的秘密;剥削和侵占他人学术成果的名人大腕在学术界声名鹊起、招摇过市。

学术管理的官僚化不会停留于一时一地,它一定会侵入科学界的每一个角落。官僚化管理有其存在的合理性,也有其管理上的优点,但是,它对学术文化、学术精神的破坏力也十分巨大,其中最根本的一点在于:官僚化管理在科学界确立起非普遍主义原则:学术资源根据权力进行分配,而不是根据学术能力和学术贡献进行分配;学术与权力的共谋成为一些学者的动机;学术与权力寻租,以及权力左右学术成为学术界人人心知肚明的潜规则;学术评价标准主要基于权力大小而不是基于学术水平;权力高于学术,甚至成为学术评价的标准,权力大则"学术水平"就高,权力大学术地位就高。如此一来,学术与权力共谋、学术与权力寻租等反常现象反而成了科学界的正常现象,某些科研不端成为公开的秘密。在这种

① 韦伯:《学术与政治》,冯克利译,生活·读书·新知三联书店,1998年,第19页。

情况下,科学界就会出现"劣币驱逐良币"的格雷欣法则,科学界有可能出现逆向淘汰:无能而具有权力关系背景的人成为科学界的名师大家,而有能力而无权力的人被学术界淘汰。在一些科研人员中甚至有可能出现了"权力拜物教",有些科研人员不借助权力的庇佑就无法将科研进行下去。如此一来,学术文化、学术生态必然受到破坏,学术精神必然丧失殆尽,科学界的生存法则是"机遇,而不是才干,起着如此重要的作用"[1]。科研人员在科学界的立身之本不再是其学术能力和学术贡献,而是他与权力挂钩的机遇、与权力结合的程度。科学标准本来应该不分种族、阶级、人群、性别、年龄等因素而普遍适用,现在,这种普遍主义丧失了。在这种情况下,科研不端必然源源不断地产生出来。

现代科研管理形成了科学发展中的计划性与非计划性之间的矛盾。经济社会发展的计划性导致科学发展的计划性。从市场经济对科学发展的作用来说,尽管现代经济以市场经济为主,但是,市场经济的自由本性并不意味着它的非理性、非计划性。恰恰相反,市场经济是高度理性的经济。市场经济的理性本质要求支撑它的现代科学也必须具有高度计划性,计划的实质就是要求科学发展必须适应经济发展。因此,现代国家无一不制定自己的国家科学发展规划,或经济社会与科学发展规划;现代企业无一不制定自己的研究与发展计划。现代社会都具有对科学发展的计划性,它试图把科学发展纳入经济发展的计划性之中,按照经济发展和社会发展的需要有计划地推动科学发展。可是,这种计划性势必破坏科学发展的自由本性,因为科学是自由的事业,科学自由的实质恰恰在于非计划性,科学研究与科学发展都难以计划。在科学发展的整体计划中,科研人员个人的科研工作也被计划了,这就必然出现科学研究的自由本性与科学的计划性之间的矛盾,在这一矛盾的推动下,如果科研人员无法按照科学研究的内在规律按计划完成科研任务,科研人员就有可能通过实施科研不端的方式去完成科研计划规定的任务。在这种情况下,科研计划变成了对科研人员的一种"坐架"(Ge-Stell),它对科研人员形成"促逼""强求""订制"和"限定",而科研不端有可能成为科学家"反促逼""反订

---

[1] 韦伯:《学术与政治》,冯克利译,生活·读书·新知三联书店,1998年,第20页。

制""反限定"和"反强求"的基本方式。由于完成科研计划与获得相应利益直接挂钩,因此,科研不端也有可能成为科研人员急功近利、急于求成的一种选择。可见,科学的计划性与非计划性之间的矛盾有可能对科研人员形成巨大压力和巨大利益诱惑力,从而催生急功近利的科研不端行为。

在科研人员和门外汉中都有一些人主张对科学发展加以"计划",但是,也有一些人反对这样做。因此,科学社会学必须就现代科研管理对科学发展的计划性安排作出说明。必须回答"科学作为一种社会活动在什么意义上能够被'计划',在什么程度上不能被'计划'"。① 科学研究、科学发现是风险性事业,其过程并不遵循绝对的决定论,科学发现充满偶然性,不遵循绝对必然性,因此,科学研究无法按计划去做,科学发现也不会按计划涌现出来。巴伯说:"科学拒绝任何有组织的、特别是非科学的权威对真理的压制。对于科学知识来说,正确性的规范也是个人主义的:这些规范不是被赋予在任何非正式的组织之中,而是在个人的良心之中,在那些仅仅是为此功能而非正式地组织起来的科学家们的判断之中。科学家们对于所谓的科学中的'计划'抱有一些怨恨,……这种怨恨来自他们的个人主义的恐惧,即担心在科学的控制中,正式的有组织的权威将替代非正式的同行评价。"②同时,科学研究也并不完全是理性过程,科学研究不是通过理性逻辑推导出科研成果的过程。费耶阿本德(P. Feyerabend)甚至主张科学研究应该坚持无政府主义,科学研究方法是"怎么都行",这种主张虽然走到了另外一个极端,但是也说明对科学研究的计划性安排是有片面性的,对科学研究加以计划的理性根据其实是根本就不存在的。可见,如果无法对计划性科研的理性基础这一前提性、根基性问题给出理性论证,那么,对科学发展的计划性就有任意性,这种任意性的后果是,社会对科学的计划性与科学发展的非计划性之间出现矛盾,这一矛盾有可能演变为对科学研究之自由本性的践踏,对科学研究之客观规律的破坏。在一定程度上说,现代科学中的一些科研不端行为正是源自上述矛盾和

① 巴伯:《科学的社会秩序》,顾昕译,生活·读书·新知三联书店,1991年,第4页。
② 巴伯:《科学的社会秩序》,顾昕译,生活·读书·新知三联书店,1991年,第77页。

冲突,很多科研不端是由对科学研究的计划性做法催生出来的,是不尊重科学自由和科研规律的结果,是科学的计划性导致科研人员科研行为的扭曲样式。经济发展和社会发展对科学的计划性要求是刚性约束力,如果科学研究的自由探索无法满足经济发展和社会发展对科学的计划性要求,那么,一些科研人员就有可能通过实施科研不端去达到计划性要求,各种科研不端就应运而生。

现代科研管理中出现了科学规则与社会规则之间的矛盾。科学与社会协作导致社会规则渗透到科学领域之中,破坏甚至取代科学自身的运行规则。这个问题在政治与科学的关系中表现得特别明显。政治与科学之间存在复杂关系,高度集权的政治有可能破坏科学发展,在特定情况下也有可能推动科学发展。这里的关键在于,政治权力是否尊重科学的独立性,是否按照科学发展的需要支持科学,是否能够在与科学的关系中把握分寸、画清界线,在科学需要的地方支持科学,在科学不需要的地方避免干预科学,做到进退有度、进退有据。比如,对于权力集中程度较小的政治体制来说,如果较少运用政治干预科学,较少运用政治原则去评判科学,那么,就能够使科学的独立性得到保持,使科学的尊严得到捍卫,从而有助于科学发展。政治对科学的消极影响主要体现在政治规则的非普遍主义破坏科学规则的普遍主义。一旦科学不能按照自身的规则运行,科学发展就会受到影响,而科研不端是这种影响的一种产物。政治影响催生科研不端的重要表现是,科学迎合政治需要,科学失去自主性转而服从于政治。在科学史上,诸如李森科事件、纳粹对科学的迫害等都是这方面的典型案例,它们是科研不端的特殊类型。与科学从属于政治形成对照的是,政治权力也会向科学界延伸。科学与社会协作导致政治权力向学术界渗透,它产生的重要问题主要有两个:一是体制越轨。其典型表现是权力取代学术,比如在科学领域中不再按照学术原则来分配学术资源,而是由权力来分配学术资源。维斯特在描述美国大学中这一负面变化时说:"由于科研项目与设备的分配成为不断蔓延的'政治分肥'的会议特征,从而破坏了基于优势及同行评价而给予联邦研究资助的裁决制度"。[①] 二是权

---

① 维斯特:《一流大学　卓越校长》,蓝劲松主译,北京大学出版社,2008 年,第 217 页。

力的作用力延伸到科学界。有些掌握权力的官员到科学界获取学术资源和学术地位,利用权力拿博士、教授、博士生导师等学术头衔,这实际上是权力腐败向科学界的渗透,这形成科学界的一种新型科研不端:由行政权力腐败演变而来的学术腐败、通过行政权力获取学术地位和学术资源的不端行为。可见,在大科学时代,科学研究面临一种前所未有的尴尬:既要充分利用社会力量发展自身,又要避免社会不良因素介入,科研人员遭遇科学领域自身的运行规则与社会其他领域的运行规则之间的冲突,如何在这两者的张力中保持自身性,对学术事业的健康发展至关重要。

现代科研管理导致科研人员个人兴趣的多样性与社会和科学组织的统一性之间发生矛盾。科研人员个人兴趣的常态是"科学家个人的兴趣各不相同,同时他们的兴趣同行政部门的兴趣也大不相同"。① 在科学与社会协作中,如果行政部门的要求左右了科研人员的兴趣,科研人员的兴趣会受到压抑,社会发展不仅不能推动科学发展,反而有可能制约和阻碍科学发展。一旦科研人员基于外在规定被迫服从行政管理的规定,那么,他们的科研行为就有可能偏离自然状态从而出现扭曲,产生科研不端。

上述分析表明,顺应科学与社会协作日益加深,应该相应地建立高效、健康的科学与社会协作的制度、体制和机制,形成成熟的科学与社会协作规则,确保科研人员能够按照学术规范和道德规范从事科学研究,确保科学能够按照自身的规律健康发展,避免社会不良因素介入科学领域进而破坏科学的独立性和自主性。这些问题已经成为科学与社会协作过程中必须认真对待和解决的重要任务,对科研不端的治理在很大程度上取决于对这些任务的解决。问题在于,现代科研管理不能脱离社会管理孤立地进行,科研管理和社会管理都不仅不能回避科学与社会协作,而且要促进科学与社会良性互动,既推动科学更好地服务于社会,又推动社会更好地服务于科学,为此,必须正确处理效率、进步与自由的关系,否则就会破坏科学的内在精神,从而催生科研不端。这是现代科研管理和社会管理共同面临的紧迫问题,也是治理科研不端面临的紧迫问题。"科学与社会"管理的难点在于:如何保持科学与社会之间的合理张力,保持二者

---

① 贝尔纳:《科学的社会功能》,陈体芳译,张今校,商务印书馆,1985 年,第 160 页。

之间相互作用的"度",这种张力展现为多重维度:科学规范与社会规范、科学文化与社会文化、科学进步效率与社会进步效率、科学发展速度与社会发展速度、科学发展规律与社会发展规律、科研目的与社会发展目的等等。

在现代社会中,科学受社会的影响大大增强,这一变化要求建立高效的科研管理体系,否则,就有可能破坏科学的独立性和自主性,催生科研不端。贝尔纳说:"要把科学事业组织起来就有破坏科学进步所绝对必需的独创性和自发性的危险。科学事业当然决不能当作行政机关的一部分来加以管理。"[1]现代科研管理应该以自由与效率的统一为原则,社会对科学的效率要求必须以尊重科学的自由本性为前提,如果社会对科学的效率要求不保持其合理的度,就可能破坏科学界的学术生态和科学的自由精神。一旦将社会对科学的效率要求凌驾于科学自由之上,而科学的自由探索难以适应社会对科学的效率要求时,诚实的科学研究、注重"质"的科学研究就难以为继,科学的健康发展就会受到破坏,科研不端就会产生,现在有很多科研不端的基本特征恰恰表现为,以造假、浮夸、追求数量的学术垃圾去满足社会对科学的效率要求。现代社会的很多科研不端正是由于人们在科研管理过程中没有处理好科学与社会协作关系而造成的,科研人员不是科研不端的唯一责任人,科研管理难辞其咎。

七　科研的自然速度与社会速度

从表面上看,科学与社会协作将科学纳入新的学术秩序之中了,但归根结底,科学是被强势纳入经济秩序和社会秩序之中了。因此,现代科研管理的新变化要求关注科学研究的自然速度与科学研究的社会速度(即社会为科学研究提出的速度要求)之间的矛盾。科学研究有其自然速度,由于"科学家有必要做一些其他的事情,这样工作节奏就可以放慢到适于人体的速度"。[2] 因而"科学工作的经济算盘同一个营利社会的算盘不完

---

① 贝尔纳:《科学的社会功能》,陈体芳译,张今校,商务印书馆,1985年,第25—26页。
② 贝尔纳:《科学的社会功能》,陈体芳译,张今校,商务印书馆,1985年,第160页。

全相同"。① 科学研究的自然速度是科学自主性的体现,它是由科学研究的内在规律决定的,既受科学研究的客观条件制约,也受认识的客观规律制约,还受科研人员的身心条件制约。按照科学研究的自然速度,科研人员应该在比较自然、从容的状态下从事科学研究,科学研究应该"顺乎自然",科研人员应该在自然限度内"有为",超越自然限度,就应该"无为",哪怕这样的科学研究有可能是没有效果的,甚至不会产出任何科研成果。因此,遵循自然速度的科学研究是不计较结果的。随着科学与社会协作的加强,科学和学术的专门化得到了高度发展,而"专门化对工作的进展速度提出了要求,这在业余学问家的传统中是不存在的"。② 效率是速度的测量标准,科研速度通过科研效率来衡量。现代化的两大支柱——技术必然追求效率的不断提高,资本必然追求利润的不断增长,技术逻辑和资本逻辑共同推动现代社会不断进步。因此,现代性的基本信念是相信世界能够不断进步,进步是现代性的基本观念,海德格尔(M. Heidegger)将现代性的核心概括为"进步强制",进步强制就是强制进步,不进步不行,不进步就意味着落后和倒退。巴伯指出:现代世界的文化价值之一是"'进步'与社会改善主义('progress' and meliorism)"③,不断进步的信念决定了现代社会的基本原则是效率原则,效率就是金钱,效率就是生命,现代社会总是在要求效率不断提高,要求每个人快一点、再快一点、效率再高一点。

同样,现代科研管理也以速度和效率来要求科学和评价科学,科学研究必须适应社会进步对效率的要求,科学研究的自然速度必须跟得上社会发展速度的节奏。由于现代社会是科学化、技术化的社会,科学和技术是社会发展最重要的推动力量,通过科学进步来推动社会进步是社会发展的基本思路,因此,社会对科学的需要,核心是要求科学研究提高效率,科学发展提高速度。现代社会不仅要求科学发展速度能够适应社会发展速度,而且要求科学发展速度必须超越社会发展速度,创新是第一动力,

---

① 贝尔纳:《科学的社会功能》,陈体芳译,张今校,商务印书馆,1985年,第160—161页。
② 希尔斯:《学术的秩序》,李家永译,商务印书馆,2007年,第36页。
③ 巴伯:《科学的社会秩序》,顾昕译,生活·读书·新知三联书店,1991年,第77页。

科学不仅要"赶得上趟",而且要"先行一步",要有前瞻性。效率指的是单位时间内的产出,对科学研究的效率要求是通过科研成果的产出率来衡量的。因此,效率注重结果,不计较结果的科学研究、科研成果产出率低的科学研究是不可接受的,能够产出科研成果、科研成果产出率高的科学研究才是可取的,科研成果产出率越高的科学研究是最有效率的科学研究,也是最好的科学研究。科学研究的自然速度注重过程,而社会为科学研究确定的速度注重结果,因此,社会向科学研究提出的效率要求就是对科研成果产出量的要求——它要求科学研究必须在规定时间、"最后截止日期到来之前"拿出社会需要的科研成果。如此一来,科学研究不再能够按自然速度开展,科学研究必须按经济发展和社会发展要求的速度开展;科学不再能够按自然速度发展,科学必须按经济发展和社会发展要求的速度发展。于是,在科学发展的自然速度与社会发展速度、科学研究的自然速度与社会为科学研究设定的速度、科学研究的自然效率与社会为科学研究设定的效率标准之间形成矛盾。由于科学与社会的关系是工具与目的的关系,即社会发展是目的而科学发展是手段,这一关系决定了,在上述矛盾中,科学研究的效率必须服从于社会发展为科学研究确定的效率标准,科学发展速度必须服从于社会发展速度。其结果是,现代科学日益脱离其自然速度,转而服从于社会发展速度;现代科学研究日益脱离其自然效率,转而服从于社会发展的效率要求,这是科学研究丧失自主性的一种表现形式。从这种意义上说,科学与社会的协作本质上是社会对科学的控制,也是科学对社会的顺应。社会发展速度必然提出科学研究的速度和效率问题——它要求科学研究尽快产出社会需要的科研成果。于是,现代性的效率原则、进步原则向科学领域全面渗透,社会将科学强势纳入效率原则和进步逻辑之中,只有适应资本和技术对效率和进步的要求,科学才能得到社会支持,甚至也只有适应资本和技术构筑的效率原则和进步原则,科学才能获得存在的合理性。科学与社会之间的这种关系是由现代科研管理来落实的,在现代性的进步强制中,科研管理从理念到制度设计都包含着效率原则和进步逻辑:科研管理的目的是推动科学研究不断进步、科研成果不断增长,科学研究的目的是满足社会对速度和效率的需要。

科学发展的自然速度与社会速度、科学研究的自然效率与社会效率之间的矛盾标志着科学研究的自然状态被彻底打破了。科研人员的自在生存状态和科学研究的自在状态被彻底改变了,科学进入了不自在的状态,这种状况发展到一定程度就会导致科研不端的产生。现在有很多科研人员感到科研压力大,感到不自在,原因就在于科学研究已经不能按自然速度进行了,而只能按社会速度进行;科学已经不能按自然速度发展,而必须按社会速度发展,在这个问题上,科研人员不能"顺应自然"而只能顺应社会。科学不能主导自身的发展速度,这意味着科学处于"他在"状态,当科学只能"他在"的时候,科研人员也只能处于"他在"状态;在科学不能"自在"的情况下,科研人员当然不能"自在"。这种状况也会影响科研人员的科研行为,因为自然速度与社会速度、自然效率与社会效率的差距有可能变成科研人员的科研能力与社会对科研成果的要求之间的矛盾,科研人员容易产生勉为其难、急于求成和急功近利的行为,对有些科研人员来说,按照科学研究的自然速度和自然效率无法完成的科研成果,出于"为了社会需要"的目的,就只能通过实施科研不端行为炮制出来。从这种意义上说,社会发展对科学研究的速度要求和效率要求是一种反自然的要求,在这种速度要求和效率要求下产生的科研不端行为是一种反自然的行为。某些科研不端是科研人员的科研能力无法达到社会对科研成果的要求而实施的行为,是科研人员的无奈选择。事实上,在现代社会中,有很多科研不端是牺牲自然效率以适应社会效率、牺牲自然速度以适应社会速度的产物。因此,如何在科学研究的自然速度与社会速度、科学研究的自然效率与社会效率之间保持合理张力,使科学研究的基本规律能够得到尊重,也使科研人员的科研能力和他们对科学研究的自主安排得到尊重,这是治理科研不端必须认真对待和解决的重要问题。

科学发展的自然速度与社会速度、科学研究的自然效率与社会效率之间的矛盾表现为以效率原则和进步原则为核心的现代精神对科学文化和科学精神的再造。科学发展是现代化的基本任务和基本目标,任何现代国家只要将发展目标和民族复兴的理想定位为实现现代化,这个国家就必须发展科学,因为科学已经成为决定一个国家经济社会发展的第一推动力量。在现代社会中,科学研究应该满足社会需要,科学发展应该适应社会发展,这些主张几乎成为国家科技政策的基本指南。一个明显的现象是,科学先进与否、科学规模的大小如何、科技成果转化能够带来多大经济效益等,这些因素不仅成为衡量国家科学水平的重要标志,而且成为衡量国家综合国力的重要标志。科学与社会、科学与国家之间的这种关系有其合理性,但是,这种关系也使科学承载了更多科学之外的压力,特别是科学发展对经济发展的重要性。贝尔纳认为,现代科学越来越"朝着提高生产效率,因而也就是朝着提高利润的方向改变工业生产过程的重要工作,目前几乎完全是通过把科学加以应用来进行的"。[①]　科学与社会之间关系的上述新变化势必催生科学界急功近利的学术文化,强化科学界的功利主义。国家目标必然转变成个人目标,社会对科学的功利主义要求必然转变成社会对科学研究的功利主义要求,社会对科学的功利主义评价标准必然转变成社会对科学研究的功利主义评价标准,对科研人员来说,其科研成果先进与否、科研课题和科研成果的多寡、科研成果能否转化为经济效益以及能够带来多大经济效益等,也必然成为衡量科研人员科研能力和科研水平的重要标准,这就很容易将科学研究引到只注重经济效益和实用价值的功利主义方向上去,也很容易将科研评价引到注重科研成果数量和实用价值的方向上去,其结果是将科研人员的价值取向引导到功利主义方向上。在这种情况下,科研人员的科研行为有可能偏离科学研究本来应该遵循的科研道德和学术规范,转而遵循资本逻辑和技术原则行动;科学研究的动机和目的有可能偏离本来的科研动机和目的,转而以社会功利需要为目的从事科学研究。在这个过程中,科学研究有可能出现急于求成、急功近利等做法,如此,科研不端就会源源不断地产生出来。可见,科学发展的自然速度要适应社会发展速度,科学研究的自然效率要适应社会发展对效率的要求,科学发展规律要适应社会发展规律,这些主张和做法固然有其合理性,但是,如果不加以正确理解,或者不能正确处理科学与社会之间在上述维度上的辩证关系,就有可能出现严重偏差,催生科研不端。

事实证明,功利主义对科学发展具有正反两方面的作用。对此可以

---

① 贝尔纳:《科学的社会功能》,陈体芳译,张今校,商务印书馆,1985 年,第 46 页。

用国与国之间因科学水平的差距而产生的功利主义为例来加以说明。在希尔斯看来,国与国之间科学发展的差距会导致科学家对科学的进取心丧失,因为"彼此之间的长距离以及由此带来的相互之间的遥远感,阻碍构成学术共同体的交往纽带的形成"。① 社会公众对国与国之间科学发展差距的认知会导致公众丧失投身科学事业的热情。由于在落后领域中工作带来的成就感很小,收入也不高,对国与国之间科学差距的认知有可能导致科学成为所有行业、职业中的落后领域,其吸引力比其他领域要小。因此,对科学差距的认知(特别是对国家科学落后状况的认知)会导致公众投身科学的热情和对科学的参与意识减弱,希尔斯说:"受过良好教育并且家境优越,可以投身于学术追求的人士可能减少。"② 科学领域"无法以一种有力的方式体现和表达出他们的标准,使之能够在争取人才方面与具有即时的吸引力的实践的、专业的、政治的和商业的领域相抗衡"。③ 他认为这是美国与英法两国在 18、19 世纪科学上出现较大差距的重要原因,希尔斯说:"美国与英国和法国的显著区别在于,美国没有像英国那样出现大量的天才人物,使得英国和法国在 18 世纪和 19 世纪大部分时间的科学和学术如此伟大。"④ 但是,希尔斯只看到了问题的一个方面。实际上,对国与国之间科学差距的认知、对国家科学落后现状的认识,完全有可能导致另外一种全然不同的结果。科学发达国家的人们有可能形成科学自信,但也有可能形成科学自大;科学落后国家的人们有可能形成科学自卑,但也有可能形成科学自强,科学自强意识有可能改变科学落后国家科研人员和社会公众的心理,形成科学的追赶精神、追赶意识和追赶行为,从而转变为推动科学发展的巨大动力。尤其是在现代世界的"进步强制"推动下,落后就要挨打,对国家科学落后的认知势必推动这些国家的科研人员和社会公众产生巨大的进取心,将差距转变为压力和动力,去推动本国科学的快速发展。中国现代科学的快速崛起就是这方面的典型事例。更重要的是,对于一个现代国家来说,科学落后与国家落

① 希尔斯:《学术的秩序》,李家永译,商务印书馆,2007 年,第 4 页。
② 希尔斯:《学术的秩序》,李家永译,商务印书馆,2007 年,第 4 页。
③ 希尔斯:《学术的秩序》,李家永译,商务印书馆,2007 年,第 4 页。
④ 希尔斯:《学术的秩序》,李家永译,商务印书馆,2007 年,第 4 页。

后、科学差距与国力差距直接相关,因此,科学落后、科学差距不仅是一个学术问题,而且是一个社会问题和政治问题,缩小科学差距,改变科学落后,不仅是一个学术任务,而且是一个政治任务,这种状况不仅会激发推动科学发展动力,而且会激发推动科学发展的爱国主义精神,使科研人员和社会公众将科学发展与国家进步、民族振兴统一起来,将科研动机与爱国主义统一起来,从而形成巨大动力推动科学发展。从这个方面看,科研人员对科学差距的认知并不必然会削弱科研人员的进取心,社会公众对科学差距的认识并不必然会削弱公众投身和支持科学的热情,科学研究作为社会生活中的冷门职业也不必然会削弱科学事业的吸引力,相反,这些方面还有可能得到强化。因此,科学上落后的国家完全有可能生出推动科学发展的巨大动力。

但是也必须看到,其中蕴含着诱发科研不端的重要因素。在追求科学振兴、缩小科学差距的过程中,有可能产生急于求成的心理,有可能产生科学发展上的激进、冒进。对科学差距的自觉认知、对科学落后现状的认识,强烈的科学追赶意识等有可能把科学发展引导到通过非正常手段——人为地追求科研成果数量增长——的方向上去。落后国家的科学发展也因此有可能出现三种问题:一是忽视科学发展的自然速度和规律,科学的内在精神被破坏。在推进现代化的过程中,经济/社会发展的外在压力、民族复兴的政治理想及对科学进步的不懈追求等,都有可能将科学的快速发展变成政治问题,构成科研人员和社会公众对科学发展的急迫期待,从而导致科学发展上的人为加速,导致科学发展的人为速度与科学发展的自然速度之间的冲突,这一冲突容易导致个别科研人员对科研道德和学术规范的漠视并催生科研不端。二是注重科研规模和科研成果数量而忽视科研成果质量。三是个别科研人员偏离科学研究的正常手段和途径,通过抄袭、重复发表、学术造假等科研不端行为来提高科研成果的增量。上述三方面的问题成为诱发科研不端的重要因素。当然,这并不是说科学发达国家就不会产生科研不端,更不是说科研不端是科学落后国家的专利,而是说落后对先进的追赶容易人为加速,也容易产生"走捷径"的想法,甚至也有可能不守规矩,科学落后国家如果不踏踏实实地赶超世界科技先进水平,就有可能滋生科研不端。因此,对科学落后国家来说,如何正确看待在科学水平上的差距?科研人员如何选择正确的路径和方式去缩小科学差距?这些问题都是科研不端治理中需要思考的问题。

科学发展的自然速度与社会速度、科学研究的自然效率与社会效率之间的矛盾实质上是效率与自由的矛盾。社会要求科学研究提高效率,但是科学研究需要自由。如果过分强调自由,就有可能牺牲效率;如果过分要求效率,就有可能破坏自由。可见,正确处理科学研究的社会效率与自然效率、社会速度与自然速度之间的矛盾,就是要正确处理科学研究中效率与自由的辩证关系。在特定情况下,社会发展对科学发展的速度要求和效率要求不仅不能推动科研效率的提高,而且有可能适得其反,导致科研效率变得更为低下。贝尔纳指出,由于"现行制度要求马上见效、成果丰硕,它必然加重科学内部效率低下的情况。有前途的科学家往往不敢承担一项只要坚持下去就可能对科学发展作出显著贡献的工作,因为他不知道一二年后,如果他拿不出什么具体成果,他是不是得离开那个职位"。[①] 于是"年轻和有前途的工作者,不能专心致志,不能获得有条理的思维所必需的平衡心境,还有一般的经济上的忧虑,只不过更为隐蔽罢了"。[②] 在当代科学界确实存在着这样的情况:社会对科学发展的速度要求和效率要求有可能变成巨大压力,使一些科研人员产生科学研究的畏惧情绪,导致他们不仅不敢按照社会要求的速度和效率从事科学研究,而且也不敢按照科学研究的自然速度和自然效率从事科学研究,他们将科学研究的风险性、社会对科研速度和科研效率的要求、个人的利益得失联系起来了,科研人员意识到,虽然满足社会对科研速度和科研效率的要求能够得到"奖励",但是,不能满足社会对科研速度和科研效率的要求也要受到"惩罚",而能否满足社会对科研速度和科研效率的要求不是科研人员所能自主掌控的。科学研究的风险性决定了,能否满足社会对科研速度和科研效率的要求是一个风险性很高的问题,科研人员不愿意将个人利益与这种风险性联系起来,既然搞科研意味着风险,不搞科研却没有风

---

① 贝尔纳:《科学的社会功能》,陈体芳译,张今校,商务印书馆,1985 年,第 164 页。
② 贝尔纳:《科学的社会功能》,陈体芳译,张今校,商务印书馆,1985 年,第 164 页。

险,有些科研人员就选择不搞科研,是社会对科学研究的效率要求和速度要求让科研人员变得极为"不自在"的表现,它这意味着社会发展对科学提出的速度要求和效率要求给科研人员形成了巨大压力,这种压力消减了科研人员从事科学研究的内在动力。可见,社会发展要求的科研效率与科学研究的自然效率之间存在矛盾,这种矛盾有可能导致科研人员不敢冒险,不敢按科学研究的基本规律规划科学生涯,也不敢按兴趣展开有质量的科学研究,他们只能按社会的要求牺牲科学研究的自然速度和自然效率。为此,必须正确处理科学研究中效率与自由之间的辩证关系,尊重科学研究的自然速度,否则,就有可能导致效率对自由的破坏,催生科研不端。

欲速则不达。社会发展效率与科学发展效率、社会进步速度与科学研究的自然速度之间存在冲突是现代社会中科研不端的重要推动力量。现代科学中的大多数科学研究都有一个共同特征:通过非自然速度(即社会发展需要的速度)生产科研成果。在这个过程中,势必出现违背科学研究的自然速度以适应社会发展速度、违背科研规律以适应社会规律、违背科学规则以适应社会规则等行为,这些行为有可能产生科研不端。一些科研人员为了达到快出成果的目的,有可能实施偏离科研道德和学术规范、背离科学精神等不端行为。因此,科研速度与社会速度之间的矛盾是科研不端产生的重要根源。科研人员和科研管理者都应该思考这样的问题:按照社会要求的速度搞科研还是按照科学发展的自然速度搞科研?遵循科学发展规律搞科研还是遵循社会发展规律搞科研?在现代社会中,科研人员必须在科学与社会两个区域中活动,在两套不同的规范之间纠结和徘徊,这容易导致科学家"脚踩两只船""用心不专一"的情况,如果科研人员对科学事业、科学规范的坚守出现问题,科研不端的出现就难以避免。

八　科研不端与科学观

科学与社会协作使科研人员的科研动机、目的和价值取向等方面发生变化,这些变化可以归结为科学观的变化。科学观与科研不端之间存在联系,因为,既然正确的科学观能够推动科学发展,那么,错误的科学观也能够助长科研不端。科学观涉及科学的本质、科学的社会价值以及科学的评价标准等问题,对这些问题的不同回答直接或间接地影响科研人员从事科学研究的动机、目的和价值取向。作为一种越轨行为,科研不端与科研人员和社会公众对科学的定位有关,而科学观决定科研人员对科研动机、目的和价值取向的定位。如果科学观不正确,科研人员对科研动机、目的和价值取向定位不准,就有可能诱发科研不端。研究科学观与科研不端的关系,目的在于探索如何加强科学观的教育,塑造正确的科学观,引导科研人员对科研动机、目的和价值取向作出准确定位,从而避免科研不端的发生,使科学研究在正确的轨道上进行。

贝尔纳以科研动机、目的为标准来对科学观加以分类。他认为,根据人们对"科学应该具有何种性质"这一问题的不同回答,可以把科学观划分为两种类型:一是理想主义科学观;二是现实主义科学观。显然,这两种科学观实际上是科研人员从事科学研究的动机、目的的两种类型。理想主义科学观主张"科学仅仅同发现真理和观照真理有关;它的功能在于建立一幅同经验事实相吻合的世界图像"。[①] 理想主义科学观把科学作为目的,科研人员为科学而科学,为了发现而从事科研,他们不考虑科学的实用价值。现实主义科学观主张"功利是最主要的东西;真理似乎是有用的行动的手段,而且也只能根据这种有用的行动来加以检验"。[②] 从科学发展的角度看,"作为科学发现的动力和这些发现所依赖的手段,便是人们对物质的需求和物质工具"。从科学应用的角度看,科学是一种"通过了解自然而实际支配自然的手段"。[③] 现实主义科学观主张科学的功能就是造福人类。简单地说,理想主义科学观主张科学的动机、目的和任务是认识世界,现实主义科学观主张科学的动机、目的和任务是改造世界。在贝尔纳看来,理想主义科学观和现实主义科学观只是两个极端,而这两种极端的主张是极少的,在这两种极端之间存在着变通,这两种极端本身也具有共性。理想主义主义科学观的温和变种认为,科学是"人的智

---

① 贝尔纳:《科学的社会功能》,陈体芳译,张今校,商务印书馆,1985 年,第 37 页。
② 贝尔纳:《科学的社会功能》,陈体芳译,张今校,商务印书馆,1985 年,第 37 页。
③ 贝尔纳:《科学的社会功能》,陈体芳译,张今校,商务印书馆,1985 年,第 40 页。

慧和教养的不可分割的一部分"①,也就是说,理想主义科学观也包含有对科学实用价值的考量,但是这种实用价值指的是科学的人文价值。科学是一种文化,它能够内化为人的教养,这也算是科学的一种社会功能。但是,事实证明,现代科学具有负面效应。贝尔纳说:"现代物质科学在事实上也解决不了普遍富裕和幸福的问题。战争、金融混乱、千百万人所需要的产品被人心甘情愿地毁掉、普遍的营养不良现象、比历史上任何战争都更可怕的未来战争的威胁等等,这些都是我们在描绘现代科学成果时必须指出的现象。"②科学社会价值的两面性使一部分科研人员和社会公众对科学的正面效应抱有怀疑态度:有的人怀疑科学的最终目的;有的人认为科学带来巨大物质财富,而人的精神道德还无法控制它;现代技术取代人的劳动,减轻了人的负担,但也使人丧失了劳动的内在意义;机器取代人,它在给人带来大量闲暇的同时,也使如何消磨闲暇成为问题等。在科学史上,理想主义科学观和现实主义科学观都起了很大作用,但由于这两种科学观都存在片面性,因而对科学发展和社会发展的作用都并不完全是正面的。

科学观决定科研人员对科研动机、目的和价值取向的定位,也决定科研人员的科研行为,决定科学研究中的行为选择,因此,不同科学观对科研人员的科研行为有不同的引领作用。既然科学观与科研行为有关,那么,科学观与科研不端也有关。理想主义科学观具有非功利性,因为它倾向于把科研人员引导到热爱科学、尊崇科学的方向上去,科研人员在科学研究中不考虑科学的实用价值,因此,在理想主义科学观支配下,在科研行为中出现科研不端的可能性较小,因为科研人员对自己热爱和尊崇的事物作假的可能性是比较小的,他们在科学发现中寻找快乐,不会到科研不端中去寻找快乐,科研人员"真正欣赏自己所从事的具体工作并感到乐在其中"。③ 理想主义意味着科学本身就是目的,将科学作为目的就是在一定程度上将自己作为手段,持理想主义科学观的科研人员在科研工作

① 贝尔纳:《科学的社会功能》,陈体芳译,张今校,商务印书馆,1985年,第39页。
② 贝尔纳:《科学的社会功能》,陈体芳译,张今校,商务印书馆,1985年,第42页。
③ 贝尔纳:《科学的社会功能》,陈体芳译,张今校,商务印书馆,1985年,第45页。

中考虑的问题主要是：自己如何为科学献身？自己对科学的责任是什么？科学研究的动力主要来自科研人员对科学的内在热爱所焕发出来的精神动力。因此，理想主义科学观不具备从事科研不端的动机和目的，也不存在故意从事科研不端的机制，因而科研人员更容易避免科研不端。现实主义科学观注重科学的实用价值，它有可能把科研人员引导到功利主义方向上去，从而生成科研不端的动机和目的。现实主义科学观还有可能使科研人员将目的和手段颠倒，把个人利益当作从事科学研究的目的而把科学当作为个人利益服务的工具，科研人员有可能将科学作为获取利益的工具，这就无法摆正个人功利与科学理想的关系，这就容易将科研人员导向个人主义，从而丧失科学理想、科学信念、对科学的责任感和使命感等，科学研究一旦成为获取个人利益的工具，科研不端的产生往往就难以避免。现实主义科学观还有可能将精神与物质之间关系的颠倒，科研人员在科学研究中所追求的主要是物质价值而不是精神价值，科研人员出于功利目的从事科学研究，就有可能导致对科学的贬低，从而将科学的内在精神从科学中剥离出去，导致科研人员在价值取向上的偏差。科学共同体既是理想共同体又是利益共同体，但它不应该是个人利益共同体，而应该是科学利益共同体，是国家利益、社会利益或人类利益共同体。如果科研人员只注重物质价值而忽视精神价值，科研不端的产生就难以避免。

科学观包含科学价值观，科学价值观是对科学价值的看法。科学价值观涉及对科学的社会价值和功能的不同回答，关于科学的社会价值和功能问题，概括起来无非有三种主张：第一种观点认为，科学是推动社会进步的主要手段，科学对社会发展的作用是正面的和积极的。第二种观点是否定科学的正面作用，认为科学是社会祸乱的根源，科学导致人类不平等和道德堕落等。还有一种观点认为科学是一柄双刃剑，科学既有建设性作用，又具有破坏性作用。另外，无论主张科学具有何种价值，科学价值观还需要回答一个问题，科学的价值源自哪里？对这个问题的思考触及对科学本质的不同理解。有人认为科学发现与科学应用是两个不同的环节，科学的价值与科学无关，科学的价值是在科学应用过程中产生的。另外一些人认为，科学的价值不完全是科学应用的结果，它与科学本身有关，科学的价值蕴含在科学之中。前一种观点被称为"科学价值中立论"，后一种观点被称为"科学社会价值负荷论"。

科学观不是凝固不变的，而是随着科学的发展和应用不断变化的。贝尔纳在 20 世纪 30 年代谈到科学观的变革时说："过去二十年的事态不仅仅使普通人改变了他们对科学的态度；也使科学家们深刻改变了他们自己对科学的态度，甚至还影响了科学思想的结构。三百年来科学领域中理论方面和总看法方面的最重大的变化足以同世界大战、俄国革命、经济危机、法西斯主义的兴起，以及迎接一场更新的、更可怕的战争的准备工作等令人不安的事态相提并论。"[1]科学观能够影响科研人员从事科学研究的动机和目的，从而在特定情况下诱发科研不端。比如在现代社会，科学观表现为科学主义、反科学思潮等多元化形态。社会公众对科学社会价值的认知和评价等会影响科学科研人员的科研动机和目的，影响科研人员的科研行为，进而影响科学发展的进程。可见，不能把科研不端仅仅视为科学研究、科学发现过程之中的问题，而必须将科学发现与科学应用联系起来理解，才能把握科研不端产生的机制和根源。

科学目的和价值取向还涉及科学的使用方向。科学可以被运用于善的目的，也可以被运用于恶的目的。科学被用于何种目的取决于科学价值观。因此，科学价值观的塑造和培养非常重要，科研人员应该对科学服务于何种目的有正确认知，作出正确判断，因此必须注重价值观的塑造。科研人员不能只掌握客观知识，还应该具有良好的人文素养；不仅要有正确的世界观，而且要有正确的价值观。否则，科研人员的科研工作就有可能服务于不端目的，甚至服务于反社会目的，而服务于不端目的和反社会目的的科研行为属于犯罪行为，这种行为是最为严重的科研不端行为。因此，科研人员应该树立正确的科学价值观，只有如此，才能认真审视科研目的，把科学研究纳入善的轨道。在科学与社会协作的背景下，科研人员在坚持无私利性与私利性、坚持公有性原则与私有性原则等方面产生矛盾，对科学共同体精神气质的坚守面临严峻挑战，如果不正确处理这些矛盾和冲突，就会产生科研不端。总之，治理科研不端，要求科研人员和社会公众培养正确的科学观，关注科学研究的动机、目的和价值取向，也

---

① 贝尔纳：《科学的社会功能》，陈体芳译，张今校，商务印书馆，1985 年，第 34 页。

关注科学应用的动机、目的和价值取向,只有基于正确的动机和目的去从事科学研究,也基于正确的动机、目的和价值取向去应用科学,才能确保科学服务于正确的目的。

正确的科学观有助于培养学术精神。有的学者认为,现代社会中的大学和科研机构需要有一种特殊的学术精神——"书呆子精神"。书呆子精神的灵魂是"既推崇辉煌成就与专业技术,又与世俗社会规范保持适当距离"。① 既遵从学术文化又与世俗文化保持适当距离。大学以及大学的科研人员享有双重意义上的自由。一是学术自由,正是"大学成员的崇高地位,使他们有资格获得按照他们各自不同的学科和机构的规则和传统追求真理的自由"。二是作为公民的自由,大学成员"应该同样享有在一个自由和民主社会中公民的政治行动的自由"。② 大科学时代,大学和科研机构从属于社会,这有可能导致学术精神从属于社会的世俗文化。可见,学术自由、学术精神与大学和科研机构等的地位有关,学术机构的地位越高,学术机构的独立性越强,学术自由和学术精神也越能够得到保持和发扬。独立就是不依赖,学术机构对社会的依赖程度越低,学术机构越独立,这些机构的学术自由和学术精神也就越能够不依赖其他部门的文化而得到独立的发展和传承。科学作为社会建制的后果之一在于,科研机构从属于社会,从而导致学术依赖社会、学术自由和学术精神失去独立性。希尔斯在分析 1918 年之前德国科学与政治之间的关系时说:"学术精神被德国许多学者和科学家的党派政治和种族倾向所削弱。"③ 可见,科学与社会协作有可能削弱学术自由和学术精神。伴随科学与社会协作,科学界的凝聚力和中心地位丧失了,准确说是科学界的独立性丧失了,科学界的凝聚力和独立性丧失,必然导致学术精神的衰微。

科学与社会协作使得"以科学为基础的工业""以科学为基础的社会"成为新的社会政治理想,现代社会无不通过发展科学来推动社会进步,这推动社会对待科学的价值取向出现根本转变。"以科学为基础的社会"必然呼唤"有科学知识的人",任何想要在现代社会生活、谋取职业、跟上现

① 维斯特:《一流大学 卓越校长》,蓝劲松主译,北京大学出版社,2008 年,第 218 页。
② 希尔斯:《学术的秩序》,李家永译,生活·读书·新知三联书店,2007 年,第 134 页。
③ 希尔斯:《学术的秩序》,李家永译,商务印书馆,2007 年,第 135 页。

代社会脚步的人,都必须具备相应的科学知识,跟上科学发展步伐就是跟上现代社会发展步伐。社会对科学的需要转变成了功利性的需要。科学的价值取向也必须调整到服务社会的方向上去,寻求与社会协作。现代大学和科研机构都不再能够以"象牙塔"存在,而必须走出象牙塔更广泛地参与到社会生活中去。科学应该发挥社会功能,但科学不能彻底功利化。科学与生活协作使科学界的功利主义在抬头,理想主义在丧失。科学界中一旦出现理想主义和功利主义的比例失调,那么,滋生科研不端的文化土壤就形成了,在这个土壤中,科研不端会不断地产生出来。根除科研不端的途径之一,就是要根除它赖以产生的土壤。现代社会必须思考科学的价值取向应该是什么,科学在满足社会功利需要之外还有没有其他价值。这些问题事关科学独立性,也事关学术精神在现代社会的存续。事实上,科学不仅应该与社会达成一致以满足社会的功利需要,而且也应该保持它对社会问题的辨别力、独立思考和理性批判。维斯特(C. M. Vest)认为,现代科学"必须找到学术探索与社会需求之间矛盾的解决办法,并进行相应的变革"。[①] 现代科学不是在真空中发展的,因而也不可能撇开与社会的关系去定位自身的发展,要根据社会发展提出的挑战来明确科学发展的任务,但科学不能仅仅从社会需要的角度定位自身,如果科学完全以社会需要为转移,那不仅会破坏科学发展,而且最终会破坏社会发展。道理很简单,科学的有用与无用是相对的,国家的科技政策应该在满足社会需要与尊重科学发展、注重科学的功利目标与坚守科学的自主目标之间保持合理张力。

---

① 维斯特:《一流大学　卓越校长》,蓝劲松主译,北京大学出版社,2008 年,第 50 页。

第二章 量化管理与科研不端

对当代大学和科研机构来说,现代性突出表现在,科学研究从生产到管理、从理念到制度设计都蕴含理性主义,这是催生科研不端的重要根源。现代性的基础是理性主义,作为理性主义管理(或科学主义管理)的奠基,泰罗制(Taylorism)诞生于 19 世纪末,当代科学活动中的科研不端与科研管理中的理性主义具有密切关联。限于篇幅,本章将通过介绍量化原则的思想渊源和基本思路,揭示当代科研管理中科学与人文的冲突,分析科研不端与量化管理的内在联系,并提出相应的对策思路。

一 现代科研管理与理性主义

笛卡儿(R. Descartes)是近代理性主义哲学的奠基人,他以其哲学的第一原理"我思,故我在"(cogito, ergo sum)为近代理性主义哲学奠定基础。在欧洲中世纪,人们试图以上帝为基点来确立社会秩序的来源和社会生活的意义基础。笛卡儿的工作则使理性取代了上帝的位置,成为社会秩序和社会生活的新基点,从此,人类试图运用理性去实现自然秩序和社会秩序的合理化。理性主义是现代性的哲学基础,是统摄人类现代化进程的哲学总原则。在《欧洲科学危机与超验现象学》一书中,胡塞尔(E. Husserl)对理性主义的基本特征作了全面的论述,这些论述对理解当代理性主义科研管理的精神实质,思考当代科学活动中的科研不端问题,具有启示意义。

理性主义代表了一种雄心,即认为人类凭借理性能够彻底地认识世界,而人类之所以能够理性地认识世界,其前提是确认世界是合乎理性的存在,从这种意义上说,理性主义又代表了一种对世界的认识方式,即人类能够借助概念、逻辑等抽象思维,认识世界的普遍本质和规律。胡塞尔指出,理性主义认为有"一个无限的世界,在这里一个观念的存有世界,被设想为这样的一个世界,在这个世界中的对象不是单个地、不完全地、仿佛偶然地被我们获知的,而是通过一种理性的、连贯的、统一的方法被我们认识的,随着不断应用这种方法,我们最终能彻底认识这里的**一切**对象的自在本身"。[①] 理性主义主张"一个在这种新意义上的理性的、包罗万象的科学的伟大观念,或更确切地说,一个关于一般的存有者的整体本身就是一个理性的统一体,并且这个理性的统一体能够被一种相应的普遍的科学彻底把握的观念"。[②] 因此,理性主义关注的重点是普遍性、必然性、绝对性和永恒性,与此同时,它忽视特殊性、相对性、暂时性和偶然性。从这种意义上说,理性主义包含着对个别性和多样性的遮蔽,因此,费耶阿本德曾用"征服丰富性"来命名他批判理性主义的一本书。胡塞尔认为,凡是在理性主义方法被确立起来的地方,人类似乎"就克服了对于经验的可直观的世界来说,本质地具有的那种主观解释的相对性。因为通过这种方式我们获得一种**前后一致的、非相对的真理**,凡能理解和应用这种方法的人都能使自己信服这种真理。**因而在这里我们认识到一种真正存有的东西**"。[③] 因此,理性主义主张,科学知识是关于因果性、普遍性和必然性的知识。强调科学知识的普遍性和绝对性,意味着对偶然性和相对性的排斥。因此,理性主义科学观认为"一切在这个世界中**所共同地存有的东西**,都是通过一条**普遍的因果律**,直接或间接地互相依存的。由于这种样式,世界不仅是一个万有的总体(Allheit),而且是一个万有的统一体(Alleinheit),即一个**整体**(尽管它是无限的)。这是先天地自明的,不论我们对此从特殊的因果依存关系中所实际地经验到的是多么少,也不论关于它从以往的经验中所知道的和为将来的经验所预示的是多么

① 胡塞尔:《欧洲科学危机和超验现象学》,张庆熊译,上海译文出版社,2005 年,第 30 页。
② 胡塞尔:《欧洲科学危机和超验现象学》,张庆熊译,上海译文出版社,2005 年,第 31 页。
③ 胡塞尔:《欧洲科学危机和超验现象学》,张庆熊译,上海译文出版社,2005 年,第 40 页。

少"。① 显然,将具有普遍性和必然性的科学知识运用于感性世界,其结果必然造成对感性世界的相对性、个别性和多样性的破坏。

一个具有普遍性和必然性的世界,一定是具有确定性的世界。因此,理性主义坚持对世界的确定性解释。一切对世界的解释都试图达到如同科学观察那样的精确性和可证实性。韦伯认为,确定性的前提在于,认为对象是理性的。因此,理性主义试图运用理性去达到对对象之意义的确定性解释,其前提是预设客观世界是理性的存在。将世界视为确定性存在,其极端表现是将世界视为数学化的存在。同理,认识和把握世界的确定性,就是达到对世界如同数学般精确和严密的认识。因此,理性主义的世界是一个数学的世界,理性主义最为推崇的知识是数学知识,理性主义最为推崇的科学是能够实现数学化和数学化程度高的科学。韦伯在其名著《经济与社会》一书中说:所谓理性,就是"能够进一步划分出逻辑或数学的特性"②。理性主义不仅代表了一种认识世界的雄心和方式,而且代表了一种控制世界的雄心和方式。理性地认识世界,其目的是理性地改造世界;把握世界的普遍必然规律,其目的是普遍而必然地控制世界;如同数学般精确地把握世界的确定性,其目的是要在行动上精确地、毫无差错和毫无悬念地控制世界。韦伯说:"如果我们就其意向性的意义背景完全清晰而理智地把握了行动的诸要素,这时的行动显然就主要是理性的。如果我们能够设身处地地充分把握行动发生时的情感背景,那就可以获得移情或鉴赏的精确性。凡是涉及与逻辑或数学有关的命题的意义,就可以得到最大限度的理性的理解,可以直接而明确地把握它们的意义。"③如果理性就是逻辑的和数学的,那么更具体地说,理性是何种逻辑和数学呢? 美国科学社会学家巴伯认为,理性就是按照逻辑规则对对象加以分析和综合。他说:"理性思维使非同一性事物保持分立(A 不能既是 A 又是非 A),而且接下来的就是对事物之间的联系进行演绎推理的过程。"④也就是说,理性思维既表现在运用逻辑规则精确地区分对象上,

① 胡塞尔:《欧洲科学危机和超验现象学》,张庆熊译,上海译文出版社,2005 年,第 42 页。
② 韦伯:《经济与社会》(第 1 卷),阎克文译,上海人民出版社,2005 年,第 93 页。
③ 韦伯:《经济与社会》(第 1 卷),阎克文译,上海人民出版社,2005 年,第 93—94 页。
④ 巴伯:《科学的社会秩序》,顾昕译,生活·读书·新知三联书店,1991 年,第 7 页。

也表现在运用逻辑规则对不同事物的因果性、必然性作出说明,这就是理性赋予客观对象以确定性解释的基本内涵,也是其基本方法。可见,理性主义蕴含量化原则,它将世界视为数学性的存在,科学的目标是试图描述和建构量的世界图景。因此,尽管理性主义包含诸多方面的内涵,但其核心是量化观念。正因为如此,近代科学的一个重要方面是对世界的数学化,即不再如同古代有机论和目的论自然观那样将自然界视为有机体,而是将自然界视为数学性的存在。

在哲学史上,量化观念最早产生于古希腊。毕达哥拉斯(Pythagoras)强调"数"的重要性,并且最早奠定了用量来衡量质、将质还原为量等重要思想。亚里士多德在《形而上学》一书中指出,毕达哥拉斯学派不仅把数看成事物的本源,而且将数视为"自然间的第一义""数的要素即万物的要素,而全宇宙也是一数"[①]。怀特海(A. N. Whitehead)则明确指出:"从毕达哥拉斯那里所能得到的实际见解就是事先度量,然后用数字决定的量来决定质。"[②]到了近代科学之初,在科学界出现了两个方法论运动:一是经验和实验的运动;二是演绎和数学的运动。在近代科学中,对数学的强调主要是由伽利略系统化的。以开普勒(J. Kepler)等人的工作为基础,伽利略提出了两个重要的方法论纲领,为近代机械论自然观奠定了方法论基础。

第一,研究自然就是要研究数学关系。伽利略明确指出,自然界中真实的和可以理解的东西,不是古代自然观所强调的目的和本性等,而是自然物的运动在时间和空间中确定的数学关系。他在《试金者》中写道:"哲学被写在那部永远在我们眼前打开着的大书上,我指的是宇宙。但只有学会并熟悉了它的书写语言和符号以后,我们才能读它。它是用数学语言写成的,字母是三角形、圆以及其他几何图形,没有这些,人类将一个字也读不懂。"[③]在伽利略看来,自然界中真实的和可以理解的东西是数量关系、数学特征。从亚里士多德和经院哲学借助作用、本性、动因、目的、自然位置等含糊观念,转变到对自然界确定的数学关系的研究,这是伽利

---

① 亚里士多德:《形而上学》,吴寿彭译,商务印书馆,2016 年,第 14 页。
② 怀特海:《科学与近代世界》,何钦译,商务印书馆,1997 年,第 29 页。
③ 转引自科林武德:《自然的观念》,吴国盛、柯映红译,华夏出版社,1999 年,第 113 页。

略在动力学上迈出的最初的、也是最困难的一步。英国科学史家丹皮尔（W. C. Dampier）对此给予高度评价，他说："经院哲学在分析变化和运动时所采用的模糊的目的论范畴，跳到关于时间和空间的确定的数学观念。"①这个差异是近代科学与古代科学最大的差异。

第二，"第一性质"和"第二性质"的区分。关于第一性质和第二性质的区分，是由古希腊哲学家德谟克利特（Democritus）奠基的，到了17世纪，近代科学和哲学的主要奠基人开普勒、伽利略（G. Galilei）、洛克（J. Locke）等人就提出了第一性质与第二性质的区分。根据丹皮尔的记述，开普勒在近代科学中最早区分了第一性质和第二性质，他认为第一性质就是不能与事物分离开来的性质，而第二性质则是不甚实在或不甚根本的性质。概而言之，第一性质就是非派生的性质，它是客观事物本身具有的性质，因而是派生其他性质的性质而不是由其他性质派生而来的性质，这就是"第一性质"之"第一"的基本含义。第二性质是派生的，即是从第一性质中派生出来的，因此，它不是与客观事物同在的性质，而是可以与客观事物分离的性质。伽利略认为，第一性质指的是自然界中的数学关系和数量特征。比如形状、大小、数目、时间、空间、结构和位置运动等可以量化处理的东西，它们是自然界中真实的和客观的性质，因而是自然科学研究的对象。第二性质指的是自然物之间质的差异，比如颜色、声音和味道等，它们不是自然界中真实的和客观的东西，也不是自然物的功能，它们只是自然物在人们感官上的反映，是人们的感觉，因此是主观的。伽利略认为"第二性的质不过是感官上的主观效应，和不可与事物分离的第一性质迥然不同"。② 这样一来，事物之间质的差异成为主观的东西，它们不是自然界中真实存在的东西，而是人们赋予自然界的。两种性质的划分为科学的对象划定了范围，科学的任务在于研究自然界中真实的和客观的第一性质，而第二性质由于是第一性质在人们感官上的反映，因此可以还原为第一性质来加以研究。换言之，科学只应该研究自然界的数

---

① 丹皮尔：《科学史及其与哲学和宗教的关系》（上），李珩、张今译，商务印书馆，1995年，第217页。

② 丹皮尔：《科学史及其与哲学和宗教的关系》（上），李珩、张今译，商务印书馆，1995年，第201页。

量关系和数学特征,只关心可量化的方面,对质的东西的研究能够也必须还原为量的东西加以研究。显然,量化观念在现代科研管理中是非常重要的内容。

伽利略提出的两条方法论纲领不仅标志着近代科学方法论的成熟,而且对近代机械论科学观的形成也起了十分关键的作用。美国学者阿瑟·伯特(E. A. Burtt)在其名著《近代物理科学的形而上学基础》中指出:世界的数学化意味着"假设物质在整个可见的宇宙中是同质的"。① 因此,把宇宙看成数学性的存在意味着把宇宙看成同质性的存在。德国哲学家霍克海默(M. M. Horkheimer)认为,世界的数学化"摒除了一切不可度量之物。它不仅在思想中消除了质的属性,而且迫使人们与现实一致起来"。② 挪威学者希尔贝克(G. Skirbekk)和伊耶(N. Gilje)则指出,伽利略"提出了一种**数学的本体论**。实在的最内在的本质是数学的。所有变化中不可变化的是数学形式"。③ 于是,量的同一性成了世界统一性的基础,理性主义试图认识和把握的世界统一性是量的统一性,科学的世界图景是量的图景,这一点被确立起来了。

由于伽利略的工作,古希腊的有机论、目的论思维方式转变为近代的数学—力学思维方式,对自然界运动的研究从有机论、目的论描述转变为数学—力学描述,而所谓"数学—力学描述"就是对自然界的机械论描述。因此,机械论也是近代科学观的核心。从此,量的属性与客观性被等同起来,近代科学的基本任务被确定为对自然界客观的和数量关系的研究。科学是对客观事物本质和规律的研究,科学被等同于客观性,它与主观性无关,或者毋宁说它根本就是主观性的敌人。在近代人类的文化中,一切科学都被定义为"关于……的本质和规律的学问";科学被等同于客观真理,即传统本体论视域下的实证知识和理性知识。伽利略在科学上的贡献不仅在于把目的论方法从动力学研究中剔除出去,而且在于他将近代科学之初的两大方法论运动统一起来,开创了崭新的科学方法,即把

---

① 伯特:《近代物理科学的形而上学基础》,徐向东译,北京大学出版社,2003 年,第 37 页。
② 霍克海默:《启蒙的概念》,曹卫东编选:《霍克海默集》,上海远东出版社,2004 年,第 52 页。
③ 希尔贝克、伊耶:《西方哲学史》(上),童世骏、郁振华、刘进译,上海译文出版社,2012 年,第 233 页。

数学推演同观察实验结合起来的"数学—实验"方法。这种方法奠定了近代科学的方法论的基础,伽利略也因此被尊称为"现代科学之父"。

只要认真检视当代科研管理就不难发现,理性主义正是当代科研管理的灵魂,而量化是其基本原则。对此,只要简略地提示以下几点就足够了:首先,当代科研管理将科学研究设定为绝对必然的过程,设定为具有确定性的过程,因此,当代科研管理的一个基本思路是,科学研究不仅可以被计划,而且应该被计划,科研成果可以按照计划逻辑必然地生产出来。当代科研管理总是试图对科研人员的科学研究进行规划,对科学研究制定出精确的量化指标。其次,当代科研管理试图构筑起一种普遍性,它预设所有学科和科研人员的科学研究都遵循相同规律,因此,科研管理能够找到适用于一切学科和科研人员的管理方式、考评标准等,对科研人员和科学研究进行整体性管理。这一思路意味着,当代科研管理注重的是科学研究的普遍性、必然性、绝对性,忽视科学研究的特殊性、偶然性和相对性,不尊重不同科研人员和不同学科科学研究的个别性、多样性,当代科研管理表现为普遍性对个性的消解,它试图用一种普遍性法则对科学研究进行越来越规范的管理。再次,当代科研管理是一种理性主义的控制方式,将科研过程设定为具有确定性的过程,意味着当代科研管理蕴含决定论思维,即主张科学研究遵循决定论原则,这一预设的背后隐藏着的是对科学研究加以精确控制的管理意志,它认为,无论科学研究还是科学家都是可以控制的,也是应该被控制的。当代科研管理无非是一种控制技术、控制手段。可以说,当代科研管理在上述各个方面都有理性主义的基本理念,将当代科研管理定性为理性主义管理具有充分的理由,而当代学术活动中科研不端与当代理性主义科研管理具有内在联系。

二 量与质关系的复杂性

量化原则在主体方面的主要表现是,主体形成了量化观念、量化思维;出现了通过数学计算来精确而严密地控制世界的观念;出现了通过不断量化、标准化来推动效率不断提高的思路;出现了通过效率的不断提高来推动不断增长和不断进取的观念等,这些观念成为现代文明的重要特征。量化原则在客体方面的主要表现是,将自然界视为数学性的存在,关注自然界的数量关系和数学特征,将数学特征视为客观世界的第一性质,与此同时,客观世界的质的特征被遮蔽了。将上述两方面统一起来,主体与客体之间的关系就被抽象为数量关系,而其他关系被遮蔽了。量化在方法论层面的主要表现是,在科学研究和社会管理中,不断对世界进行量化,对自然进行除魅;在管理学中注重量化评价,用不断增长的量化指标来评价劳动的质。量化在价值层面的主要表现是,通过量化能够达到功利主义目的,人们追求量化的原因是量化能够精确而快速地达到功利目的。从哲学层面看,量化原则的主要问题是它导致了量与质之间的矛盾、量的统一性与质的个别性和多样性之间的矛盾、量化与感性生活之间的矛盾、量的不断增长与实践的自然速度之间的矛盾、量化的确定性与实践的不确定性之间的矛盾、量化所构筑的必然性与客观世界的偶然性之间的矛盾、量化设定的目的与感性生活目的之间的矛盾等。因此,需要对量化原则的合理性进行严肃的哲学审视。

任何事物都是质与量的统一,因此,对事物进行数量分析,注重事物的量没有什么不对,量化原则的问题在于它被普遍化地使用。"化"就是转化、普遍化,将一切转化为量来认识,也就是将量普遍化。伽利略指出:"**自然在它的一切其他的方面**也可以用同样的方式**构成**规定。"[①]伽利略所说的"同样的方式"指的就是量化,这意味着量化可以无限制推广,量化原则可以无界限运用于任何事物。以伽利略提出的量化原则为基础,量化成为科学研究的方法论原则。理性主义科学观认为,对一切具有自身质的规定性的事物都应该并且能够进行数学化的抽象,这一主张为近代科学奠定了基础,也成为理性主义的核心观念之一,它确立起近代科学的基本信念。首先,既然第一性质,即数量关系和数学特征是自然界中存在的唯一真实和客观的性质,只有它们才是自然科学的对象;而第二性质,即自然界中存在的质的区分不是自然物的真实性质而是人们的主观感觉,质的区分是人们将感觉赋予自然界的结果,那么,如果要对质的方面即第二性质加以研究,就必须遵循一个基本原则:将质还原为量。因此,

---

① 胡塞尔:《欧洲科学危机和超验现象学》,张庆熊译,上海译文出版社,2005 年,第 45 页。

第一性质与第二性质的区分凸显了量化对科学的重要性，它导致整个现代科学朝着数学化方向发展。量重于质、以量统一质成为现代科学的重要思路。数学化是现代科学的基本追求，也是现代科学的基本品格和基本标准。其次，数学化是决定科学身份和地位的判据，任何科学都只有通过数学化达到如同牛顿力学那样的精确性和严密性，才具备与牛顿力学媲美的科学品格，也才具备与牛顿力学并驾齐驱的平等地位。同时这也就意味着，在现代科学中必然出现量化原则与质的差异、量的普遍性与事物的多样性和个别性之间的矛盾。于是，量化成为科学与非科学的基本判据，成为科学知识是否具有客观性和真理性的基本判据，也成为科学知识是否具有价值及价值大小的基本判据。第三，量化原则形成新的知识观，量化原则使事物的量的方面成为唯一实在。如果说关于质、关于第二性质的认识是主观的，那么，关于质、关于第二性质的知识就是缺乏实在论前提的，也就是说，关于质的知识不是对自然界真实的客观性质的反映，而是人们主观自生的东西。关于质的知识是非真理性的，它们不具备科学知识的基本品格，因而是没有价值的。反之，如果说量或第一性质才是自然界真实的和客观的性质，那么关于量，关于第一性质的知识是对自然界真实的客观对象的认识，只有这样的知识才具备作为科学知识之客观性和真理性的实在论前提。因此，关于量的知识是具有真理性的知识，这种知识具备科学的品格因而是有价值和有意义的知识。以量化为基本标准，人类科学体系中出现了数量化科学对非数量化科学的排斥，凡是数学化和数学化程度较高的知识就是具有实在论前提的科学知识，凡是不能实现数学化或者数学化程度较低的知识就是缺乏实在论前提的非科学知识。量比质重要、将质还原为量等原则演变成这样的信念：数学化程度高的科学比其他科学重要、数量化科学的地位高于其他科学的地位。数量化成为现代科学发展的重要途径，也是现代科学发展的重要目标，对数理知识的推崇与对其他文化和知识的贬低同时获得确认。

理性主义的量化原则对自然科学、工程技术以至人文社会科学的发展无疑都具有巨大推动作用，但是，量只是事物的一个方面而不是事物的全部，将质还原为量的思路必然导致对世界的抽象，导致对世界的数学化，导致以单一的量的特征遮蔽质的丰富性和多样性。质的区分是个别性和多样性的基础,量对质的优先性就是普遍性对个别性和多样性的征服。因此,量化的要害在于将量的方面上升为一种普遍性,并用量的普遍性去消除质的个别性和多样性等差异。事实上,质的东西不能并入量。胡塞尔说:"**纯粹**建筑在这些东西之上的质的构型是**不能跟时空的形状相类比的**,是**不能**合并到**专属于**它们的**世界形式**中去的。这些性质的极限形状是不能在相类似的意义上被观念化的;对它们的测量('估量')不能跟构成的、已经客观化为观念的存有的世界中相应的存有相联系。"[1]既然量不能涵盖质,那么,量化原则就具有片面性和局限性。既然质的区分是主观的,那何以证明量的区分不是主观的?数量关系和数学特征的客观性如何得到证明?既然关于质的区分是主观感觉,那何以证明关于量的区分就不是主观感觉?既然关于第二性质的知识缺乏真理性所需要的实在论前提,那何以证明关于第一性质的知识具有真理性所需要的实在论前提?事实证明,事物都是质与量的统一,只有把量和质统一起来才能达到对事物的完整认识。以量化为核心的科学是有局限性的,彻底坚持量化原则的理性主义科学观也是片面性的科学观。同样,以量化原则为核心的现代科研管理是有局限性的管理,彻底坚持量化原则的理性主义管理是片面性的管理。

黑格尔在其名著《小逻辑》中指出:存在"包含有质、量和尺度三个阶段。质首先就具有与存在相同一的性质,两者的性质相同到这种程度,如果某物失掉它的质,则这物便失其所以为这物的存在。反之,量的性质便与存在相外在,量之多少并不影响到存在。……尺度是第三阶段的存在,是前两个阶段的统一,是有质的量。一切事物莫不有'尺度',这就是说,一切事物都是有量的,但量的大小并不影响它们的存在。不过这种'不影响'同时也是有限度的。通过更加增多,或更加减少,就会超出此种限度,从而那些事物就会停止其为那些事物"。[2]根据黑格尔的论述,大致可以针对当代科研考评中的量化管理,提出以下几个问题来加以分析。

首先,量是质的基础。按照黑格尔的说法,质与事物的存在同一,而

---

[1]　胡塞尔:《欧洲科学危机和超验现象学》,张庆熊译,上海译文出版社,2005 年,第 47 页。

[2]　黑格尔:《小逻辑》,贺麟译,商务印书馆,2004 年,第 188 页。

量在度的范围内与事物的存在不是同一的,即在度的范围内,量的变化不影响事物的存在,而超出度的范围,事物的存在就丧失了。换句话说,在度的范围内,量的多少不影响事物的质,而超过度的界限,事物的质就丧失了。既然如此,那么,量就是质的基础,没有量就没有质,世界上不存在不具有量的质,因为没有量,就意味着量少到超过度的界限,事物就不存在了,当然也就没有质了。同样,量也是事物的基础,没有量就没有事物,世界上不存在没有量的事物,因为没有量,就意味着量少到超过度的界限,事物就不存在了。从这种意义上说,量是衡量质的尺度,质需要由量来衡量,量也能够衡量质。科研考评无非是衡量两个方面的质:一是科研劳动的质;二是科研成果的质。因此,科研劳动的量(比如社会必要劳动时间)能够衡量科研劳动的质,科研成果的量(凝结在产品中的社会必要劳动时间)能够衡量科研成果的质。如果完全不考虑科研劳动量和科研成果量,就无法衡量科研的质。一个什么科研劳动量或科研成果量都没有的人,就没有科研可供考评,也不存在科研的质这一问题。没有量的科学研究就是不存在的科学研究,当然不可能是有质的科学研究。因此,在评价当代科研管理中的量化考评时,不能片面地否定量化考评的价值和意义,全盘否定量化考评的价值和意义实质上也是把量与质对立起来了,因为其背后预设了量不能代表质、量不能衡量质、质不能用量来测度等错误观念,这些观念试图通过突出质的重要性来否定量的重要性,这与通过突出量的重要性来否定质的重要性一样,都将质与量割裂开来了,都是片面的形而上学观点。可见,量化考评有其合理性。从现实功利角度看,如果完全否定量化考评,就有可能消除科研动力、否定科研目的,从而助长科学界的懒惰和懈怠之风,其实那又何尝不是另外一种科研不端,甚至还是更严重的科研不端。科研不端可以分为两种:一种是科学研究中的不端行为,做科研但是不按规矩做科研;另外一种是不做科研的不端行为。不做科研,就不存在对其进行科研考评的问题,既取消了符合考评标准的可能,也取消了不符合考评标准的可能。取消科研量的"不作为"是更为严重的科研不端。科学研究不应该是没有数量要求的,完全没有数量要求的科研就等于取消科研,而科研动力、动机、目的、行为的丧失是最大的科研不端。任何科学研究如果失去了基本的数量要求,何谈科研的质?

因此,量是质的前提,没有量就没有质,取消量就是取消质,科研考评应该有量化指标。虽然质不能完全由量来衡量,但是取消量就等于取消质,取消对科研的量的要求,就等于取消科研。

其次,不同程度的量对应于不同程度的质。按照黑格尔的论述,质与量的统一有一个尺度和范围,如果量保持在度的范围之内,那么,事物就能够保持其质;如果量超过了度的范围,那么,事物就失去了它的质。因此,不能简单地说"量是质的基础",准确的说法应该是"适度的量是质的基础"。既然如此,那么,在度的范围内,就存在着一个量的序列,这个序列代表了量的不同程度和等级,而在这个量的序列的两端,是所谓的"临界点"。相应地,在度的范围之内,其实也存在着一个质的序列,每个序列代表了质的不同程度和等级。也就是说,任何事物都存在不同程度的量,也存在不同程度的质,质和量都有不同程度的等级,量和质的程度都是一个等级序列,过去只讲量的程度和等级,不讲质的程度和等级,即使前面引用的黑格尔的论述也是如此,这是不完整的。在量与质之间,不仅应该看到"适度的量是质的基础",而且应该看到"适度的量是适度的质的基础"。恩格斯一方面肯定"每一种质都有无限多的量的等级,如色彩的浓淡、软硬、寿命的长短等等,而且它们都是可以量度和可以认识的,即使它们是不同质的",[①]另一方面又肯定一定质总是与一定量相联系而存在的。"一定的质""一定的量"指的是在度的范围内,质和量都存在着程度之分,这种程度之分决定了质和量具有不同等级,质和量都有各自的程度和等级序列,并且量的程度和等级与质的程度和等级对应。恩格斯的论述比黑格尔的论述显得更为完整。所谓"一定质总是与一定量相联系而存在",意思是说,不同程度的量对应于不同程度的质,比如,某种程度和等级的量对应的是优质,另一种程度和等级的量对应的是劣质,等等。换句话说,不同量的程度和等级对应着同一个质的不同程度和等级。如果量变超过度的尺度和范围,事物就会发生质变,事物就不再与它的质自身同一。同样,在度的范围内,量的程度和等级的变化虽然不会导致事物的质变,但是它能够导致事物质的程度和等级的变化。过去讲质量互变规

---

① 恩格斯:《自然辩证法》,《马克思恩格斯选集》(第3卷),人民出版社,2012年,第936页。

律时,对量变引起质变讲得较多,而对于量的程度和等级的变化引起质的程度和等级的变化讲得比较少。虽然哲学上也探讨量变引起部分质变的问题,但部分质变与质的程度的变化仍然是有区别的,如果不承认量的程度和等级的变化引起质的程度和等级的变化,就无法完整理解量变引起质变的问题。既然量的程度和等级变化会引起质的程度和等级变化,那么,量的不同程度和等级的变化对应着质的不同程度和等级的变化。因此,不仅要看到量能够衡量质,而且要看到量的程度和等级能够衡量质的程度和等级。

比如在科研考评中,不仅要看到,科研劳动量和科研成果量能够反映科研的质,而且要看到,科研劳动量和科研成果量的程度和等级能够反映科研的质的程度和等级。量化考评规定的量化指标的多少,对应着科研的质的程度和等级。在度的范围内,事物存在着量的程度和等级序列,与这个量的程度和等级序列对应,也存在着一个质的程度和等级序列。因此,科研量化指标的确立对应着科研管理者对科研的质的程度和等级的要求。不同的科研量化指标对应着科研管理者对科研的质的程度和等级的要求。从这种意义上讲,量化考评对提升科研的质是有价值的,量化指标确定得合理,就能够使科研保持应有程度和等级的质,量化考评指标确定得不合理,就会破坏科研的质达到合理程度和等级。这意味着在科研管理中,量化指标的确立有一个合理性的问题,在度的范围内,存在诸多量的程度和等级可供选择,而在由这个量的程度和等级构成的序列中,选择何种量化指标作为科研考评的依据,决定科研的质的程度和等级,质言之,某种量化指标可能对应着优质的科研,某种量化指标可能对应着劣质的科研;或者说,某种量化指标可能使科研变成优质的,某种量化指标则有可能使科研变成劣质的。这种量对质的作用,原因在于科研管理、量化考评对科学研究有引导作用,量化指标是一个"指挥棒"和风向标,它不仅能够衡量科学研究的质,而且能够决定科学研究的质。为此,在科研管理中,量化指标的合理性问题不是小事,而是一件大事,它事关科学研究质的规定性的重大问题,必须认真对待。

第三,最佳的量才能保证最佳的质。根据前面的论述,量的程度和等级对应着质的程度和等级,因此,某种程度的量对应着某种程度的质,适度的量对应着适度的质,较优的量对应着较优的质,较差的量对应着较劣的质,而最佳的量对应着最佳的质。因此,在科研管理中,如果能够找到量化考评指标的最佳值,就能够推动科学研究达到最佳质。显然,最佳量和最佳质是很难找到的,但"虽不能至,心向往之",如何在科研量的程度和等级序列中选择最接近最佳量的量化指标,从而使科学研究达到最佳质(即最佳的程度和等级),这是科研管理中确立量化指标的关键问题。科研管理中确立的量化指标越是远离最佳量,科学研究就越是远离最佳质,甚至有可能导致科学研究的劣质发展。如果量化指标突破量的程度和等级序列,从而超过度的范围,那也必然会毁灭科学研究的质。远离最佳量和突破量的程度和等级序列的量化指标,必然是离谱的量化指标,这样的科研考评是离谱的科研考评。可见,在科研管理中,如何选择和确定适度的量化指标,推动科学研究的优质发展,这是量化考评之合理性问题的重点和难点。这一问题表明,科研管理中的量化指标不是越多越好。如果说越少越好是错误的,那么,越多越好也是错误的,因为两种极端都会突破度的界限,突破临界点,从而破坏科学研究的质。不达到特定量的科研是没有质的科研,超过特定量的科研也是没有质的科研,量化指标必须适度、合理,才能保证科学研究的优质发展。

第四,特定的质总是对应着特定的量,这并不是说,特定的质总是对应着某一方面的量,而是说,特定的质总是对应着诸多方面的量。比如身体健康(质),必然是与血脂、血压、血糖、体重、身高等多方面的特定量对应的。身体每个方面的量在其度的范围内都有一个程度和等级序列,比如血脂、血压、血糖、体重等,每个方面都有量的程度和等级范围,这个范围构成量的程度和等级序列,而在这个序列的最高点和最低点之间,就是身体保持健康(质)的量的范围,这个范围就是身体健康的度。反过来,任何事物的质也有一个程度和等级序列,在这个程度和等级序列中,有最佳质和最差质,在这两者之间属于质的程度和等级区间,而每一种程度的质都对应着事物各个方面的特定量,比如身体健康在最差与最佳之间,都对应着血脂、血糖、血压、身高、体重等多方面的特定量。这意味着,衡量事物的质的程度和等级,不能用某个特定方面的量的程度和等级来衡量,而应该用所有方面的量的程度和等级来衡量。比如,不能仅仅用血压这一个方面的量的程度和等级来衡量身体的质,而要用血压、血脂、血糖等各个方面的量的程度和等级来衡量身体的质。衡量质的量是一个综合性指标,在所有方面的量的规定性中,以及在每个方面的量的程度和等级序列中,必然存在着每个方面的最佳量,各个方面的最佳量统一起来,才能达到身体的最佳质。显然,要找到每个方面的最佳量,并综合起来作为衡量质的标准,这是非常困难的事情。

可见,衡量科学研究的质,有很多方面的量及其量的程度和等级可以作为标准,比如经费、字数、杂志等级、思想创新等各个方面都存在着量的程度和等级序列,要找到每个方面最能反映科研的质的量值是很难的,要将各个方面的最佳量值统一起来衡量科学研究的质,更是非常难的事情。这意味着,在现代科研管理中,试图确立一两个方面的数量指标,然后以这些指标来衡量科学研究的质,这样的数量指标往往并没有充分的科学依据,甚至是任意的,就算科研管理所确立的量化指标代表了一两个方面的最佳量,也仍然难以将体现科学研究质的多方面规定性的最佳量综合统一起来,综合性地评价科学研究的质。因此,现代科研管理的量化指标具有片面性,很难综合反映科学研究的质。更危险的是,如果科研管理中确立的量化标准不够科学,对科学研究某个方面量值的确定超过了度的范围,要么没有达到量的最低值,要么超过了量的最高值,那么,这样的量化指标就不仅不能反映和衡量科研的质,因为这个量值没有相应的质与之对应,这个量值是不适度的,因为它已经不在保持科研质的量的范围之内,已经在度的范围之外了,那这样的数量指标就不仅不能对科学研究的质作出正确评价,而且会破坏科学研究的质。比如,如果科研管理规定的量化指标超过了保持科研质的量的范围,规定完全不适当的数量要求,科研人员完全无法达到量化指标的要求,那科研人员要么放弃科学研究,要么就会通过科研不端来达到数量指标的要求。如果对衡量科学研究的质的各个方面的数量指标都不适度,都在科研保持自身质的量的范围之外,即各方面的指标都不适当,都超过了度的范围,那这种综合性量化指标对科学研究的破坏性作用就更大。事实上,在现代科研管理中,也注重对科研的综合性评价,但是对科研人员开列的经费、课题、奖励、论文、专著、获奖等综合性指标如果完全超出科研人员的承受力,超出保持科学研究的质的量的范围,那么,它对科学研究的破坏性更是难以想象的。科研人员用正常科学研究无法达到的量化指标,只能通过不正常的科学研究去达到,也就是通过科研不端去达到。

三　量化原则与工具理性

以 19 世纪末 20 世纪初问世的泰罗制为标志,"将质还原为量"的思路进入现代管理学和管理实践,成为现代管理的基本精神和基本原则。现代管理之所以被称为"理性主义管理""科学主义管理",其主要根源正在于此。从此,量化观念成为现代管理的灵魂,它在当代科研管理中的具体表现是,用量化的科研指标消除不同学科、科研人员和不同科研劳动质的差异性,用量的抽象普遍性消除不同学科、科研人员和科研劳动的个别性和多样性。当代大学和科研机构的科研管理,其基本思路、管理体制等都主要遵循"将质还原为量"的观念,它内在地包含着两个密不可分的方面:一方面,现代科研管理致力于将不同学科、科研人员和不同科研劳动纳入可量化计算的形式化操作框架之中加以评判,比如课题多少个、经费多少元、论文多少篇、著作多少字等,可以说,现代科研管理的一个重要任务就是数钱、数字数、数论文"篇数";另一方面,现代科研管理忽视不同学科的特殊性、不同科研人员的个性、不同科研劳动的不可比性等质的差异。数量指标成为当代科研管理确立的一种普遍性,这种普遍性对所有学科、科研人员和科学研究来说都是同样适用的,也许对不同学科、科研人员和不同的科学研究来说,数量指标有一定差异,但是在必须有数量指标这一点上却是普遍性要求。现代科研管理的基本思路是,将不同学科、科研人员的科研任务和科研业绩全部还原为可量化计算的指标,进而将这些量化指标换算成另一种可以量化计算的经济指标——作为等价物的货币——进行分配或奖励,通过这样的分配和奖励来调整科研活动中的利益关系,刺激科研人员的利益动机,进而激励科研人员的积极性并推动学术发展,其背后预设了利益驱动科学研究的基本思路。

可见,量化原则与资本逻辑的共谋构成了当代科研管理的核心,这个核心实质上是由现代化的核心——科学技术与经济发展的共谋——决定的,准确地说,它是现代化的核心在科研管理中的具体化。量化指标与经济利益挂钩,对不同学科、科研人员和不同科学研究规定精确的量化指标,这是给不同学科、科研人员和科学研究给予精确经济激励的根据。量化指标与经济激励相互促进,共同推动现代科研机器高速运转。从表面上看,科研成果是经济激励的基础,经济激励是推动科学研究的手段,但是,用经济激励的方式推动科学研究的目的在于,通过发展科学来达到发展经济的目的。因此,当代科研管理预设了这样的思路:通过经济激励能够推动科学研究,通过科学研究能够推动经济发展。因此,对科研成果所作的量化指标规定只是表面现象,这个量化指标是精确功利计算的基础,而对科研成果进行精确功利激励的原因是科研成果对经济发展具有功利价值。可见,当代科研考评中的量化原则本质上是资本逻辑在科研管理中的运用,它试图通过投入产出、个人利益最大化和等价交换等市场经济原则刺激科研人员的科研动机,计算并奖励科研人员的科学研究,从而推动科学发展。总之,量化、标准化和规范化科研管理贯穿于当代大学和科研机构的科研生产、学科发展、科研考评与奖励等全部环节,构成推动科学发展的重要动力。通过科研管理的量化、标准化和规范化推动科研管理效率不断提高,也推动科研效率提高,这固然有其合理性和积极意义,但是,这种做法有可能将一些科研人员引向功利主义,给科研动机、目的、手段等方面带来重大改变,导致一些科研人员在保持科研个性(质)与服从量化逻辑、潜心做学问与接受各种功利目标和经济利益的诱惑之间两难,这些变化对当代科研不端的产生有重大推动作用,至少从以下三个方面催生了科研不端:

一是工具理性重于价值理性。以量化为核心的科研管理注重的是科研管理的可操作性,突出的是科研管理中的工具理性(Instrumental Reason),但是,这种做法忽视并破坏了科研管理中的价值理性(Value Rational),因而必然破坏科学发展的内在精神与自由本性,导致一些科研人员和科研管理工作者将价值理性和工具理性本末倒置,造成科学研究的价值理性发生迷失,因而对科研不端的产生难辞其咎。

工具理性与价值理性的矛盾本质上是手段与目的的矛盾,它涉及事实与价值的矛盾。工具涉及手段,价值涉及目的,工具涉及客观事实,价值涉及意义和价值。工具理性的一个重要含义是注重工具而忽视目的。在现代科学中，专业知识主要是专业技术知识，比如，管理知识主要是管理技术知识。本来意义的专业技术知识注重的是适当性，即根据目的的特殊性，选择一项符合和适应目的需要的技术来达到目的；根据问题的特点选择一项与问题相适应的技术手段来解决问题。以适当性为主的思路就是具体问题具体分析，它包含有对目的的尊重。现代专业技术注重的主要不是适当性而是效率，坚持效率第一、目的第二的原则。因此，作为手段的现代专业技术往往并不一定适合目的的需要，也并不一定符合目的的特点。比如，现代科研管理就蕴含着这种思路。本来，正确的科研管理应该是注重适当性，也就是根据不同学科、科研人员和不同科学研究的特殊性，选择与之相适应的考评标准、管理办法等。这种注重适当性的科研管理显然包含对各个学科和科研人员的尊重，也包含对科研个性和学科特殊性的尊重。但是，当代科研管理关注的主要是效率，这是一个重大的差别，如果注重适当性，即根据不同学科和科研人员、根据科学研究的个性和特殊性，引申出适当的考评标准和管理办法，那么，这样的科研管理就是多样化的而非统一性和普适性的科研管理，也是尊重个性的科研管理，当然，其管理效率相对比较低下。于是，为了提高效率，当代科研管理将不同学科、科研人员和科学研究的特殊性放在一边，选择一种具有统一性和普适性的考评方式对所有学科、科研人员和科学研究进行管理，只有这样，才能提高管理效率。形象地说，当代科研管理是一种"打批发"的管理方式。之所以要把手段和工具看得至关重要，原因是要追求效率，而效率的提高取决于量化的精确性逻辑的提高，量化程度的高低决定效率的高低。其结果是，对不断提高效率的追求推动科研管理对科学研究不断进行量化考评和精确化要求，不断量化和精确化又反过来推动效率不断提高，而推动量化的精确性和效率不断提高的终极根源是资本追求价值增值的功利主义动机。可见，这里面其实蕴含着现代化的基本逻辑。

因此，当代科研管理在一个特殊的领域中分有了现代化的内在逻辑。量化就是具有统一性和普适性的科研管理办法，它也是效率最高的科研管理办法。问题是，一旦手段的选择成为最重要的问题，目的就不再被考虑了；一旦注重手段的统一性和普适性，对象的个性和特殊性就被牺牲掉了。也就是说,作为手段的现代管理技术有可能是不尊重目的的。将工具看得比目的重要,这种状况就是工具理性。本来,科研管理只是一种手段,发展科学才是目的,作为生产关系的科研管理本来应该反作用于科研生产力,推动科学发展。但是,在当代科研管理中,一旦确立起量的统一性,它虽然通过将不同学科、科研人员和不同科研加以统一处理而提高了管理效率,但是却将不同学科、科研人员和不同科学研究的个性和特殊性牺牲掉了,关键是,尊重不同学科、科研人员和不同科学研究的个性和特殊性,这是达到发展科学这一目的的重要途径,从这种意义上说,当代科研管理确立的量化原则不是达到发展科学这一目的的最佳路径,因为量化原则使不同学科、科研人员和不同科学研究失去了特殊性,偏离了自身的内在价值和目的。在当代科研管理确立的量化原则推动下,"注重手段,忽视目的"这一做法必然被一些科研人员转变为"不择手段,忽视目的",因为科研管理的理念会内化为一些科研人员的基本信念,转变成一些科研人员的行为方式。只要科研管理忽视科学的个性和特殊性,科研人员就会忽视科学的个性和特殊性;只要科研管理将手段放在第一位而将发展科学放在第二位,科研人员也会将手段放在第一位而将发展科学放在第二位;科研管理注重效率,科研人员就会注重效率。如此一来,尊重科学、发展科学这个根本目的不再是第一位的问题,对科研人员来说,如何在手段上做文章,如何找到一种效率最高的手段,能够生产出更多科研成果以满足科研管理对量化指标的要求,这个问题成为首要任务,至于通过这些手段产出的科研成果是否有助于达到发展科学的目的,这不是最重要的问题,至少是次要的问题。在这种情况下,一些科研人员实施科研不端行为似乎就不难理解了。可见,有些科研不端是当代科研管理催生出来的,是工具理性的产物,表现为不择手段和对科学的不尊重。

从某种意义上说,现代社会也不可能讲究目的至上,因为,在现代经济和社会发展的规模化推动下,几乎无法做到根据对目的的适当性来选择手段和工具,运用技术手段高效率地处理问题是第一位的,没有办法考虑目的。比如古代的教育可以做到因材施教,即根据每个学生的个性和特点选择相应的教育内容和教育方法。但是,现代教育是规模化教育,根本无法按照因材施教的要求来处理,如果要根据因材施教的原则来发展教育,现代教育就没有办法开展,因为对规模巨大的现代教育来说,因材施教的方法是不可操作的。现在很多大学都在强调并尝试小班教学,其实反映出来的问题就是对大班教学的忧虑,而大班教学就是现代教育的规模化特征。因此,现代教育只能进行批量化的技术操作,批量化操作的教育必然是以效率优先的。效率至上必然要求操作至上,因为操作性强的手段和方式才能达到提高效率的目的。于是,技术作为手段的意义得到凸显。在现代教育中,选择何种方式才能达到最高效率是第一位的问题,而这种专业技术是否适合学生的个体性则是其次的。同样,对现代科研管理来说也是如此。现代科研管理无法根据不同学科、科研人员和不同科学研究的个性和特殊性,去选择一种适应不同学科、科研人员和科研特点的管理办法,无法尊重每个科研人员、学科、科学研究的个性和特殊性,也无法尊重不同学科发展的规律。因为在现代科学中,以适当性为主的管理手段是不可操作的,不可操作的管理办法是没有效率的,这与现代科学规模化发展的要求背道而驰,也难以适应现代经济规模化发展的需要。对于规模不断扩大的现代科学来说,只能采取一种普适性的管理手段和考评办法,对全部学科、科研人员和科学研究进行批量化处理,现代科研管理的手段和方式不能适应学科和科研人员的个性和特殊性,而只能适应全部学科、科研人员和科学研究整体的统一性,只有如此,这种管理办法才是可操作的和有效率的,这样的管理办法才是与现代化的基本精神一致的。量化就是现代科研管理构筑起来的最有效率、最具可操作性、最普遍地适用于所有学科、科研人员和科学研究的管理办法。因此,效率原则和操作至上原则有可能牺牲目的和适当性,让目的适应手段而不是让手段适应目的。手段重于目的造成的结果是,在现代社会中,工具理性破坏价值理性;程序正义压制实质正义;合规律性重于合目的性;实践之技重于实践之道。科研管理的原则必然转化为一些科研人员的观念和行为:当代科研管理注重可操作性而忽视适应性,一些科研人员的科研就会以操作手段的创新为主而忽视学科特点;当代科研管理注重效率至上而忽视科学研究的内在规律,一些科研人员搞科研也会坚持效率至上而忽视科学研究的内在规律;当代科研管理注重量化和量化程度的不断提高,忽视科研成果的质,一些科研人员的科研也会走到注重量而轻视质、注重目的而轻视手段、注重结果而轻视过程的方向上去,那么在这个过程中,就有可能产生科研不端行为。

以上分析表明,在当代科研管理中形成了量化原则的普遍性与不同学科和科研人员的个性、量化的技术效率与科学研究的自然效率、量化的可操作性与不同学科和科研人员所要求的适当性之间的矛盾。这些矛盾是推动科研不端产生的重要根源。在现代科研管理中,量化及量化程度的不断提高是科研效率不断提高的根本途径,而量化以及量化程度的不断提高也是现代技术发展的根本途径,是现代技术的核心与灵魂。因此,当代科研管理与现代技术都是通过量化来实现效率提高的目的,通过量化程度的不断提高来提高效率,从这种意义上说,当代科研管理是一种现代技术,一种现代管理技术,理性主义科研管理本质上是技术化的管理。因此,当代哲学对现代技术的批判同样适用于对现代科研管理的批判。工具理性重于价值理性的要害在于,在人与管理技术的矛盾中,当科研人员被纳入由现代管理技术所构筑的"目的"时,科研人员就丧失了自己本来的目的。马尔库塞(H. Marcuse)指出:"在技术现实中,物质和科学都是'中立'的;客观现实既无目的,又不是为了某些目的而构造的。不过,正是其中立特征把客观现实同特定历史主体联系起来,即同流行于社会中的意识联系起来,其中立性则是通过这个社会并为了这个社会而确立的。它在构成新型合理性的抽象中发挥作用——在为一种内在的而不是外在的因素发挥作用。纯粹的和应用的操作主义,理论的和实践的理性,科学的和商业的谋划都在把第二性质还原为第一性质,对'特种实体'进行量化和抽象。"[1]马尔库塞说:"纯科学的合理性在价值上是自由的,它并不规定任何实践的目的,因而对任何可以从上面强加给它的外来价值而言,它都是'中立的',但这一中立性是一种肯定性,科学的合理性之所以有利于某种社会组织,正是因为它设计出能够在实践上顺应各种目的的纯形式……形式化和功能化的最重要应用是充当具体社会实践的'纯形式',科学使自然同固有目的相分离并仅仅从物质中抽取可定量的特

---

[1] 马尔库塞:《技术合理性和统治的逻辑》,吴国盛编:《技术哲学经典读本》,上海交通大学出版社,2008 年,第 95 页。

性,与此相伴随,社会使人摆脱了人身依附的'自然'等级,并按照可定量的特性把他们相互联系起来,即把他们当作可按单位时间计算的抽象的劳动力单位。"①这些论述昭示了当代科研人员与当代人共同的生存境遇:一方面陷入现代技术所构筑的目的,另一方面脱离人的本来目的,表现为现代人的无根性或无家可归状态。因此,科研不端是注重工具理性而忽视价值理性的后果,它标志着当代科研人员正在面临虚无主义,正在陷入无家可归的状态,沦为无根的存在。

科研人员一旦被纳入由现代管理技术所构筑的目的,他们就会偏离自身的目的,偏离科学研究的本来目的。现代科研管理技术的这种特点表现在科研人员的科研生活中就是,一些科研人员从事科学研究的动机和目的是盲目的和外在的,甚至没有动机。因为对他们来说,搞科研是在科研管理设定的外在力量裹挟下的被动选择,未必经过理性思考,甚至也不由他们经过理性思考。一些科研人员从事科学研究的动因在很大程度上已经不是基于对科学的"兴趣",而是基于对科研管理规定的外在指标的满足。科研人员被动地服从于现代管理所构筑的技术逻辑,从而失去了基于科学研究之内在意义的能动性。这种现象意味着,在现代社会中,科研人员从事科学研究的内在意义和内在价值正在丧失。现代社会中,有很多科研人员正在偏离自己的目的,进而被纳入由科研管理技术所构筑的目的,这是现代科研人员正在遭遇的一种存在境遇,一种特定意义上的虚无主义,而科研不端是其表现形式。休谟(D. Hume)曾经提出著名的"休谟问题",他认为,理性只能论证事实问题而不能论证价值问题,理性无法为价值问题奠定合理性基础。价值是多元的,无法运用理性为多元的价值找到统一基础。对现代科研管理来说同样如此,由于工具是涉及事实的,人凭借其理性可以论证工具的合理性,但是,价值涉及的是人的目的,理性很难,甚至无法对价值和目的作出合理性论证,工具可以达成统一性,而价值很难达成统一性。因此,现代科研管理往往只论证手段和方法,而不论证其目的和价值。对科研管理的手段很容易进行理性论

① 马尔库塞:《技术合理性和统治的逻辑》,吴国盛编:《技术哲学经典读本》,上海交通大学出版社,2008年,第95—96页。

证,而且手段也经得起理性论证,但是对科研管理的目的和价值、运用特定科研管理手段能否达到推动科学发展的目的则很难进行理性论证,或者对目的根本就经不起理性论证,人们在科研管理的目的和价值等问题上无法达到理性的一致。比如,如果问一个从事科研管理的人量化考评的方法,他可以给出非常清晰的说明;但是,如果要问一个从事科研管理的人为什么那么注重用量化考评的方式来管理科研,他却很难给出有说服力的回答。这种现象表明,现代科研管理正在偏离目的和意义,正在失去自身存在而被纳入管理技术化所形成的操作式生存之中。同样,科研人员一方面正在被纳入现代科研管理构筑的目的,另一方面则在丧失科学研究本身的目的。

现代科研管理构筑的目的就是量化指标,科研管理部门以量化指标来考评科研人员、考评科学研究,科研人员以完成量化指标为目的,至于这个量化指标的设定是否合理、满足它能否推动科学发展、它是不是能够体现科学研究的目的、它能否准确衡量科学研究的质、它是不是就是科学研究的目的等问题,不仅科研人员是盲目的,而且科研管理部门也是盲目的。因此,可以明显看到,在现代大学和科研机构中有一种前所未有的窘境:科研人员和科研管理人员都觉得量化管理是有问题的,但是所有科研管理部门仍然在继续使用量化管理的方法并推进其朝着更精致的方向发展,科研人员也在继续承受量化管理的规定,甚至自觉自愿地按照量化管理的要求去从事科学研究。科研管理部门和科研人员都对量化管理的缺点有较为清醒的认识,但是,科研人员和科研管理部门都找不到比量化管理更好操作、效率更高的管理办法;科研管理部门和科学家都不确定量化考评能否达到发展科学的目的,但是,科研管理部门和科研人员都试图通过量化管理来推动科学发展。显然,科研管理设定的量化指标与科学研究能够达到的数量指标、科研管理的目的与科学研究的目的、科研管理指引的方向与科学发展的方向等是有区别的。一旦科研人员被纳入科研管理所构筑的目的,就有可能偏离科学研究的本来目的;一旦科研管理所设定的量化指标成为科研人员追求的意义和价值,科研人员就必然偏离科学研究的本来意义和价值。在这种情况下,一些科研人员就有可能不再按照科学精神、科研道德来行动,不再按科学研究的内在规律和学术规范来行动,而是根据完成量化指标的要求来选择行为方式,而通过科研不端的方式来完成量化指标极有可能成为一些科研人员的选择。由于注重效率、可操作性而忽视适当性,忽视科学研究的内在规律,忽视不同学科和科研人员的个别性和特殊性,这些都是现代科研管理的必然选项,量化考评也是现代科研管理的必然选项,因此,在一定意义上可以说,一部分科研不端是现代技术化管理催生出来的必然结果。当代科学活动中科研不端的产生有其现代性根源,不能将科研不端问题的根源仅仅归结为科研人员个人的道德觉悟等。

二是数量重于质量。量化的实质是以数量指标来评价科学的质,因此量化考评的哲学基础涉及质与量之间的关系。的确,量是反映质的重要方面,但是量是否是反映质的唯一因素?量有没有可能遮蔽质?科研成果的评价到底应该注重质还是应该注重量?事实上,量不仅不能完全反映质,而且会遮蔽质。怀特海认为,数学的一个特点是只考虑普遍性而忽视个别性和特殊性。他说,数学使"我们绝不去考虑组成两群的个别实有,甚至也不会去考虑其中的某一类实有。我们所考虑的两群之间的关系与两群中任何个体本身的本质完全无关。这便是抽象推理中非常显著的功绩"。[①] 量化就是把所有的质都转化为量,以单一的量作为尺度去衡量和评价质,因此量化是一种抽象,抽象的实质就是以量的单一性遮蔽质的个性和多样性。不仅如此,数学的要害在于逃避事物世界,摆脱个别性、特殊性和多样性的束缚。怀特海说:"数学的研究是人类性灵的一种神圣的疯疯癫癫,是对咄咄逼人的世事的逃避。"他认为:"数学的特点是我们在这里面可以完全摆脱特殊事例,甚至可以摆脱任何一类特殊的实有。因此并没有只能适用于鱼、石头或颜色的数学真理。当你研究纯数学时,你便处在完全、绝对的抽象领域里。""数学被认为是在完全抽象的领域里活动的科学,它和自身所研究的任何特殊事例都脱离了关系。"[②]不是说当代科研管理就不重视科研的质,问题是,何者是第一位的?显然,数量是第一位的,质是第二位的。量大质高当然很好,但是这

① 怀特海:《科学与近代世界》,商务印书馆,1997年,第20页。
② 怀特海:《科学与近代世界》,商务印书馆,1997年,第21页。

种情况很难达到,对科研人员来说,首要的问题是要保证科研成果的数量。因此,当代科研管理中的量化原则意味着将一部分科研人员引导到注重科研成果数量而轻视科研成果的质这一方向上去。一旦注重科研的数量而轻视科研的质达到极端,科研不端就有可能源源不断地产生出来。比如,在量化考评和量化管理的引导下,人们善于用"著作等身"来评价一个科研人员的学术成就,如果一个科研人员在盖棺论定的时候能够得到"著作等身"这四个字的评价,那是对其一生科研成就的极高评价。如果是因为拥有高质量的科研成果而达到著作等身,那固然是一件好事,但是,如果著作等身变成只重量而不重质的评价,那就是量化考评的悲哀。实际上,科研人员的学术成就不能简单地用著作等身来评价。假设有两个学者,身高不同,如果只用"著作等身"来要求这两位科研人员,这对两位科研人员是否公平? 再有,如果一个科研人员将所有著作都用大一号字印刷出来,岂不是很容易就达到了著作等身的要求? 他的成果质量又如何,有没有重复发表,有没有化整为零又化零为整地发表自己的成果? 可见,量化考评有其片面性。

科学研究具有丰富性,对于现代科研管理来说,有一个前提性的问题需要澄清:预设"科学研究应该接受量化考评并可以接受量化考评"的理由是否存在? 有何充足理由证明在现代科研管理中就应该运用量化指标来评价科研人员的工作? 再有,对科研人员的考评应该是对科研过程的考评还是对科研结果的考评? 应该考评科研的量还是考评科研的质? 对于具有丰富性内涵的科学,量化原则只选取量化指标这一个方面作为评价标准,这就必然出现如下问题:以量的单一性遮蔽科学的丰富性、以数量的抽象性遮蔽科学研究的具体性,对此,只需要指出以下几点加以说明:

首先,量化指标可以衡量知识却无法衡量智慧。知识与智慧存在区别。帕利坎认为,科学关注"是什么"的领域;智慧关注的是"何以然"的领域,古希腊以来的思想家都关注这个领域。"何以然"指的是"为什么是",这属于哲学领域。如果说知识是每一个学科的任务,那么智慧关注的是不同学科之间的关系,关于不同学科之间关系的认识指的是知识的整体性和知识的整体观。因此,帕利坎所说的智慧有其特定含义,即"理解一种科学与另外一种科学的关系,一种科学对另外一种的用途,所有学科之间相互的定位、限制、调整,以及恰当的评价"。[①] 显然,对于科学的健康发展来说,知识与智慧都是重要的,但是,二者的重要性是不同的。由于知识不关注不同学科之间的关系,因此知识是将存在割裂开来认识的产物,因而具有片面性,缺乏关于存在的整体性认识,从这种意义上说,智慧对科学的整体发展具有更重要的意义。量化原则也许能够考评一个科研人员掌握的具体学科知识,却无法考评一个科研人员对学科与学科之间关系的把握,无法考评科研人员的知识整体性,这种知识整体性是科研人员的学术功底,它无论对科学研究还是对人才培养都是十分重要的。现在大学和科研机构的量化考评带来一个明显现象:有些科研成果数量较多的人,大家并不认可其学术功底,而有些科研成果数量较少的人,大家承认其深厚的学术功底,学生也由衷地尊敬他。这意味着量化考评与公众的评价之间存在差别,一个科研人员的知识与学术功底、一个科研人员拥有的知识与他对知识的整体观是有差别的。从这个角度看,量化考评有可能将科学引导到碎片化发展的方向去,它忽视科学发展的整体性。同时,作为对学科与学科之间关系的认识,智慧是一种知识整体观,只掌握具体知识而缺乏知识整体观的人,必然缺乏从整体上对知识的批判能力。因此,量化原则可以衡量知识,因为知识可以量化;可是,量化原则不能衡量智慧,因为智慧所表征的批判能力无法量化。比如大学和科学界的职级晋升,只能以知识的量化标准来评价一个人的科研成果数,而无法用难以量化的智慧作为标准来评价一个人的学术成就。帕利坎说:"依据智慧的在场或缺席而投票赞成或反对晋级升降是不合适的,更不用说投票授予或取消学位了。"[②] 量化考评也许能够引导科学知识的进步,却并不一定能够引导智慧的增进,知识有可能导向智慧,但是知识并不必然导向智慧。如果科研人员只懂得生产知识,学生只懂得掌握知识,而不懂得和不掌握对科学知识的审视、评价、控制等批判能力和批判精神,那么,对科学的健康发展来说肯定是非常不利的。必须明确,人类科学研究的目

---

① 帕利坎:《大学理念重审》,杨德友译,北京大学出版社,2008年,第40页。
② 帕利坎:《大学理念重审》,杨德友译,北京大学出版社,2008年,第42页。

的不仅是增进知识,而且是增进智慧,因此,量化考评只能衡量科学知识,而不能衡量科学智慧,这也意味着量化考评是有局限性的。

其次,量化考评注重科学研究的结果而忽视科学研究的过程。这个问题跟上一个问题相关。当代科研管理中的量化考评只能将科学研究中那些可以量化的部分加以量化,其中最容易被量化的是科学研究的结果,比如科研论文的篇数、学术著作的字数、科研经费的多少等,这些都属于科研人员在科研过程中取得的结果。但是,量化考评不能将那些不能量化的部分量化,比如,科学研究的过程就很难纳入量化考评的范围之内。可见,量化考评只突出了可量化的知识而忽视了科学研究中不可量化的方面,比如科研人员在科学研究过程中形成的灵感、直觉、想象、思路、潜意识、无意识等方面,也无法考评和衡量科研人员在科学研究过程中产生的创新性思想、科学精神、科研道德、科研行为等。因此,量化考评无法使科学研究的丰富性得到体现。但事实上,上述不能抽象为量化标准的内容对科学研究来说是非常重要的,尤其在大学人才培养中,这些因素发挥了十分重要的作用,可是它们完全被排斥在量化考评之外,无法得到承认。另外,由于量化考评注重的是科研结果,而不是科研过程,因此,它又是一种"只问结果,不问手段"的考评方式。事实上,当代科研活动中发生的很多科研不端都有"只问结果,不问手段"的特点。问题在于,科研道德是在科研过程、科研行为和取得科研成果的手段中坚守的原则,因此,"只问结果,不问手段"的考评方式会产生两方面的后果:一方面,科研管理只问科研成果有多少,并不管科研成果是怎么来的,这些科研成果是科研人员诚实劳动的结果还是抄袭、剽窃、侵占他人劳动成果等,都不在量化考评的范围之内,除非科研人员的科研不端行为败露。这就将科研道德排斥在科研考评之外,科学研究过程中的科学精神、科研道德、科研人员是否遵守正确的行为规范等都重要内容被遮蔽了;另一方面,科研管理有导向性,它对科研人员的观念和行为有塑造功能,因此,注重结果而不注重过程的考评思路,有可能将科研人员引导到"为了结果,不择手段"的方向上去,从而催生科研不端。

再次,量化考评注重知识而忽视道德。前面讲的是量化考评导致科研人员注重知识的获取而忽视科研道德。还应该看到,如果科研管理只注重对知识的考评,就有可能将科学界甚至整个社会引导到注重知识而忽视道德的方向上去。事实与价值、科学与人文、知识与道德有区别,但是,两个方面缺一不可,科学研究也包含着这两个方面,这就要求科研管理对科学研究的考评应该将科学与价值、科学与人文、知识与道德、真与善统一起来,只有将两个方面统一起来,科研考评才是完整的。单纯的量化考评隐含着的一个基本预设是,科学界的任务是推进知识,科研人员的工作是生产知识,科研管理的任务是考评科研人员生产和推进知识的成效。这一预设遮蔽了科研过程中的人文维度、伦理维度,也遮蔽了科研人员和科学界对社会的道德义务。如果在这样的价值观引导下,不仅科研人员有可能忽视科学研究的道德维度,而且社会也有可能朝着只注重知识而忽视道德的方向发展,这对社会的健康发展来说也是危险的。因此,量化考评预设的"以知识为目的"有可能导致对道德的损害。必须看到,科学与道德、知识与道德之间是有冲突的。帕利坎说,有的学者"常常把研究目标定义为不惜任何代价,或者几乎不惜任何代价地执着追求真理,而且,在辩护中,还引用知识本身即目的的原则。但是,在 20 世纪——显然,部分是作为大屠杀的后果,而且也是更为总体的反思的结果——对于我们大多数人来说,情况变得很清楚:这一定义既是简单化的,又是危险的,为了获取精确的'知识'能够导致对见证人施以折磨,或者药物学的操纵"。[①] 可见,按照一种忽视道德的科学观或知识观进行科研管理,那么,一种后果是,科学越进步,科研人员越有可能是通过违背科研道德的方式来开展科学研究;科学越是进步,其在应用过程中对道德的负面作用可能越大。

对于科学和科学研究的丰富性,还可以列举出很多方面,这些丰富性意味着量化指标并不能公正地评价科学研究的价值,而是对科学研究的片面评价。因此,在现代科研管理中,科研考评"绝对有必要加深对于其他那些不容易适应启蒙时代理性主义标准的认知方式和思考方式的赏识"。[②] 从这种意义上说,量化考评对科学研究来说意味着不只是遮蔽了

---

① 帕利坎:《大学理念重审》,杨德友译,北京大学出版社,2008 年,第 48 页。

② 帕利坎:《大学理念重审》,杨德友译,北京大学出版社,2008 年,第 55 页。

科学研究的"质",而且是抑制了科学研究的多样性。

三是经济利益重于学术价值。从表面上看,当代科研管理中的量化考评是对科研成果数量的计算。但是,对科研成果的数量计算只是手段,对科研成果进行利益分配才是目的,对科研成果数量的计算是对科研成果进行利益计算的依据。因此,现代性的核心——科学技术与经济发展的共谋——在当代科研管理中被具体化为科研成果量与物质利益量的统一。在分析当代科研管理中的量化考评时,不能只看到科研管理对科研成果的量化,而且要看到科研成果的量化是物质利益量化的基础和手段这一面,当代科研管理中的量化管理包含着这两个相互联系的方面,这意味着当代科研管理(生产关系层面)的基本思路是通过物质利益的刺激推动科学研究(生产力层面),这才是问题的实质所在。对科研成果的量化计算无非是用经济手段推动科学研究的基本方式而已。任何一个科研课题都有经费投入,投资方对科研人员的考评方式是通过对科研成果的量化计算来衡量其科研经费投入所获得的回报,这是一种投入产出关系:投入科研经费,产出科研成果,投入的科研经费越多,产出的科研成果量就应该越大。在科研奖励中,对科研成果的量化计算是对科研人员给予物质奖励的基础,科研成果量决定物质奖励量,科研人员投入科研的精力越大,产出的科研成果越多,他所能得到的物质利益就越大,这也是一种投入—产出关系:科研人员投入精力搞科研,产出科研成果并被换算成物质利益。可见,当代科研管理中的量化考评是由投入产出、等价交换、个人利益最大化等市场经济原则组建起来的,其基本思路是用物质利益刺激来推动科学发展,量化计算只不过是服务于这种功利原则的工具和手段而已。

因此,在当代科研评价中大行其道的量化原则实质上是上述量与质、数学工具与功利目的之间关系的具体化,它在科学领域中构筑起量与质、数学工具与功利目的之间的新关系,可以说,这是当代科研评价中的一个主要矛盾。从表面上看,量化原则将不同学科、科研人员的科研成果还原为量化指标加以评价,这是量对于质,即量对于科学个性和多样性的破坏,是数学的抽象性对于科学研究的特殊性和具体性的破坏。但是,量化原则的负面效应绝不仅仅限于对科学发展的破坏,其背后是经济功利需要对科学的集权,量化的意志背后是发展经济的意志。也就是说,不能只看到量化对科学发展之质的方面的影响,还必须看到是何种力量推动了这种发展,是何种力量推动科学界运用量化原则去衡量科学研究的质。因此,在现代科学中运用和贯彻以量评质、将质还原为量的原则绝不只是一个科研评价的方法论问题,背后有着更深刻的本体论根源,它本质上是一种现代性事件。如果拿掉现代经济发展的推动,如果取消现代经济发展对科学发展的规模化要求,如果解除现代经济发展对科学研究的"座架"(即现代经济发展对科学发展的强求、促逼、限定和订制),那么,作为现代科研管理之核心的量化原则就必然随之失效,因为它将成为没有必要的东西。这种关系提示了一个重大主题:当代科研管理中的量化原则并非价值中立,它也并不是像人们所想象的那样仅仅是评价科学研究的一种手段,相反,它背后隐藏着功利主义的价值动机,隐藏着发展经济的强大意志。为此必须警惕的是,一旦当代科研管理将量化作为科研评价的基本原则,科研管理也必然将功利主义精神贯彻到科学领域之中,彻底量化就是彻底功利化。当代科研管理的量化原则必然从功利主义这一特定方面重新塑造科研人员的观念和行为:当现代科研管理将科研人员及其科研成果纳入量化评价的标准操作框架的时候,也就是将科研人员及其科研成果纳入功利主义轨道的时候,它构筑起科研人员的功利主义价值观。一些科研人员将科研的量化指标与物质利益联系起来,他们必然将科研成果数量与物质利益数量挂钩,通过做科研去追求物质利益。当代科研人员面临追求科学与追求物质利益的两难处境,而且别无选择,当量化成为科研管理的主要原则甚至唯一原则时,功利主义价值观也会成为科学界的主流价值观甚至唯一价值观,成为一些科研人员从事科学研究的唯一动力。道理很简单:量的极致就是功利的极致,量化评价的极致就是功利主义的极致,量化考评的唯一性就是功利主义的唯一性。在这种主客观条件的作用下,一些科学家就会从追求科学转变为追求物质利益,从追求学术转变为追求物质,从科学的理想主义者转变为科学的功利主义者,一旦科学和科研人员都同时沦为物质利益的工具,科研不端的产生就不可避免。

事实上,现代科研管理中的量化原则绝不只是用数量计算来衡量科研成果那么简单,量化考评只是手段而已,用量化标准对科研成果加以精确计算的目的是要在此基础上对科研活动进行精确的经济激励。因此,量化评价总是与经济激励勾连在一起,而这一历史性勾连本质上是现代经济生活中计件工资制的翻版。通过上述作用机制,现代科学中的全部要素——科研人员、科研过程、科研成果等,全部被纳入资本逻辑和现代经济秩序,它意味着一系列存在论意义上的变化:科研人员变成雇佣工人、科学研究变成物质生产、大学和科研机构变成现代化的知识工厂、科研成果成为商品、对科研人员的奖励相当于付给雇佣工人的工资和奖金等。必须承认,发生在现代科学中的这一历史性变化对推动科研不端具有根本性的意义:将科学纳入功利主义轨道,这是对本来意义的科学研究的严重偏离;在科学界构筑起功利主义精神,这是对科学精神、科学文化和学术生态的根本性改造;在科研人员中培育起功利主义价值观,这是与科学研究的初心、动机和目的彻底脱钩的根本动力。功利主义精神直接形成了科研不端的核心:一些科研人员以追求经济利益为目的而不是以追求知识为目的去从事科学研究。将科研成果的数量与经济利益挂钩的科研管理导致一部分科研人员在科研动机、目的上的错位,也导致一些科研人员的科研行为、科研手段异化,科研不端无非上述错位和异化的表现形式。可以说,科研不端就是异化的科学研究,就是科学研究中的"异化劳动"。通过这种异化,科研人员的价值取向被引导到通过追求科研成果的数量来追求经济利益的方向上去,从而偏离对科学事业的热爱和追求,科学研究成为工具和手段,经济利益成为目的。科研不端的重要根源正在于此。一旦通过科研成果数量的增长来达到个人经济利益的做法达到极端,获取经济利益取代科学和学术本身成为科研动机、目的,那么,学者的事业心就丧失殆尽,科学和学术就沦为实现个人经济利益的工具和手段,科研不端就不可避免地不断滋生。

为此,在当代科研管理中,如何在理性主义的量化管理与尊重不同学科质的差异、量化管理与尊重科研人员和科研劳动的个性和特殊性之间保持合理张力,又如何在以量化管理为基础的经济利益原则与尊重学科个性和多样性的科学自由原则之间找到合理的平衡点,是根除科研不端必须应对的重大问题。

四是程序正义重于实质正义。从价值论和伦理学意义上说,理性主义科研管理注重程序正义而忽视了实质正义。现代科研管理在表面化、形式化的公平背后隐藏着的是实质不公平。理性主义的存在论基础是物质与精神、客体与主体、客观与主观两分的二元论,在二元论基础上形成的理性主义原则包含事实与价值、合规律性与合目的性的分离。现代科研管理注重对科研成果数量的精确计算,以此为根据对科学研究加以考评,对科研人员进行奖励,这凸显了对科学研究之事实层面的重视;与此同时,忽视了对科学研究之价值层面的重视,在注重科研管理的技术规则符合客观事实的同时,忽视了不同学科的特殊事实和特殊规律;在突出管理技术的可操作性的同时,忽视了普遍化的管理原则对不同学科、科研人员和不同科研的适当性,忽视了不同学科发展的内在目的,这些片面性又破坏了科学发展的价值层面。对个别性、多样性和差异性的漠视,就是对不同学科、科研人员和科学研究之具体目的的漠视,因而也是对不同学科、学者和不同科学研究价值的漠视。上述几方面的问题是相通的,突出工具理性而忽视价值理性、注重规律性而忽视目的性,这些都是从不同侧面描述理性主义科研管理的局限性,反映在价值论和伦理学维度上就是,在当代科研管理中,程序正义压倒实质正义,程序公平破坏实质公平,从而引发科研评价、科研奖励中的公平问题。

本源意义上的科研管理应该注重管理规则对不同学科、科研人员和不同科学研究的适当性,它应该从不同学科、科研人员和不同科学研究的特殊性中引申出管理办法,因而才能包含对个别性、多样性和差异性的尊重。理性主义科研管理试图以普遍原则凌驾不同学科、科研人员和不同科学研究,因而包含有对不同学科、科研人员和不同科学研究之个别性、特殊性、多样性和差异性的漠视。如前所述,理性主义科研管理注重的是可操作性,也就是说,在现代科学已经成为规模化生产的时候,当代科研管理按照适当性的原则已经无法对庞大的科学研究进行管理,而只能选择可操作的方式、普遍化原则去对科学加以管理,因为只有这样的管理才是可操作的,也才能提高效率。从这种意义上讲,理性主义科研管理的产生有其历史必然性,也有其历史合理性。但是,其问题也非常明显:运用量化、标准化和规范化的普遍标准对科学研究加以管理,其前提性问题在于,何以证明存在着普遍适用于不同学科、科研人员和不同科学研究的统一性标准? 何以证明存在着普遍适用于不同学科、科研人员和不同科学研究的管理办法和技术规则? 如果以这种普遍性标准"一把尺子量到底",尽管在形式上和程序上显得非常公平,但是由于这个普遍性标准的合理性本身没有得到澄清,因此,在程序正义之下产生的结果恰恰是实质的不正义,因为它意味着:用并不合理的普遍标准对具有个性和特殊性的对象作出评判,用并不适用于每个学科、学者和科学研究的普遍性标准对这些学科、学者和科学研究作出评价,这显然具有非正义性。用一种不适用于某一具体学科的标准去衡量这个学科,用适用于这个学科的标准去衡量另一个学科,这就如同用一种不适用于贩毒行为的法律标准去对贩毒行为定罪、用适用于杀人罪的法律条款去对盗窃行为定罪一样,显然是不公平的,也是不正义的。当代科研管理的很多量化指标、管理规则、操作规范、评价标准和制度设计等,往往并不适应每一个学科、科研人员和具体科学研究的需要。仅仅因为它们具有可操作性,就能够在科研管理中大行其道,所有学科的科研人员和科学研究都以之作为标准去衡量自己,并在这种衡量中取得存在的合法性,这实际上是一种极权和暴力,其中蕴含的不公平与不正义被表面的公平正义掩盖了,这导致某些学科和科研人员的科研工作难以得到准确评价,这些学科和科研人员的利益受到损害,这种不公平、不正义是推动部分科研人员越轨、搞科研不端的重要根源。科研管理运用不适应具体学科和科研人员的普遍性原则来考评、衡量和奖励不同学科和科研人员,这些科研人员的选择要么不接受这种普遍性原则带来的不公平,要么就有可能用越轨的方式去达到这些普遍原则的要求。事实证明,当人们能够用合理手段去达到公平正义时,人们就会采用合理手段去获得利益;而当人们无法用合理手段去达到公平正义时,人们就有可能采用不当手段去获得利益。从某种意义上说,有些科研人员实施科研不端行为是在反抗科研管理中的不公平和不正义,是一些科研人员为自己争取公平和正义的一种方式,只不过这种方式本身是非正义的、错误的和不可取的。

因此,单纯的量化管理,在表面的公平之下掩盖着不公平,甚至制造出了科学界的不公平。根据当代科研管理的规则,凡是与科研管理的量化原则符合度高的学科、学者及其科研,就能够获得这个普遍规则的确认,从而获得应有利益;凡是与科研管理的量化原则符合度不高的学科、科研人员和科研,就不能够获得这个普遍规则的确认,从而无法得到应有利益。因此,当代科研管理中的量化原则只能反映科学研究中的部分事实,不能反映科学研究中的全部真相。对有些学科、科研人员和科研来说,其科学研究中的诸多因素和成分并不能得到量化原则的确认,无法按照科研管理的理性法则被量化描述,但事实上,这些不可量化的部分有可能对科学研究来说非常重要,非常有价值。比如,科学研究的质、科研成果的质、科学精神、科学道德、科学家的社会责任感、科学家对科学事业的献身与追求,甚至科学研究的难易程度等,都难以被量化。只要承认科学研究中存在不可量化的部分,就必须承认量化原则的局限性。可见,量化原则并不一定能够推动科学发展,因为只有能够得到当代量化原则确认的科学才能得到发展,而不能得到量化原则确认的科学就难以得到承认并得到发展。可是,有何种充分的理由证明,能够被量化的科学及其科研成果就是重要的,而科学中不能被量化的那个部分就是不重要的?换言之,就算全部科学及科学中的全部成分都能够得到量化,又如何能够证明科学研究的量就一定比质重要?可见,当代科研管理中的量化原则,在表面的公平正义之下实质上制造了不同学科、科研人员和科学研究之间的不公平和不正义,掩盖了科学研究中的内在矛盾。在一定程度上说,当代科研管理是现代科学活动中各种不平等的重要根源。同时还可以看到,量化原则必然把科学引到重量轻质的方向上去,在这种力量推动下,科学界必然出现制造学术垃圾等科研不端行为。不仅如此,在科学界还有可能出现以量压倒质、劣币驱逐良币的现象,一旦这些现象成为一种学术文化,学术生态就被破坏了,通过造假、不讲诚信、不规范署名、重复发表、粗制滥造等追求科研成果数量的科研不端行为就会涌现出来。科学界真正潜心做学问的人,真正有贡献的学者、真正做出高水平科研成果的学者反而被排斥,被边缘化。在这种状态下,学术界中反常成为正常,正常反而成为不正常,这样的变化意味着:科学界失去了正常运行的规则,这种状况势必为科研不端的产生提供文化土壤,人们对科研不端的发生甚至有可能习以为常。

四　计算理性与科研的偶然性

本书在上一章中提出,大科学时代在科学与社会协作过程中出现了社会发展的计划性与科学研究的不可计划性之间的矛盾,然后分析了这一矛盾对科研不端的推动作用。进一步说,社会的计划性要求对科学研究的影响是通过当代科研管理建立的管理体制和机制来完成的。因此,有必要仔细分析当代科研管理中的计算理性与科学研究的偶然性之间的矛盾,以及这一矛盾推动当代科研不端产生的内在机制。

对世界的量化意味着将世界视为一架数学机器,因此,理性主义的宇宙论前提是机械论(Mechanism)。机械论主张,世界是由物质实体组成的,万物以有序的和可以预见的方式运动并遵循相同的机械运动规律,自然界是一个由因果律和绝对必然性支配的统一体。主张世界遵循因果必然性,这种观点就是决定论(Determinism)。

机械论设定物质世界存在着绝对必然性,因而排斥物质世界的偶然性,它同时设定人类能够运用理性认识世界和控制世界,对世界的认识和控制具有确定性。因此,必然性和决定论思想构成了人类统治世界的基础,甚至也是人对人统治的基础。霍克海默和阿道尔诺指出:"事物的本质万变不离其宗,即永远都是统治的基础。这种同一性构成了自然的统一性。"[①]绝对必然性的思想产生了两方面的后果:一方面,它凸显了客观规律的重要性,作为对客观规律加以正确认识的结果,科学的重要性相应得到凸显,这就是现代社会中的科学主义;另一方面,片面强调人对客观规律的遵循,突出客观规律的重要作用,从而忽视了客观规律与感性生活之间的矛盾。人类运用现代科学技术来组建社会生活,导致社会的科学技术化,出现了客观规律的普遍性与感性生活的特殊性、科学的理性法则与社会生活的感性层面、科学知识的静态性与感性生活的动态性、科学知识的封闭性与感性生活的开放性等维度的矛盾。以机械论和决定论为基础,理性主义突出计算理性(Calculative rationality)。由于理性主义主张

① 霍克海默、阿道尔诺:《启蒙辩证法》,渠敬东、曹卫东译,上海世纪出版集团,2006年,第6页。

世界遵循绝对的和必然的因果规律，因此，世界偶然性被忽视。于是，在已知与未知、现在和未来的关系问题上，以普遍必然的科学知识为指南，通过合乎理性的逻辑计算，人类能够通过已知必然而确定地获知未来。计算理性突出了人类能够运用理性彻底认识世界和控制世界的确定性，也代表了人类能够运用理性彻底认识世界和控制世界的坚定信心。理性主义意味着，没有理性不可认识的东西，一切事物都可以通过理性清楚而明白地被认识，一切事物也都可以通过理性精密而确定地被控制，世界对人来说没有任何神秘性和不确定性。韦伯认为，现代科学和技术不断进步的过程是一个理智化和理性化程度不断提高的过程，他将现代历史的这一客观进程称为对世界的"除魅"（Entzauberung der welt）。韦伯指出，理智化的进程意味着："**只要人们想知道**，他任何时候都**能够**知道；从原则上说，再也没有什么**神秘莫测、无法计算的力量在起作用**，人们可以通过**计算**掌握一切。而这就意味着为世界除魅。人们不必再像相信这种神秘力量存在的野蛮人那样，为了控制或祈求神灵而求助于魔法，技术和计算在发挥着这样的功效，而这比任何其他事情更明确地意味着理智化。"[1]胡塞尔指出，理性主义意味着人类"能够根据已知的、被测定的、涉及形状的事件，以绝对的必然性对未知的、用直接的测量手段所达不到的事件作出'计算'"。[2] 理性主义"用函数形式表达的这种理念存有和相互关系本身，通过它们，人们能够制定出能**预料实践的生活世界的经验规则**。换句话说，人们一旦掌握了**公式**，就能对具体的实际的直观的生活世界中的事件作出实践上所需要的，具有经验的确定性的预言"。[3]

在由理性主义组建起来的当代大学和科研机构的科研管理中，也包含着机械论、决定论和计算理性，它对科研不端的产生具有推动作用。首先，当代科研管理包含决定论思维。对科学研究规定明确的量化指标，其前提是设定科学研究可以计算，而科学研究可以计算的原因是科学研究遵循决定论规律，由于科学研究遵循决定论规律，因此，科学研究是一个可计划、可控制的过程，科研成果可预测、可预期，与此同时，科学研究的

---

[1] 韦伯：《学术与政治》，冯克利译，生活・读书・新知三联书店，1999年，第29页。

[2] 胡塞尔：《欧洲科学危机和超验现象学》，张庆熊译，上海译文出版社，2005年，第44页。

[3] 胡塞尔：《欧洲科学危机和超验现象学》，张庆熊译，上海译文出版社，2005年，第57页。

偶然性、风险性，科学研究的不可计算性、不可控制性等都被忽略了。其次，当代科研管理蕴含经济决定论。即认为经济投入能够决定科研成果的产出，这实质上是市场经济中的投入产出原则和资本逻辑在当代科研管理中的运用。由于现代性是科学技术与经济发展的共谋，因此，在现代社会中，科学技术与经济发展的相互作用日益突出，现代科学技术的发展依赖庞大的经济投入，国家和社会对现代科学技术的投资主要是经济投资。因此，注重经济投入的现代科学研究被理所当然地认定为遵循经济决定论，经济投入能够决定科研成果的产出，经济投入的多少能够决定科研成果产出的多少，经济投入量决定科研成果产出量。这种思路的实质是将科学研究设定为经济活动，因为只有经济活动才遵循经济规律。相应的，现代科研管理不仅是对科学研究的管理，而且变成了对科学研究的"经济管理"，这种内在关联带来科学研究中的一系列新变化，从最主要的方面说，包括：

从科学研究的起点（动力、动机）看，当代科研管理强调物质投入对科学研究的决定性作用，忽视科研过程中的精神动力。在当代社会，无论是政府还是大学和科研机构都认定，通过不断增加物质投入，就能够推动科学不断发展，物质投入量决定科研产出量，物质投入是科学发展的决定性力量。因此，在现代科学研究中，课题制、项目制、验收制、经济奖励制等手段层出不穷，物质利益刺激贯穿所有科学研究和科学研究的所有过程。在这种情况下，科研活动被降格为经济活动，科研行为被降格为经济行为，科研动机被降格为经济动机，科研目的被降格为经济目的，其结果是科学发展的动因由外因取代内因，科学发展的动力由物质动力取代精神动力，它形成了科研人员追求经济利益的强大外在压力。所有科研人员都面临"遵循科研规律搞科研"还是"遵循经济规律搞科研"、以"对科学的热爱"这一内在动力搞科研还是以"经济投入的外在压力搞科研"这样的两难处境，而且别无选择，科研人员必须重视经济利益，因为完全不考虑经济利益搞科研就意味着被排挤出现代科学家队伍；完全没有经济投入的科学研究很难开展和进行下去。于是，科研人员必须自觉争取经济投入，自觉接受物质刺激赋予的外在压力，在这种情况下，科研人员所具有的稳定感、自由感消失了，科研经费成了衡量科研人员身份、获得各种科学地位的重要指标,他们必须转而进入科研经费竞争的巨大压力和无常性之中,有些科研人员在科研经费竞争中无止境地追逐经济利益,他们的心态随之变得动荡、浮躁。如果科研人员不按科研规律做科研,他们就有可能不遵循科研道德做科研;如果科研人员必须按经济规律做科研,他们就有可能遵循资本原则做科研,在这种情况下,学术违规、科研不端的产生就难以避免。

从科学研究的终点(目的)看,科研人员价值取向出现重大变化。对一些科研人员来说,搞科研是一种经济活动而不是学术活动。在这种情况下,个人经济利益被置于科学真理之上;学术本身不再是科研的主要目的而是实现个人物质利益的工具和手段;资本原则在科学界建立起绝对霸权,甚至将学术原则逐出科学领域。

前述两方面意味着当代科研人员的职业性质发生根本改变:由精神创造转变为物质性劳动。总之,理性主义科研管理所包含的机械论、决定论和计算理性,将科研人员设定为物质实体,将科研过程设定为由物质投入这一外在原因所决定的东西,将科学研究设定为遵循因果必然性的机械活动。显然,这样的科研管理突出了科研劳动的可预测性、可计算性,却忽视了科研活动的风险性、不可预测性,从而使科学研究变成一种"计划经济",使当代科研管理变成一种"计划管理"。事实上,当代很多大学和科研机构都制定了科研发展的短期计划、中期计划、长期计划,也为科研人员开列了具体的科研计划并与利益分配直接挂钩;所有的科研课题申报书都必须开列出"科研计划"、阶段性成果和最终成果的计划指标,对科研人员来说,除了按计划做科研、达到科研计划预定的目标以外,别无选择。这种将科学家和科学研究强势纳入科研计划的做法必然破坏科学的自由本性,使科研人员在完成科研计划与坚守科学自由之间徘徊、纠结,但不得不服从科研计划的强制性。当牺牲科学自由并转而服从科研计划的做法达到极端时,科研不端就会密集出现。

五　科研的自然效率与技术效率

海德格尔把人的存在称为"去存在","去存在"就是面向未来不断筹划、不断展开的过程,这使人的存在指向未来。现代化的核心观念是"进步",而对世界的量化预设了进步观念。由于量化程度可以不断提高,因此,由量的理性逻辑所建构出来的社会机器能够通过不断改进以提高其精确性和效率,效率的不断提高能够推动社会进步,这是现代化的基本逻辑。海德格尔将现代性所包含的"不断进步"称为"进步强制"。他说:"是什么通过规定了整个大地的现实而统治着当今呢?〔是〕进步强制(Progrssionszwang)。"①"进步强制"就是"强制进步",它意味着量的理性逻辑成为强大外在力量,推动社会进步,而身处其中的人是身不由己的。于是,在现代化过程中,出现了量化的理性逻辑与人的感性生存、量化所生成的技术速度与人的感性生存所要求的自然速度之间的矛盾,这个矛盾在当代科研管理中同样存在。当代科研管理不仅运用量化原则用来计算科学家的科研工作,而且将量化原则用来不断改造科研管理本身。当代科研管理按照量化原则对管理机器不断改进、不断提高其量的精确性,通过这种方式使管理机器的技术效率不断提高,推动科学不断进步;另一方面,科研人员的科学研究有其自然速度,于是,在当代科学活动中出现了科研管理的技术效率与科学研究的自然效率之间的矛盾,这个矛盾不仅决定了当代科学家的生存状态,而且是当代学术活动中科研不端的重要根源和重要推动力。

墨顿在其科学规范理论中研究了加速发表、科研竞争与越轨的关系。在墨顿看来,科学制度将独创性和优先权确立为最高目标,这加剧了科学领域中的竞争,也给科学家形成了压力,这种竞争和压力是推动越轨产生的重要原因。在现代社会,科研竞争因科学发展速度加快而更加激烈。墨顿认为,现代科学发展速度加快主要表现在两个方面:一是科学家人数增加。科学家人数"已经从三个世纪之前零零散散的几百人,发展到今天有成百的甚至数以万计的总体规模了。业余爱好者的时代已经是陈年往事了;现在的科学家全都是职业性的,他们的工作为他们提供了生活来源"。② 二是科学投入增加。在现代科学中,社会对科学的经费投入大大

---

① F. 费迪耶等:《晚期海德格尔的三天讨论班纪要》,丁耘编译:《哲学译丛》2001 年第 3 期,第 57 页。

② 墨顿:《科学社会学》(下),鲁旭东、林聚任译,商务印书馆,2004 年,第 447 页。

增加了,这种变化也加剧了科学领域中的竞争。必须看到,科学领域中的竞争加剧是一种现代性现象,因为科研规模的扩大是一种现代性现象。维斯特说:"知识呈指数扩张——与日益复杂的社会相联系——导致知识领域越来越专门化,而且相互之间截然不同。"①因此,正是现代性推动了科学规模的扩张、科研人数的增长、科研经费的增加,而这些变化也增加了科学家的压力,加剧了科学界的竞争。科学家数量的增加和社会为科学提供的经费投入的增长"实际上促使了研究成果的发表量呈指数增长"。② 科学发展的加速率导致各个学科专业和研究方向的从业人员大大增加;科学对社会发展的作用日益增强导致社会对科学的投入不断增长;围绕同一学科、同一方向、同一问题,存在着大量的科研人员进行重复研究,每个科研人员都存在着大量潜在的竞争对手,这导致科学发现的优先权之争加剧,这些都是现代科学发展的重要特征。科研队伍、科研经费、科研机构等大量增长带来了大量重复研究,从而加剧了科学发现的优先权之争。

在上述背景下,科学领域中出现了深刻变革,科学的精神气质、价值观、科研动机等都出现了新变化,以至出现了新型科学家。"新型科学家"的特点是以获利作为科研动机、为确保科学发现的优先权而迅速发表尚未成熟的科研成果等。墨顿说:"我们现在有了一种新型科学家,他们由一些新的动机所驱使,瞄准了获利良机,并且为遭遇失败深感焦虑。"③科学加速发展导致科研竞争加剧,科研竞争加剧导致科学研究出现新变化:一是科研动机发生了变化。从追求学术转变成追求外在功利;二是科学研究加速。科研人员牺牲科学研究的自然速度,将其转变为人为速度甚至技术速度,加速研究并加速发表科研成果,墨顿说:"竞争是如此激烈,以至于甚至有人要求迅速发表那些不重要的投稿和未完成的研究成果。"④三是科研行为出现扭曲。竞争压力增加、科学研究人为加速等导致科研行为偏离正轨。显然,这些做法很容易导致科研不端的发生。遵

---

① 维斯特:《一流大学　卓越校长》,蓝劲松主译,北京大学出版社,2008 年,第 55 页。
② 墨顿:《科学社会学》(下),鲁旭东、林聚任译,商务印书馆,2004 年,第 448 页。
③ 墨顿:《科学社会学》(下),鲁旭东、林聚任译,商务印书馆,2004 年,第 448 页。
④ 墨顿:《科学社会学》(下),鲁旭东、林聚任译,商务印书馆,2004 年,第 452 页。

守科学研究的自然速度往往就会遵守科研道德,就像道家哲学主张的那样,顺应自然的行为往往是符合道德的行为,反自然的行为往往是违背道德的行为。因此,通过人为加速从事科学研究,就有可能以违背科研道德的越轨行为从事科学研究。从这种意义上说,科研不端是一种反自然的科研。因为"通常伴随着剧烈的直接竞争,有可能会引起这样的竞争行为,它们不是实际违背科学规范,就是逃避这些规范"。① 于是,在现代科学中出现了科学研究的自然速度与科学研究的人为加速之间的冲突。这种冲突"要求科学家必须准备好尽可能快地使他发现的新知识为他的同行所用,但是他又必须避免那种不适当的仓促交稿出版的倾向"。② 必须加快研究速度、加快发表速度,这是现代科学中出现的新信条,这个信条对科学家构成新的限制。冲突就意味着选择,选择就存在选择失当从而越轨的可能。科学家在人为速度与自然速度之间作何选择,是科研不端的一个重要生发点。

当代科研管理中的量化原则从两方面推动了科研不端:一方面,整个大学和学术机构的科研管理按照理性主义原则组织和建构出来,并且按照理性逻辑的效率原则不断改进、不断精确化。伽达默尔(H. G. Gadamer)说:"资产阶级时代把对技术进步的信仰同对有保证的自由、至善至美的文明的满怀信心的期待统一起来。"③如果说当代科研管理是一种管理技术,那么当代科研管理机构和组织就是一架管理机器,这架管理机器通过不断量化、不断增强管理规则和管理过程中量的精确性,从而不断提高管理效率,因此,当代科研管理有了现代性的进步观念、进步逻辑。韦伯认为,科学和技术既身处技术进步的逻辑之中,又构成进步逻辑的内在动力。他在分析俄罗斯著名作家托尔斯泰对技术世界与生活世界关系的文学描述后指出:"文明人的个人生活已被嵌入'进步'和无限之中,就这种生活内在固有的意义而言,它不可能有个终结,因为在进步征途上的文明人,总是有更进一步的可能性。无论是谁,至死也不会登上巅峰,因

---

① 墨顿:《科学社会学》(下),鲁旭东、林聚任译,商务印书馆,2004 年,第 452 页。
② 墨顿:《科学社会学》(下),鲁旭东、林聚任译,商务印书馆,2004 年,第 461 页。
③ 伽达默尔:《哲学解释学》,夏镇平、宋建平译,上海译文出版社,1994 年,第 108 页。

为巅峰是处在无限之中。"①同样,当代科研管理既身处现代管理技术的进步逻辑之中,又构成现代管理技术进步逻辑的内在驱动力,它既将科研人员卷入管理技术的进步逻辑之中,又不断推动管理机器的不断进步。可以说,当代科研管理正在将科研人员纳入无止境的进步强制,科研人员面向一个没有终点的可能性不断进步。另一方面,科学研究有其自然效率,科研人员完成科研任务要受科学研究的自然效率限制,甚至也受科研人员的生理条件限制。于是,在当代理性主义科研管理中出现了管理机器的技术效率与科研人员完成科研任务的自然效率之间的冲突。受理性主义信念支配,当代大学和科研机构的科研管理制度不断改进,量化考评的方式和指标日益精确化、标准化和规范化,科研人员被日益卷入科研管理机器的运转规则之中,被物化为机器零件并随着管理机器不断提高的效率而运转。面对到底应该顺应科学研究的自然效率还是服从管理机器的技术效率这一问题,科研人员别无选择,只能牺牲自然效率服从技术效率。科学试图通过理性逻辑通达自然的理想,反而使人类身陷理性逻辑之中,理性逻辑成为横亘在人与自然之间的屏障。科学不是让人与自然走得太近而是相距更远,这在现代科研管理中也是十分明显的。因此,在当代社会中,如果以为"'科学是通向自然之路',这在年轻人听来会像渎神的妄言一样。现在年轻人的看法与此恰好相反,他们要求从科学的理智化中解脱出来,以便回到他个人的自然中去,而且这就等同于回到了自然本身"。② 被深深卷入科研管理的理性逻辑之中的现代科学工作者、科研人员,也存在着摆脱科研管理的理性逻辑并返还生活世界的渴望,他们希望恢复到科学研究的自然速度。技术效率与自然效率之间的冲突,使当代科研管理中形成了管理技术对科研人员的集权,它导致三个方面的后果。

首先,推动科学发展的动力主要是外在压力而不是内在动力。理性主义的量化原则使当代科研管理实质上转变成了一种现代管理技术,它与任何现代技术的本质都是完全一致的。在管理技术与科研人员的相互

---

① 韦伯:《学术与政治》,冯克利译,生活・读书・新知三联书店,1998 年,第 29—30 页。
② 韦伯:《学术与政治》,冯克利译,生活・读书・新知三联书店,1998 年,第 32 页。

关系中,管理技术居于主导地位,它形成强大的外在压力推动科研人员从事科学研究,科研人员本身基于对学术事业的热爱而产生的内在动力在一定程度上被窒息了,科研劳动正在由科研人员的内在动力推动转变为管理技术的外在压力推动;科研的方向正在由科研人员按照内在好奇心自由选择转变为管理机器的外在定向。理性主义科研管理的外在压力与科研的内在动力之间出现明显的冲突,科研人员在这一冲突中面临两难。海德格尔把现代技术的本质总结为"座架",即现代技术以强大的外在压力对人形成促逼、强求、限定和订制。当代科研管理的实质就是将科研人员强势纳入由科研管理技术所展现的"座架",处于被强大外在压力所强求、促逼和订制的状态。在管理技术与科研人员的这种新型关系中,科学研究的内在目的和内在精神有可能被剥夺,科研不端必然产生。

其次,科研动机和目的正在由外在动机取代内在动机、外在目的取代内在目的。现代科研管理技术作为一种强大的外在压力推动科学发展,这势必导致科研人员从"自愿搞科研"转变为"被迫搞科研",科研人员从事科研的动机和目的正在由对学术事业的内在热爱和好奇心驱使转变为科研管理对科研人员的外在订制;科研人员面临"自愿搞科研"还是"被迫搞科研"的两难,而且别无选择。对一些科研人员来说,科学研究不再是对内在学术标准的追求而是对外在量化指标的满足,这导致取得科研成果的手段和方式必然偏离学术精神、科研道德,甚至是否通过科研不端来取得科研成果也无关紧要。管理机器的技术效率设定出来的量化指标与科研人员按照科学研究的自然效率能够完成的科研任务之间存在落差,对一些科研人员来说,由管理机器的技术效率所规定的、按照科研的自然效率所难以完成甚至不可能完成的科研任务,只能采取重复发表、重复申报课题、化整为零又化零为整地发表论文等科研不端的方式来达到。从这个角度看,科研不端本质上是现代技术条件下的一种人性危机,它凸显了现代技术的强大和科研人员的渺小。在被现代科研管理技术"座架"的时候,学者需要"返回生活世界",需要回过头来思考人是什么,学者作为人的道德良知何在。

第三,上述冲突的结果之一便是科研冒进。对当代大学和科研机构来说,满足量化科研指标的方法是搞科研"大跃进",一些大学明确制定科研经费、SCI 收录论文篇数倍增等目标的时间表,这些做法实质上是技术文明时代的一种"计划学术"思维,是计算理性的典型表现。科研冒进所确立的计划、指标,被分解和量化为科研人员的科研任务,而且这个科研任务的量化指标在不断增长,从而与科研人员完成科研任务的自然能力、"自然速度"之间形成冲突,这实质上是科学与人文的冲突在学术领域的反映。按照科研规律不能达到的目标,只有靠主观主义和破坏科研道德、科研诚信的抄袭、浮夸、造假、欺骗、重复发表、重复申报课题等途径达到,与五六十年代出现的造假风和浮夸风毫无二致。由此,科研不端不可避免地产生出来。科研冒进是一种主观主义,它偏离了科研规律和学术规律,也是催生科研不端的重要根源。

　　总之,科研不端的疯狂源于理性主义科研管理的疯狂。科学研究应该回归人性化的创造,靠计划性的规模化生产是"搞"不上去的。正常的科研管理才能产生正常的科研行为。科学研究必须在外在压力推动与学者的内在动力推动、外在量化考评的压力与研究者源自对科学的神圣与好奇的内在动力、科研管理的技术效率与科研的自然效率、不断增长的量化科研计划与科研的自然速度之间找到合理的平衡点。

六　科学研究的内在志向与内在体验

　　在现代科学中,既然科学研究已经成为一种生产,那么,作为科学知识生产中的生产关系层面,科研管理对科学知识生产的生产力层面就具有反作用。其中一个重要表现是,科研管理中的理性主义、量化原则、计划性思维会影响科学知识生产力中的主体要素——科研人员——的观念、行为方式和科研动力等,使科研人员也形成量化、计划性等思维方式和做法,但这些观念和做法与本源性的科学研究之间存在冲突。比如,科研管理对科学研究有量化要求,科研人员也追求科研成果数量,可是,科学研究并不能完全量化;科研管理对科学研究有计划性,科研人员也对科学研究进行计划,可是,科学研究是不可计划的;科研管理用理性法则管理科研,科研人员也试图对科学研究进行理性计算,可是,科学研究是理性与感性、理性与非理性的统一,科研劳动是"感性活动",于是,在上述方面就会形成冲突。这些冲突导致科研人员与本源性的科学研究相脱离，从而丧失科学研究的内在志向和内在体验。科研管理对量化指标的要求推动一些科研人员重视科研成果的数量指标，而不再重视科研成果的质量；科研管理中的计划性思维使一些科研人员试图将科学研究变成一种理性计算，有计划地生产科研成果，而不再通过自由探索去创造科学知识；科研管理对科学研究的计划性做法给科研人员造成强大外在压力，但科学研究需要科研人员的内在动力和对科学事业的内在热爱。这些问题使科学研究从人性化创造转变为计划性生产。显然，本源性的科学研究不是计划性生产，因为计划性生产不是"感性活动"，科学研究被纳入计划性生产意味着科学研究不再是本源性的科学研究，科研人员被纳入计划性生产意味着科研人员脱离本源性的科学研究，而一旦科研人员与本源性的科学研究脱离，科研人员就丧失了科学研究的内在志向和内在体验。也就是说，在现代科研管理设定的计划性科学研究中，科研人员不可能有真正意义上的内在志向和内在体验。

上述状况因专业化发展的推动而加剧。韦伯在20世纪初已经发现，在现代科学的专业化发展中，科学的内在指向与职业化的科学组织是相反的：按照科学发展的内在逻辑产生出来的研究方向与专业化发展为科学确立的研究方向、按照科学发展的内在逻辑提出的问题与专业化发展从外部向科学提出的问题、按照科学发展的内在逻辑确立的研究领域与专业化发展从外部为科学确立的研究领域等都不一致。本来，无论是在工厂还是实验室，真正的创造性"与死气沉沉的计算毫无关系"。① 可是，现代科研人员必须在专业领域规定的可能性中去取得科研成果和事业成就，因此，专业化意味着限定，科学研究的问题、方向和领域等都被限定在某一特定方面，这也导致科研人员脱离了科学研究的感性劳动，转而进入专业化为其确立的理性逻辑之中。

科学研究的理性、计划性、量化和专业化发展已经构成强大的外在力量，对科学研究进行限定、强求、促逼和打造，使科学研究成了外在压力"座架"的过程，使科研成果成了外在压力"座架"的结果，科学研究不再是

① 韦伯：《学术与政治》，生活·读书·新知三联书店，1998年，第24页。

科研人员对科学的内在热爱推动的结果,科研人员在科学研究中丧失了真正的科学志向和科学体验,这是科学研究从人性化创造转变为规模化生产带来的一个重要后果,从这个角度看,科研不端是一些科研人员在科研成果生产过程中对科学研究的内在志向和内在体验丧失的表现。

科学研究的计划性与本源性科学研究之间的冲突表现为计划性对本源性科学研究的极权,也表现为计划性对科研人员的观念、行为和科研方法等方面的全方位再造。其中一个重要方面是科学研究在方法论层面出现了技术化特点。一些科研人员不是在进行真正意义的科学研究,也不是在从事真正意义的创造性劳动,他们试图通过技巧和技术操作,在现有学术元素、文献资料的嫁接中生产科研成果,这在一定程度上使科学研究转变为技术性生产。科学研究在方法论层面出现了技术化特点,成了技术操作,这种重技轻道、只注重手段和方法的"科学研究",很容易偏离科学研究之道,也很容易产生科研不端。事实上,已经发现的不少科研不端行为正是表现为方法和手段上的"创新",比如 P 图、篡改数据、捏造数据等。当科学研究变成简单的技术操作时,科学研究就成了一种建筑术,一些科研人员在"生产"科研成果而不是"创造"科研成果。科学研究一旦变成技术操作,科研管理的计划性就转变为科研人员的计划性思维和计划性做法,科研人员认为科学研究是可以计划的,计划就是计算,他们将科学研究变成一种理性计算,他们认为科研成果能够有计划地产生出来,能够通过理性计算生产出来,科学研究遵循计算的逻辑而不再遵循发现的逻辑,科研人员遵循计算规则而不再遵守学术规则。事实上,在现代科学中,的确有一些科研人员在挖空心思地计划和计算,在这种计划和计算的推动下,科学研究变成了科研成果的生产,而科研成果的生产变成对各种材料的加工、改造、装饰、组合,有些人从事"科学研究"就是对材料进行加工组合,有些科学研究是将现有的各种科研资料、论文、专著、数据等作为原材料,甚至这些原材料都是前人或他人已经整理好的,而不是科研人员在新的科学实验中获得的一手资料。科研方法上的技术化特点就是计划和计算在科研方法论上的落实。可见,生产的观念产生出计划和计算的做法,计划和计算的做法产生出技术操作的做法。显然,只要科学研究成了技术操作,那么,科研不端的产生就是难以避免的了。在技术操作中,科研不端成了一些科研人员生产科研成果的方法，他们充当制造者而不是创造者，在搞科学研究的幌子下行东拼西凑、偷工减料之实。更为严重的是，有些数据和材料是造假者杜撰出来的，甚至通过造假以弥补材料的不足，以自己的需要为标准对材料进行任意取舍，制造出能够论证自己观点的材料。

现代科研管理中的计划性本质上是科研管理中理性主义原则的具体化，其主要问题在于理性与创造之间的冲突，其根本问题在于遮蔽了科研人员在科学研究中的内在志向和内心体验。计划性遮蔽科学研究的创造性，通过计划来搞科研与通过创造来搞科研完全不可同日而语。计划无须创造，创造不是计划，计划是工具的运用而不是创造，创造遵循内在指令而计算遵循外在指令。创造与计算、研究与操作是两回事，科学应该是靠内心体验进行的创造性活动，而不应该是丧失内心体验后的技术操作。一般来说，基于内在热爱去从事科学研究，科研人员就不可能试图通过技术操作去生产科学成果，只有基于外在压力的推动，科研人员才会借助外在的技术操作从事"科学研究"。因此，科学研究中的技术化操作是科研人员对科学研究内在热爱缺失的表现，一个对科学事业具有内在热爱的科研人员不可能通过技术操作去生产科研成果，一个真正懂得科研规律，对科学保持足够尊重的科研管理者，也不应该以计划性去管理科学或要求科研人员。科研人员只有在创造中才有内在志向和内心体验，在技术操作中是没有内在志向和内心体验的。在科学研究变成技术操作的情况下，科学已经主要依靠外在压力来推动，科学研究的内在动力丧失了，科研人员对科学研究的内在志向和内心体验——比如对科学事业的热爱、献身与追求，在科学研究中获得的美感和幸福感，对未知世界的好奇心与探究欲，在科学探索中得到的快乐和享受，对科学的神圣与敬畏等——都有可能丧失殆尽。显然，技术操作已经不是本源意义上的科学研究，科学研究的目的仅仅是完成科研任务和科研计划，至于科研人员通过何种方式完成科研任务和科研计划，他们是否经历了真正意义的科学研究，是否坚守了科学研究的内在志向，是否获得了真正意义的内心体验，这些问题都已经不再重要。这样的科学研究不是人性化的创造活动，不是"感性活动"。在完全剥离内在体验的"科学研究"中，科研人员剩下的体验恰恰是

"找不到感觉"和"没有存在感",有些科研人员在科学研究中不是感到快乐,而是感到痛苦;不是增强了获得感,而是增强了失落感;不是感到内心充实,而是感到内心空虚;不是在科学研究中获得了意义和价值,而是在科学研究中体验到了无意义和无价值,科学研究成了一种无聊的活动。

科研管理中的计划性是社会对科学的计划性安排在科研管理中的具体表现,是科研生产力的发展在科研生产关系层面的反映。当代科研管理中的计划性思维和计划性做法,其内在本质是对科学研究持有的生产概念,计划就是生产的特征,它试图把现代科学研究变成"计划经济"。但事实上,科学研究难以有计划地生产出来,科学研究的过程和结果也难以计算,如果科学研究可以计划,科研成果可以通过计算取得,那赶超世界科学先进水平就简单了。科学研究是创造性活动而不是生产性活动,计划性思维把科学研究和科研管理都变成了计算问题;把科研人员的书房和现代科学实验室变成了现代化工厂;把科研人员变成了产业工人;以计划为取向的现代科研管理成了现代企业管理。科研成果不是能够逻辑地计算出来的,因为科学思想无法靠死板的计算外在地逼迫出来,科研成果只能靠科研人员的内在创造得来。计划性科研把科学研究变成了冷冰冰的机械运算过程,而科学创造本该是富有生命力的过程;科学计划把科学研究过程抽象为理性和逻辑的过程,但科学创造并不完全是理性的和逻辑的过程,科学研究中存在非理性因素和偶然性因素,而且非理性因素和偶然性因素在科学发现、技术发明等过程中所起的作用往往非常巨大。在这种情况下,科研不端难以避免。科学的创造过程是由内在因素、外在因素等多种因素综合作用的结果。比如,科研人员的选题原则、科研动机、知识结构、客观条件;科研人员对科学的热情和兴趣;科学研究中的灵感、顿悟和直觉等心理因素;科学研究中的科学家精神、科研人员的价值取向等,这些理性和非理性因素都会参与科学创造。因此,对科学创造无法用理性计算来抽象。科学研究能否取得有价值的科研成果,有时取决于科研人员对上述各种要素及其意义的整体把握,有时也取决于科研过程中的机遇。在科学史上不乏这样的案例:科学灵感有可能来自一段散步过程,有可能来自坐在沙发上抽烟的片刻,也有可能来自跟朋友聊天的一瞬间,甚至有可能来自睡梦之中,很多科学灵感都具有不期而遇的特点。因此,当计划与计算在将科学研究从"感性活动"转变成技术化操作时,排斥了科研人员对科学研究的内在体验,排斥了科研人员从容自在的科研生活,也遮蔽了科学研究作为创造性活动的本质。将科学研究转变成僵化、死板的技术操作,就肯定会窒息科研人员的创造性活力,窒息科学研究作为感性活动的生命。当科学研究变成技术操作的时候,通过技术操作实施科研不端行为也势在成为一些科研人员的选择,事实上,有很多科研不端行为表现为技巧之心和技术操作。

科学发现的成果不是通过理性计算得出的,这一论点的哲学基础在于科学发现的过程不是纯粹必然性的过程。韦伯指出,如果以为"数学家只要在书桌上放一把尺子、一台计算器或其他什么设备,就可以得出有科学价值的成果,这是一种很幼稚的想法"。[①] 因此"如果他的计算没有明确的,他在计算时对于自己得出的结果所'呈现'给他的意义没有明确的看法,那么他连这点结果也无法得到"。[②] 将科学研究看成机械计算的主要错误在于,它把科学研究变成了外在过程而不是内在过程,即运用工具和操作手法去生产科研成果。在方法上玩戏法有可能产生一些科学成果,但这只是生产而不是创造,这样的成果只是机巧而不是思想,这样的科研人员只是生产者而不是思想家。靠纯粹的方法操作、纯粹玩弄技巧和戏法不可能产生思想,也不可能产生思想家。原因在于,单纯的计算只是借助外在手段进行操作,科学思想并没有经历内在成长的过程。在技术化操作中,科研人员的热情、灵感、思考等都处于外在状态,他们并没有能动地参与其中,对参与科学研究过程中的各种要素并没有深刻理解和能动把控。同时,科研人员一旦被纳入方法和操作技巧的逻辑之中,就被动而机械地遵循外在逻辑规则行动,而同时也就失去了科学研究所需要的批判性。因此,外在的计算必然与真正意义上的科学研究无关,科研人员不是参与影响科学发现的诸多要素,而是陷入由计算方法所构成的操作规则之中。一旦陷入这样的操作过程,科研人员就从科学研究的"感性活动"或"感性的科学生活"中被连根拔起,他们不再是科学研究这一感性

① 韦伯:《学术与政治》,冯克利译,生活·读书·新知三联书店,1998年,第25页。
② 韦伯:《学术与政治》,冯克利译,生活·读书·新知三联书店,1998年,第24页。

生活中的一员，不是"生活世界"的参与者，而是处于与感性生活分离的状态。对科研人员来说，科学研究的本来意义处于被遮蔽状态。从这种意义上说，计划与计算是科学研究中的一种理性形而上学，科研人员被卷入由理性计算法则所确立的理性逻辑之中，变成了理性逻辑中的一分子，从而脱离了与构成科学发现之基本要素之间的"原初关联"，科研人员丧失了科学研究的感性生命。

从科研成果的质量来说，单纯的技术操作使真正意义的重大科学发现难以产生，科学研究表现为根据理性规则不断操作出来的科研成果数量的增长，而有价值、有质量的重大科研成果很难出现。真正好的科研成果不是靠计划能够生产出来的，也不是通过技术操作能够产生出来的。有内心体验的创造性活动才能产生有价值的科研成果，靠机械计算或技术操作不可能取得创新性的科研成果。可以看到，现代科学中的各种科研成果数量在不断膨胀，而其中真正的新材料、新思想、新创造和高质量的科研成果却较少，一些学科领域的海量专著或论文出版之后无人问津，如石沉大海，也经不起时间检验，对推进科学发展毫无价值。在当代科学中，有不少人在量化考评和科研管理的外在压力推动下，穷其一生，都在不断地操作、玩弄方法和技巧，根据技术手段的变换来制造和生产科研成果，他们完全把科学变成 making 而不再是 doing。这种状况意味着科学失去了它的内在目的和方向，科学研究沦落为工具和手段的花样翻新，科学研究成为特定意义上的"异化劳动"，科研人员也处于异化生存状态，科研不端无非是异化的产物，有些科研成果是异化的科研行为产生的异化的科研成果。现代科学研究中有各种花样翻新的技巧展示，各种借助方法嫁接而显现的表面繁荣，其实只是表面浮华而已，实际上是科学远离思想、远离创造、远离感性学术生活的表现，也是学术风气华而不实的表现。科研不端的产生与这种科学文化的异化有关。

注重技术化操作的科学研究消除科学个性。在现代社会中，科学研究实际上已经成为"科研工业"。所谓科研工业就是说，科学研究成为规模化生产，就像物质生产领域中的机器工业一样，现代科学研究中也出现了"机器学术"。在科研工业中，一些科研人员遵循技术逻辑和效率原则搞科研，他们执着于所谓"研究技术""研究方法"，以标准化、规范化的模式以及花样翻新的技术手段将科研成果源源不断地生产出来。这种技术化生产带来两方面的结果：一方面是科研人员的个性丧失；科学研究的创造性个性和特色丧失；另一方面是科研成果的个性丧失。科研人员、科学研究和科研成果都出现了整体同质性，大量科学研究和科研成果在方法和技术层面看是同质的，它们之间并不存在鲜明的特色和个性。在这个问题上，霍克海默和阿多诺对现代文化工业的批判同样适合于对现代科研工业的批判。与文化工业一样，现代科研工业是工业文明的产物，在科研成果的生产方式上，技术化操作导致"拉平"，科学研究不再是科研人员的个性化创造，而是规模化生产；科研成果不再是有个性的"作品"而是整齐划一的"产品"和"商品"，它们是在如同现代化工厂般的流水线生产中源源不断地生产出来的，与现代化工厂中各种物质产品的生产毫无二致。当代科学中有科研人员在科学研究的技术化操作中试图塑造科研"个性""特色"。似乎谁使用的方法最新、谁敢于把某个学科的观念和方法无限制地推广、谁使用的概念系统越是来自国外、谁写出的文字越是让人难以理解，谁的科学研究就最有特色和个性，也最先进。甚至有不少人因为这种戏法手段"开拓了新的学科方向"，成为"新领域的奠基人"等，但经过时间的检验往往都沦为笑谈。其实，这种单纯运用方法和技巧规模化地生产科研成果的做法，恰恰是科学失去个性的表现。

现代科学研究试图通过量化、标准化和技术化把真理和世界等同，其实质是通过形式逻辑和数理准则来建构科学研究的感性生活，这推动科研人员以数学般的精确性、量化逻辑和技术逻辑去建构客观世界，将科学研究抽象为技术构造和技术操作。霍克海默和阿多尔诺指出："对启蒙而言，不能被还原为数字的、或最终不能被还原为太一的，都是幻象"，"它通过把不同的事物还原为抽象的量的方式使其具有了可比性"，"从巴门尼德到罗素，统一性一直作为一句口号，旨在坚持不懈地摧毁诸神与多质"①。于是，科研人员千差万别的学术个性、多样性的学科个性，具有不同特点的科学研究，被量化原则同化了，这种使万物千篇一律的同一性的代价是"万物不能与自身认同"。科研工业蕴含的是标准化和齐一性，而

①霍克海默、阿多尔诺：《启蒙辩证法》，渠敬东、曹卫东译，上海世纪出版集团，2006年，第5页。

不是个性,规模化生产是没有个性和特色的,只有创造性劳动才有个性和特色。一个民间剪纸艺人的剪纸作品是独一无二的,而现代化工厂用机器批量印刷出来的剪纸产品是没有个性;一个画家用画笔精心画出来的一幅画作是有个性的,而现代化工厂成批生产出来的画是没有个性的;一个在舞台上单纯凭技巧表现的钢琴演奏者,无论他的表演多么夸张、多么唬人,他都并没有对弹奏钢琴的感性活动获得有真正意义的艺术体验,他也并不存在真正意义上的艺术个性。准确说,这位钢琴演奏者的技术越高明,他的表演形式越惊人,则他越失去艺术体验和艺术个性的程度越严重。他越是陷入艺术表演的技术化操作之中,他就越是远离对弹奏钢琴这一感性活动的生命体验,他就越是远离艺术思想本身。甚至他的方法和技巧越好,他对艺术本身的伤害就越大。同理,一个科研人员如果"不是发自内心地献身于科学,献身于使他因自己所服务的主题而达到高贵与尊严的学科,则他必定会受到败坏和贬低"。①

与科学的整体同质相关,科学标准呈现为单一性。以形式逻辑和数学作为准则来构建客观世界的结果是,规范化、标准化已成为度量事物的基本原则。霍克海默在谈到文化工业的时候指出:文化的个性"并不存在于特有的气质和奇特的构想中,而是存在于对流行的经济体制进行外科整形的能力中,因为这种经济体制把所有的人都雕刻成一个模式"。② 对此,伽达默尔也有类似看法,他说:"'19世纪'这个术语在20世纪头10年的文化意识中有一种特定的意味。这个术语意味着滥用,代表着不真实、没有风格和没有趣味——它是粗糙的唯物主义和空洞的文化哀婉的组合。"③在强大的科研工业作用下,管理技术实现了对科研人员的支配,管理技术代表一切,成为合理性的代言人,它使一切趋于相同,使一切变成没有差别的整体。为此,现代科研管理要注意尊重科学个性,不以现代科研工业为标准对科研个性进行任意剪灭。

综上所述,克服科研不端的路径涉及当代科学和科研人员存在论地位的改变:只有从按照技术法则进行理性计算的规模化生产还原到科学

① 韦伯:《学术与政治》,冯克利译,生活·读书·新知三联书店,1998年,第27页。
② 霍克海默:《霍克海默集》,渠敬东、曹卫东编选:上海远东出版社,2004年,第212页。
③ 伽达默尔:《哲学解释学》,洪汉鼎译,上海译文出版社,2004年,第212页。

的感性劳动,科研人员从生产者的角色还原为创造者的角色,科学研究才有可能从技术化操作转变为创造性劳动,科研人员也才有可能从致力于理性计算的机器转变为感性的学术劳动者。可以这样说,在当代科学劳动中,同样存在着现代哲学之存在论转向的问题,同样存在着对科研人员感性生命的拯救问题,也可以说,现代科学中的科研不端是科研人员脱离科学研究的感性生活而被纳入计算理性的逻辑之中后出现的异化现象。韦伯指出:"**个性**是只有那些全心服膺**他的学科要求**的人才具备的。"①韦伯的这个论点不仅对科学适用,而且对任何领域都适用。注重量化和计划性的科研管理正在推动感性的科研生活也出现量化和计划性特征,当代科研人员生存境遇的新变化是推动科研不端产生的重要原因。事实证明,科研管理应该在量与质、标准化与多样性、普遍性原则与学术个性、规范化与科学研究的自由本性之间保持合理张力。如果将科研人员及其感性学术劳动完全纳入由科研管理所建构的理性逻辑,那么,科研人员的感性学术生命、他们在科学研究中的感性存在、科学研究作为感性活动的意义和价值就会丧失掉,科研不端就会不断地产生出来。现代科学研究是由庞大物质投入、庞大科研队伍、庞大仪器和实验设备所组成的现代化生产线,因而也产出数量庞大的科研产品。现代科学研究工业很容易将科研管理引向注重数量轻视质量的方向上去,也很容易将科研管理引向量化、标准化考评的方向上去,这对现代科学劳动的基本性质和特征的新变化影响巨大,对科研不端的产生难辞其咎。在这种现代性背景下,科研人员特别需要对科学研究作出前提性反思:为什么要搞科研? 搞科研的意义、价值和目的到底是什么? 应该如何搞科研? 科研的正确手段和方式是什么? 科研目的重要还是手段重要?

七 学术生活的感性生命

理性主义的本体论基础是现象与本质、主体与客体两分的二元论(Dualism)。二元论将世界区分为现象世界与理念世界,这一区分发端于

---

① 韦伯:《学术与政治》,冯克利译,生活·读书·新知三联书店,1998年,第26页。

柏拉图(Plato)对理念世界与事物世界、可知世界与可感世界的二元区分。理性主义主张,理念世界才是真实的世界,现象世界仅仅是对理念世界的"分有"或者"模仿",现象世界是以理念世界为原型"生产"出来的。理性主义主张"一个在这种新意义上的理性的、包罗万象的科学的伟大观念,或更确切地说,一个关于一般的存有者的整体本身就是一个理性的统一体,并且这个理性的统一体能够被一种相应的普遍的科学彻底把握的观念"。① 理性主义设定超越于现象世界之上的理念世界,肯定人应该并且能够运用理性思维去把握理念世界,形成关于理念世界的知识,这种理性知识是唯一具有客观性、真理性的科学知识,因此,理念世界是生活世界的指南和主宰,它构成生活世界应该去"分有"或"模仿"的原型。因此,理性主义突出绝对性和普遍性,它意味着对相对性、个别性的遮蔽。超越现象世界,用理性思维去把握理念世界,其根本目的是要超越现象世界的相对性、个别性和变动性,进而建立起具有绝对性、普遍性和静止性的理性知识图景。问题是,以关于理念世界的知识凌驾于生活世界之上,必然造成对生活世界的破坏。表现在,理性知识是静态知识图式,人的生存是不断展开的过程,以理性知识主宰感性生活,出现静态知识与感性生存的时间性和历史性的冲突;出现封闭的世界图式与生存展开过程的开放性之间的冲突;理性知识注重现存的、既存的东西而无视感性生存的时间性和历史性。凡是在理性主义发挥作用的地方,人类似乎"就克服了对于经验的可直观的世界来说,本质地具有的那种主观解释的相对性。因为通过这种方式我们获得一种前后一致的、非相对的真理,凡能理解和应用这种方法的人都能使自己信服这种真理。因而在这里我们认识到一种真正存有的东西"。②

在当代科研管理所设定的量化、标准化和精确化操作框架中,科研人员面临"活出自我"与"按平均数生活"的两难选择。当代科研管理对量化、精确化和标准化的追求意味着它建立起一种公共性,这种公共性是一种平均数和普遍性,它对科研人员感性的学术生活来说具有抽象性。在

---

① 胡塞尔:《欧洲科学危机和超验现象学》,张庆熊译,上海译文出版社,2005年,第31页。
② 胡塞尔:《欧洲科学危机和超验现象学》,张庆熊译,上海译文出版社,2005年,第40页。

科研管理的理性法则作用下,科研人员的感性学术生活被强势纳入由管理技术所构筑的理性逻辑之中,从而失去本来意义的学术个性、学术自由和学术生命。一旦通过不断量化建构起来的理性主义科研管理大行其道,科研人员的生活世界就会遭到压抑。受理性主义主宰的现代科研管理将具有自身个性和目的的科研劳动抽象为量化的纯形式,将科研人员的感性学术生活、科研个性抽象为量化平均数,以量化原则去塑造科研人员的学术生活。一旦科研管理的量化、标准化和规范化原则凌驾于科研人员的感性学术生活之上,它就将科研人员的学术生活按量化的纯形式组织起来了,从而导致两方面的后果:一方面是科研人员的学术生活与自身本来的目的相分离;另一方面是科研人员的学术生活被强势卷入由科研管理所构筑的量的同一性所担保的目的之中。与此相伴发生的是,学术生活的个性、不同学科的差异性和多样性、不同科研劳动的独特性等被消解在由科研管理的理性法则所确立的公共性之中,每个具有独特个性的科研人员、学科和科研劳动都成为量化平均数作用的对象。作为量化平均数的公共性——由现代科研管理建构出来的"常人"——作为科研管理人格化的代言人对真实存在的科研人员发起专制,它规定科研人员的存在方式。对此,可以比照海德格尔的一段精彩论述加以说明。海德格尔说:"共处同在把本己的此在完全消解在'他人的'存在方式中,而各具差别和突出之处的他人则更其消失不见了。在这种不触目而又不能定局的情况中,常人展开了他的真正独裁。常人怎样享乐,我们就怎样享乐;常人对文学艺术怎样阅读怎样判断,我们就怎样阅读怎样判断;竟至常人怎样从'大众'抽身,我们也就怎样抽身;常人对什么东西愤怒,我们就对什么东西'愤怒'。这个常人不是任何确定的人,一切人——却不是作为总和——倒都是这个常人,就是这个常人指定着日常生活的存在方式。"[1]

在上述矛盾的作用下,科研人员面临保持个性与被同质化之间的矛盾。现代科研管理确立的公共性是一种齐一性,它塑造了现代科学中的

---

[1] 海德格尔:《存在与时间》,陈嘉映、王庆节合译,生活·读书·新知三联书店,2012 年,第 147 页。

新标准,这种标准将每个科研人员的学术个性平均化,将具有个性和特殊性的学术生活限定在由科研管理所确立的平均数所构成的统一性之中,科研人员遵循的基本原则是:"科研构建出来的公共性如何要求,我就如何行动。""别人怎样做,我就怎样做。"于是,现代科研管理确立的公共性以标准化和齐一性对科研人员学术生活的个性和特殊性构成支配权,它使科研人员的学术生活处于被奴役、被欺骗的状态。科研管理的这种控制功能导致科研人员的学术个性虚假化。当代科研人员一旦被纳入由科研管理确立的标准化和齐一性之中,他们的学术个性都只是表面现象和虚假现象,因为他们已经无法实质性地保持学术个性了。与科研管理的标准化要求相伴随,科学研究的个性与科研管理构筑的公共性完全融合在一起,二者在表面上取得一致。霍克海默说:"个性看上去还是个性:无论是'精英'还是大众都服从于那种在任何特定情况下只允许他们作出单一反应的机制。他们那些尚未开掘出来的本性因素无法得到相应的表现。"[1]但是,这种表面上的一致实质上是感性学术生活的个性被科研管理构筑的平均数所吞噬的表现,科学研究的个性被科研管理构筑的普遍性收编了。在科研管理构筑的普遍性和整体性压制下,科研人员和不同学科、不同科学研究的个体性已经不再是自身,真正的个性难以得到张扬,个体的价值无法得到充分肯定。科研管理的量化标准对每个科研人员都适用,每个科研人员的科学研究都在科研管理确立的普遍性标准中取得其存在和合理性,每个科研人员都按照科研管理规定的标准行动,科研人员的学术个性完全丧失了。霍克海默说:"个人的本质依旧封闭在自身内在之内,个体的理智行为不再内在地与他的本性相联系。"[2]在这种情况下,感性的学术生活一方面与自身的本性相脱离,另一方面与科研管理所构筑的平均化、普遍性相融合。

上述状况实际上是学术生命的异化状态,科研人员的个体性迷失于公共性之中、个人异化于整体之中。科研人员被纳入科研管理体制的过程,就是个性被消除和放弃的过程,不进入这种公共性或科研管理体制之

---

① 霍克海默:《霍克海默集》,渠敬东、曹卫东编选,上海远东出版社,2004年,第217页。
② 霍克海默:《霍克海默集》,渠敬东、曹卫东编选,上海远东出版社,2004年,第218页。

中,科研人员就会成为异类,进入这种公共性或科研管理体制之中,科研人员就丧失个性,这是当代科研人员面临的两难选择。个体异化使个体之间的关系也发生质变。由于个体是科学共同体中作为平均数的成员,即作为"社会而存在"的一员,因此,科学共同体是无差别的共同体,而不是由多样化的个性所组成的共同体,科学共同体中的每个科研人员都不是不可或缺的,每个科研人员都变得无足重轻。科研人员作为个体存在的唯一价值是作为科学共同体中的一个环节来证明科学共同体的存在和强大,科研人员的个性完全消失在科学共同体所构筑的"社会性"之中。每个科研人员都可以代替其他科研人员,也可以被其他科研人员所代替,他们都可以任意地相互转化,因为个体只不过是他人的复制品而已。

基于上述分析可以得出一个基本结论:治理科研不端,要求正确处理科研管理确立的平均数与科研人员的个性、不同学科的特殊性与科研管理构筑的公共性、不同科学研究的个性与科研管理所要求的普遍性之间的辩证关系,尊重每一个科研人员的个性,尊重每一个学科的特殊性,承认不同科学研究之间的差异性,不能用统一的标准去同化不同的学科和科研人员,也不能用统一的标准去消弭不同科学研究的个性。科研机构和大学不能办成现代工业企业,不应该将科学研究搞成现代工业化生产线,而要让科研人员的不同需求得到满足,让每个科研人员的不同个性得到表达;让每个科研人员不同的学术爱好得到自由发展。从人才培养的价值取向上看,不能将科研人员培养成整齐划一的标准化产品,而要让他们成为具有独特学术个性的人。

科研管理所构筑的技术逻辑和进步强制,以及这种技术逻辑对科研人员的感性生活的除魅,其作用力不会停留于技术逻辑之中,其意义会从科研人员的感性生活和学术生命中表现出来。在理性主义的科研管理所谋划的存在方式与科研人员本来意义的学术生活之间、在理性主义科研管理所塑造的"常人"与自由自主和个性化的科研人员之间、在理性主义科研管理的生产原则与科研人员学术生活的创造性活动之间存在冲突。这一冲突是科学与人文的冲突在现代科研管理中的一个具体表现,它是科研不端得以滋生的重要根源。一旦科研人员被强势卷入科研管理所筹划的理性逻辑之中,作为理性主义科研管理的生产对象而存在,科研不端就会密集出现。作为一种现代形而上学,当代科研管理中的理性主义原则产生了两方面的后果:一方面,科研管理的技术逻辑日益将科研人员卷入到由理性的量化逻辑所创制的存在方式之中,将科研人员纳入量化、标准化和规范化原则之中。由于技术逻辑面对未来始终保持乐观主义态度,认为技术效率的不断提高能够不断改进并通向没有终点的、无限美好的未来,科研人员在技术逻辑的效率原则推动下,以越来越快的速度向着永无止境的未来往前忙碌。另一方面,技术逻辑的强大力量将科研人员从感性生活中连根拔起,科研人员日益脱离他们的生活世界,脱离人之为人的生存之根。上述两方面的变化展现了现代科研管理的存在论意义,它导致科研人员存在论地位的重大改变,这种改变给科研人员带来的一个重要影响是生命意义丧失,学术生命的本来意义被葬入虚无。从这个意义上说,科研不端标志着当代科研人员在理性主义的汪洋大海中迷失了,从而面临"虚无主义(Nihilism)"和"无家可归"的生存状态。因此,如何超越当代科研管理中的理性主义,尊重并拯救科研人员的感性学术生命,把科研人员引向高尚的学术追求和精神追求,这是科研不端治理中必须解决的重大时代课题。

量化、精确化和标准化考评有可能使科研人员面临感性生活被撕裂和科学与人文的冲突。科研管理在量化考评与科研人员的感性生活之间构筑起了科学与人文的矛盾,量化管理的理性原则与科研人员的感性生活之间形成尖锐对立,到底应该按照科研管理指引的道路搞科研,还是应该按照兴趣爱好搞科研,科研人员在这两者之间面临两难。在这一矛盾面前,科研人员的感性生活被撕裂了,有些科研人员甚至出现了人格分裂的症状。量化、标准化管理为科研人员的学术生活确立了一种理性标准,强求科研人员服从这种标准;为科学研究确立了一种理性目的,把科研人员强势纳入理性规则所构筑的目的之中,科研人员陷入科研管理所确立的理性逻辑,在其中安身立命。当代科研管理试图精确地计算和控制科研人员的感性生活,而科研人员的感性生活和学术生活的感性内涵难以全部纳入科研管理的理性计算法则之中。韦伯把这种试图精确地认识一切进而严密地控制和利用一切的做法称之为对世界的"除魅"。当代科研管理正在用量化、标准化和规范化原则对科研人员的生活进行除魅,其目的是精确地掌握和控制科研人员的科研生活,对其进行越来越精确的计算和控制。但是,当代科研管理中的量化和标准化忽视了人文关怀。科研人员的感性生活不能全部被抽象为量化的纯形式,如果要将科研人员的感性生活抽象为量化的纯形式,就必然破坏科研人员感性生活中的人文方面,如果要将量化原则运用于科研人员的感性生活之中,也必然导致科研人员的感性生活受到破坏。任何科研人员的生活——无论他的个人生活还是学术生活——都包括两个方面:一是人文方面;一是事实方面。事实方面可以被量化,人文方面肯定不能被量化。人文的东西不可量化,理性主义却试图量化一切;人文的东西无法用数学和逻辑精确计算,理性主义却试图对一切进行数学和逻辑计算;对人文的东西无法达到精确性的认知,理性主义却试图达到对一切现象的精确把握,这是当代科研管理中人文主义与理性主义冲突的根源。因此,当代科研管理以理性主义的量化原则、标准化和规范化原则对科学研究进行管理和考评时,实质上把科研人员的感性生活抽象为量化的纯形式了。同时,由于科学研究不能完全被量化,科学研究中可以被量化的部分受到量化管理的重视,科学研究中不能被量化的部分则被排斥在外,这说明当代科研管理并不能反映科研工作的真相,它本身存在合理性危机。

量化、精确化和标准化考评有可能导致科研人员的生活意义和人生意义缺失。现代科研管理推进了科研管理的理智化进程,但是,由于现代科研管理关注的是科研人员及其科学研究过程中的客观事实,忽视科研人员的感性存在,因此,当代科研管理与科研人员的生命意义无关,与科研人员在科学研究中的内在体验无关,科研人员在理性主义管理中不能找到真正的生命意义和人生价值,在科学研究中找不到有意义的内在体验和存在感;科研管理的理性主义原则不仅不能赋予科研人员及其学术生活以意义和价值,而且会破坏这种生命意义。韦伯指出:"科学思维的过程构造了一个以人为方式抽象出来的非现实世界,这种人为的抽象根本没有能力把握真正的生活,却企图用瘦骨嶙峋的手法去捕捉它的血气。"① 可以说,量化、标准化和规范化考评方式是现代科研管理为科研人员建造的

---

① 韦伯:《学术与政治》,冯克利译,生活·读书·新知三联书店,1998 年,第 31 页。

"洞穴",科研人员如同洞穴中的囚徒。一方面,在现代科研管理设定的技术逻辑中,科研人员面对永无止境、被设想为无限美好未来的乌托邦幻想,以技术效率"向着不死而生",他们作为"一个文明人,置身于被知识、思想和问题不断丰富的文明之中,只会感到'活得累',却不可能'有享尽天年之感'。对于精神生活无休止生产出的一切,他只能捕捉到最细微的一点,而且都是此临时货色,并非终极产品"。[①] 另一方面,科研人员的学术生命和学术生活的价值,他们的人生意义和人生价值,甚至做人的自由和尊严等都迷失了。以致对他们来说"死亡便成了没有意义的现象。既然死亡没有意义,这样的文明生活也没有了意义,因为正是文明的生活,通过它的无意义的'进步性',宣告了死亡的无意义"。[②] 在现代科研管理的理性逻辑的强大力量作用下,一些科研人员不再能够按照自己的价值观生活,也不再能够按照自己的科学理想和内在志向从事科学研究。这就是当代科研人员的生存状态,也是他们反感、抗拒量化考评的根本原因。

现代科研管理实质上将科研人员的生存和生活撕裂为两个世界了:一个是技术世界;一个是生活世界。但是,这两个世界的地位是不平等的,生活世界受到技术世界的压制。科研管理设定的技术逻辑遵循客观秩序,但科研人员是人,当科研管理试图把科研人员纳入管理技术设定的客观秩序时,科研人员的生存和生活就被压抑了。在这种背景下,现代科研管理给科研人员提出了如下问题:献身科学职业的意义何在? 当科研人员完全陷入科研管理构筑的技术逻辑时,生活意义和生命价值在哪里? 科学人生是不是有意义、有价值的人生? 是不是值得追求的人生? 对这些问题,当代科研人员基本上都存在困惑,他们的生存状态中出现了科研管理的技术逻辑与感性的生活世界之间的两难,他们在两者之间徘徊、纠结。这种状态和心态会影响科研人员的选择,科研不端是这种选择出现的偏差。甚至在某种程度上说,某些科研人员实施科研不端行为的目的是通过造假去迎合科研管理的需要,从而为自己留下更多时间和精力去

---

① 韦伯:《学术与政治》,冯克利译,生活·读书·新知三联书店,1998年,第30页。
② 韦伯:《学术与政治》,冯克利译,生活·读书·新知三联书店,1998年,第30页。

获得生命意义;做无意义科研的目的在于追求有意义的生活;做虚假科研的目的在于过真实的人生。科研造假和不讲诚信是为了生活真实,因此,至少有一部分科研不端是科研人员对科研管理的嘲弄和无奈,是为了捍卫尊严而作出的病态选择,是反抗现代管理技术的斗争方式。这种反抗与机器大工业之初工人阶级捣毁机器的自发斗争相近,现代人对技术命运的无情抗争与卢德分子并无二致。因此,某些科研不端发出的是科研人员的内心呼唤:科研人员需要自由自在地生活,它代表了科研人员的生活世界的呐喊。可见,出现科研不端的原因之一在于,科研人员的感性生活受到了科研管理的理性法则压制,科学研究的感性生命受到量化考评的理性法则压制。从这种意义上说,科研不端包含着这样的性质:它是当代科研人员的人文诉求对科研管理的理性法则的一种反抗方式,只不过这种反抗方式是非道德的、不可取的。可见,如同一切科学在其应用过程中都会产生科学与人文的冲突,从而导致一定的伦理道德问题一样,作为一种理性法则,量化考评在运用中也对科研人员造成科学与人文的冲突,产生严重的人文后果。科研不端作为一种对道德规范的违背,与现代技术在应用过程中产生的道德问题本质一致,它是管理技术在其应用过程中产生的特殊道德问题。

当代科研管理所构筑的技术世界与科研人员的生活世界、科研管理所遵循的技术法则与感性生活的本源性存在之间具有不可避免的矛盾。的确,理性是人的一部分,服从理性逻辑也是人的感性生活的一部分,即科学也是人文的一部分。但是,理性、科学不是存在的全部,也不是生命意义的全部。科研管理的理性主义原则全面渗透到科研人员的工作和生活之中,逾越了应有的界限,从而形成对生活世界和生命意义的压制。因此,上述矛盾是抽象的人与现实的人、量子世界与生活世界之间的矛盾。同时,科研管理的技术规则是根据客观规律制定出来的,无论这个客观规律源自何处,也无论这一客观规律的合理性是否得到证明,现代科研管理都已经把这一客观规律上升成了普遍性法则,因此,它是科研管理中的"独断论"和形而上学,必然在科研管理中形成量化逻辑的普遍原则与不同学科的特殊性、量化逻辑的普遍原则与不同科研人员的个性之间的矛盾。科研管理的普遍法则完全忽视了不同学科的差异、不同科研人员的具体情况,用一刀切的方式整齐划一地对所有学科和科研人员进行考评,其中蕴含着现代管理的技术暴力,一切学科和科研人员、一切科学研究都成为被动的存在,成为管理技术处理的对象,从而进入被奴役、被压迫的命运。概言之,现代科研管理既不能对科学研究作出正确评价,也会破坏科研人员的科学生命和感性生活。

当代科研管理中的理性主义对科研人员的感性生活的集权,对他们生命意义和人文价值的压制,本质上是理性主义发展的逻辑延伸,它意味着当代大学、科研机构和当代科学活动正深陷现代性之中而不能自拔。科研不端的一个重要原因是理性主义科研管理对科研人员的感性生活、学术生命的压制,科研不端是一些科研人员在理性主义科研管理的强大压力下,人生方向、科研方向和人生道路出现迷失的征兆。理性意味着进步,在当代科研管理中充斥着进步原则和进步信念:既然科学研究可以量化、标准化,可以通过数学和逻辑加以精确计算,那么这种量化和标准化的程度、这种计算方法就存在不断改进的空间;既然科研工作可以量化和标准化,那么对科学研究的量化和标准化程度就可以不断提高;既然对科学研究的管理可以规范化,那么,对科学研究加以管理的规范化程度就可以不断精细。理性主义管理与整个现代化的进步信念一样,试图通过量化、标准化、规范化和精确性的不断提高,来达到不断进步的目的,这是现代化的进步理念在现代科研管理中的具体表现。于是,现代科研管理存在着如下信念和目标:不断量化、不断规范化和不断提高精确度,从而达到不断进步,在不断进步的道路和方向上,发展没有止境。于是,在当代科研管理中,对科学研究的量化程度越来越高,指标越来越细,管理的技术化水平越来越先进。但是,这种状况也意味着,理性主义为科学家及其科学研究所编织的笼子越来越紧,而科研人员感性生活的人文内涵、科研生活的感性生命被囚禁到越来越狭小的牢笼之中。如果这种矛盾不解决,终有一天,科学生命将被窒息。所以,现在有不少有识之士忧心忡忡,忧虑如此发展下去会把科学毁掉,这种担忧不是没有道理的。

量化、精确化和标准化考评将科学研究引向了功利主义方向。精确地认识一切、精确地计算一切,精确地计划一切,背后起支配作用的价值观是控制一切和利用一切的功利主义。现代科研管理理性主义和功利主义的具体化,它把一切科研成果都视为商品,对科研成果交换价值的推崇替代了对科研成果本来意义的追求,科学研究成为工具而不再是目的。科学研究沦为经济利益的工具、价值增值的手段。同时,科研管理要求科研人员不断制造出层出不穷的、与精神文化内涵剥离的科研成果。科学事业作为真正作品所蕴含的丰富内涵、精神价值被遮蔽了,科研人员从科学的本来价值中所能获得的快乐消失殆尽。科研管理必须注重科学的精神价值,填补由规模化生产掏空的内心生活和精神生活。管理标准的取舍不能仅仅以经济利益、功利价值等实用性标准来确定,还应该以精神生活的需要来决定。科研成果质量的评价标准不能仅仅从科学的工具性价值出发,而应该从科学本身的价值和目的出发。

第三章　资本逻辑与科研不端

　　从存在论根基上看,作为现代性现象的科研不端折射出的是现代科研人员的"存在问题",它在一定程度上反映了现代人面临的人性危机和道德缺失。由于现代化是科学技术与经济发展的共谋,发展科学技术意味着现代社会充斥着技术规则和技术指令;发展市场经济意味着现代社会充斥着货币原则和资本逻辑。可以说,技术原则和资本原则、技术逻辑和资本逻辑是现代社会生活的两套基本规则,也是现代人遵循的两套主要规则,这两套规则不是彼此分离、毫无关联的,相反,技术逻辑与资本逻辑具有内在联系,二者相辅相成,相互作用。作为现代化基本规则的技术逻辑和资本逻辑也是科研不端的重要根源。量化原则其实就是当代科研管理中的技术原则,本书在上一章中已经分析了量化原则对科研不端的影响。还必须看到的是,在现代科学活动中,量化计算只是手段而功利主义才是最终目的,对科学的量化计算服务于对科学的功利主义要求。为此,不仅要了解当代科研管理是"怎样计算"的,而且要了解它是"为什么而计算"的。基于这种考虑,本章准备进一步分析量化原则背后的功利主义动机及其对科研不端的推动作用。由于现代社会的功利主义源于资本逻辑的推动,因此,探讨现代性背景下功利主义与科研不端之间的关系,其核心是探讨资本逻辑与科研不端之间的关系,本章试图从对货币的分析入手,较为系统地分析资本逻辑催生科研不端的内在根源和主要机制,在此基础上,尝试性探讨在资本文明时代,通过道德建设等路径治理科研不端的一些思路和建议。

一 理性主义与功利主义

功利主义是理性主义的根本推动力量。在近代科学中,理性主义为什么要追求对世界的统一性、普遍性和必然性的认识? 为什么要将世界设定为确定性、数学性的存在? 为什么要将精确而严密的数学知识视为最重要的知识? 为什么要将数量化作为一切科学发展的基本目标? 科学的秘密只能到社会生活中去寻找,因为社会生活是科学的感性基础。马克思在《1844 年经济学哲学手稿》中指出:"甚至当我从事**科学**之类的活动,即从事一种我只在很少情况下才能同别人进行直接联系的活动的时候,我也是**社会的**,因为我是作为**人**活动的。"①他说:"**工业**是自然界对人,因而也是自然科学对人的**现实的**历史关系。因此,如果把工业看成人的**本质力量**的**公开的**展示,那么自然界的**人的**本质,或者人的**自然的**本质,也就可以理解了;因此,自然科学将失去它的抽象物质的方向或者不如说是唯心主义的方向,并且将成为**人的**科学的基础,正像它现在已经——尽管以异化的形式——成了真正人的生活的基础一样;说生活还有**别的**什么基础,**科学**还有别的什么基础——这根本就是谎言。"②"**感性**(见费尔巴哈)必须是一切科学的基础。科学只有从**感性**意识和**感性**需要这两种形式的感性出发,因而,科学只有从自然界出发,才是**现实的**科学。"③马克思的论述表明,社会生活、生产方式是自然科学的基础,在理性主义背后有源自人类生活世界的力量在推动,量化管理背后有功利主义在推动,具体地说,有人类控制世界、征服世界的主体意志在推动,量化管理与现代科学中的理性主义一样,无非是资本主义生产方式中功利主义价值观的实现方式。

墨顿在《十七世纪英格兰的科学、技术与社会》一书中认为,人类文化不同领域的中心、人们的兴趣中心与对它们的重视程度——因而某些领域得到较好发展而某些领域被忽略不计——这是随着历史发展而不断转

---

① 马克思:《1844 年经济学哲学手稿》,人民出版社,2000 年,第 83 页。
② 马克思:《1844 年经济学哲学手稿》,人民出版社,2000 年,第 89 页。
③ 马克思:《1844 年经济学哲学手稿》,人民出版社,2000 年,第 89—90 页。

移的。导致这种转移的原因既根源于文化领域自身的内在逻辑，也与文化领域之外的社会历史条件和其他因素有关。也就是说，既有内史因素，也有外史因素。因此，文化领域中研究重点的转移、不同文化领域中兴趣中心的转移是一个社会学过程。同样，科学或科学群、技术或技术群的转移等都是社会学过程。科学和技术的兴趣中心转移、科学和技术领域的中心及其受重视程度的变化表明，在特定历史时代，某几种才智、能力会在特定职业上集中。受重视程度较高、社会兴趣中心比较集中的文化领域成为那个时代的主要职业部门，也吸引了那个时代主要的和更多的文化精英。对这种兴趣集中、文化中心转移"更合乎情理的解释应该从各种社会学状况的结合中、从种种道德的、宗教的、美学的、经济的以及政治的条件的结合中去寻找，这种结合倾向于把该时代的天才们的注意力集聚在一些特定的探究领域。一种特殊的才能当整个世界还不需要它的时候是很难表现出来的。"①因此，社会要素决定兴趣中心的转换，兴趣中心的转换决定文化中心的转移、文化中心的转移决定职业中心的变化、职业中心的变化决定人才集聚中心的变化。如果存在着这样的规律，那么很显然，社会因素对科学活动中心的转移具有推动作用，在不同时代，社会因素会将科学研究限制在符合社会需要、社会兴趣和职业要求的那些领域中，而这种状况导致科研目的适应社会目的、科研动机适应社会需要、广阔的文化领域被限定在社会需要的领域、广阔的科学领域被限定在社会需要的领域，社会需要的学科得到有力支持和发展，社会不需要的学科不能得到较多支持和发展。

科学研究的发展可以向着两个方向：一是遵循自由原则，按照科学的内在逻辑发展；二是由外在社会要素决定的方向。显然，在科学发展过程中不可避免地存在着上述两个方向上的张力，这种张力在多维度上发生作用。可以说，在科学史（尤其近代以来的科学史）上始终存在着这种张力：为科学而科学的研究动机与为了社会需要而发展科学的研究动机之间的张力、对待科学的理想主义与对待科学的功利主义之间的张力、科学精神与世俗文化之间的张力、基础科学与应用科学之间的张力、科学的外

---

① 墨顿：《十七世纪英格兰的科学、技术与社会》，范岱年等译，商务印书馆，2000年，第33页。

在压力与科学的内在动力之间的张力、科学的内在精神与科学的世俗追求之间的张力。各种张力的矛盾运动要由科研人员来承受，也要由科研人员来完成。因此，上述各种张力是推动科研人员思想、观念和行为变化的重要动力，科研不端是上述各种张力相互作用的负面结果。

一般来说，科研人员如果更倾向于功利主义、世俗文化、外在压力、世俗追求等，那就有可能同时偏离理想主义、科学的内在精神、科学的内在动机和目的等，从而有可能导致科学界的学术生态恶化，科研人员个人价值取向和行为扭曲，催生科研不端。科研不端在近代以来的科学活动中大量出现与这几个世纪科学的世俗化进程密不可分。社会要素对科学的影响也表现在科研管理、科研考评等问题上。无论是科学研究中的理性主义还是科研管理中的理性主义，其本质都是一致的。理性主义的兴起同样是科学的内史和外史作用的结果，社会因素对理性主义的发展具有重要作用。

那么，是何种力量推动近代科学朝着理性主义方向发展呢？必须看到，理性主义不仅是一种认识态度，而且是一种实践态度，理性主义的背后隐藏着人类对世界的征服欲和控制意志：人们认为理性能够彻底认识世界，理性也能够彻底征服世界和控制世界，因而理性主义意味着人类试图运用理性去征服和控制世界，而用理性去征服世界和控制世界的目的是更好地满足人类日益增长的功利需要。既然理性如此重要，因此理性知识对人的感性生活具有优先性，这一思路衍生出现代社会中的科学主义，科学主义就是科学领域中的理性主义。

科学史表明，科学界的功利主义、工具主义、经验主义、现实主义和理性主义的兴起是同一历史过程，而背后最根本的推动力是社会的功利需要。按照墨顿的考察，在17世纪中叶，由于社会发展的推动，在文学、艺术等文化领域中，现实主义倾向得到强化，而现实主义与功利主义在当时是相伴而生的。在文学中，以想象力见长的诗歌衰退，以注重现实为主的散文、科学等开始受到重视并得到发展。现实主义和功利主义的兴起标志着社会对真实性的东西更加看重，对虚构性的东西不再重视。科学关注客观事物，因此，对客观事实的研究，对客观世界给予细致观察和精确记录等开始成为科学界的主要取向。现实主义、经验主义、工具主义和功利主义等都注重对客观事实的研究,而且是对客观世界作精确细致的研究,科学领域中出现了追求确定性的取向。近代科学的两个支柱——数学的使用、实验科学的兴起与现实主义、功利主义工具主义和经验主义的推动有关。默顿说:"在这个世纪的整个后半叶里,人们反复做出努力,以求确立起一种像数学符号那样简明精密的语言。"①在现实主义、经验主义、工具主义和功利主义中,功利主义是根本精神,工具主义、经验主义和现实主义只是功利主义的变种;功利主义是目的,而工具主义、经验主义和现实主义是服务于功利主义的工具和手段。近代科学的研究方法中,科学观察和科学实验无非是为了使人类对客观世界的认识更加精确,它是服务于现实主义和功利主义的;数学无非是精确认识和控制世界、精确计算功利价值的工具而已,注重研究方法的工具主义,包括弗兰西斯·培根对新工具的探索,都服务于社会发展的功利主义目的。

数学实质上是经验主义与理性主义的连接点。在近代科学中(甚至在整个社会生活中),数学的使用本质上是由探究客观世界的现实主义、功利主义精神推动的。数学是一种理性知识,它处于观念领域,它具有纯粹理智的必然性和先天确实性。当人类要研究客观世界、处理经验事实的时候,现实主义和功利主义对经验科学提出的明晰性要求推动近代科学选择数学作为工具来研究客观世界,研究经验事实,这种取向不仅导致数学在科学中的运用,而且导致数学与经验事实的结合。理性主义与经验主义的结合表现在科学的性质中,近代科学关注的重点是关于经验的理性知识、以经验事实为基础的理性知识。正因为如此,近代认识论的中心问题是对先天经验知识的合理性作出说明,在康德那里表现为纯粹理性批判的中心问题——先天综合判断何以可能?

在古希腊哲学中,苏格拉底和柏拉图等人都曾强调运用理性思维去把握客观世界。在柏拉图看来,人类只有运用理性才能通达对世界真相的了解,理念世界是最真实的世界,只有通过概念逻辑建构起来的理念世界才是对客观世界的真理性认识,一句话,理性是通达真理的必由之路。

---

① 墨顿:《十七世纪英格兰的科学、技术与社会》,范岱年等译,商务印书馆,2000 年,第 51 页。

正是这种理性主义信念使近代科学选择数学这种理性工具去整理感性材料,从而铸就了近代科学的基本特质:关于经验的理性知识。因此,数学在近代科学中的运用是对古希腊理性主义传统的继承和发展。文艺复兴时期,人类又找到了另外一种工具,即科学观察和科学实验。文艺复兴运动的一个重大功绩在于,它将科学实验确立为科学研究的一项基本原则。经过伽利略等人的努力,科学实验进入实践领域;通过培根等人的努力,科学实验进入理论领域。科学实验是精确认识和处理客观事实的重要工具,它与数学一样,都服务于功利主义目标,都能够以精确性去协助人类准确掌握和控制世界。可见,在 17 世纪以来的科学发展中,经验主义与理性主义并不是那么泾渭分明的,二者其实两极相通。但是,近代理性主义在科学中的兴起基于经验主义、现实主义和功利主义需要,数学与科学观察、科学实验一样,作为工具主义的必然选择,服务于那个时代的功利主义和现实主义目的。

量化观念本质上是一种控制观念,它是人类控制世界的意志在科学上的表现形式。所谓将质还原为量,或者以量来统一质,实质上是将人类对不同事物的控制达到一种统一性,并将这种控制提高到具有数学般精确性和严密性的程度。尤其是在近代,对量化观念的强调与资本主义经济发展的功利需要密切相关,用量来衡量质的思想由 17 世纪的哲学家伽利略系统化,这有其历史根源和特定的时代背景。资本主义经济要发展,就要发展科学和技术以控制自然界,而意欲控制自然界,就要设定自然界存在秩序,人类可以彻底把握和利用这个秩序;同时还要设定人类能够运用数学达到对自然界精确而严密的认识,然后运用这种精确而严密的认识去精确而严密地控制世界。这些观念都体现了控制世界的意志,所以,作为一代数学大师的怀特海一针见血地指出:数学作为"最高的思维是控制我们对具体事物的思想的真正武器"。① 这种关系表明,量化原则背后隐藏着的是控制欲;表面上价值中立的数学恰恰是由非中立的价值观推动的;表面上具有理想主义性质的数学恰恰是最具有功利主义性质的科学;作为理性和逻辑之代名词的数学恰恰源自非理性的征服意志——控

---

① 怀特海:《科学与近代世界》,何钦译,商务印书馆,1997 年,第 32 页。

制欲;表面上抽象和不实用的数学恰恰是最现实和最实用的科学。甚至可以说,在一个极端功利的时代,数学往往能够得到极大的发展,在一个不注重功利的时代,数学往往面临衰落的危险。因此,量化原则中量与质的关系背后隐含着的是数学工具与功利目的的关系。

科学活动内部的精神文化推动近代以来的科研管理出现相同的精神气质:科学研究中的功利取向决定了现代科研管理的功利取向;理性主义源于人类征服和控制世界的意志,现代科研管理本质上也是对科研人员和科学研究的控制手段;理性主义设定世界具有必然性,现代科研管理也将科学研究设定为遵循必然性的过程,它排除了科学研究中的风险性和偶然性,因此,它总是试图对科学研究加以计划;科学研究中对确定性、精确性的寻求表现在科研管理中就是对量化、标准化和规范化的追求;科学中以数学的使用为标志的理性主义决定了现代科研管理中必然包含量化原则;近代科学研究中的工具主义决定了现代科研管理中必然突出工具理性而忽视价值理性。科研管理中的理性主义势必引发理性与感性、理性与非理性、理性与感性生活之间的矛盾。这里所说的理性与非理性的区分并不是说现代科研管理是理性化的管理而科学研究是非理性的过程,而是说科研人员的感性生活及其科研活动等不完全是理性的,而是理性和非理性的统一,科研人员的感性生活、作为社会实践的科学研究,都是理性与非理性的统一。科学研究、科学发现绝不是可以按照理性规则加以推导的过程,绝不是可以计划的过程,科学史上很多科学发现是通过非理性的直觉、顿悟等方式取得的。因此,科研管理中的理性原则与科学研究的非理性因素之间发生冲突。

并不是一切对象都可以运用理性加以处理,因为并不是一切对象或任何对象的一切方面都只有数学、逻辑这一面,量只是事物的一种属性而不是事物的唯一属性。数量关系不是客观世界的唯一关系,对世界的数学描述不应该是对世界的唯一描述。因此,量化原则是有局限性的,也是有边界的,用数学和逻辑描述对象的做法应该严格确立界限。韦伯指出:"理性主义的解释如果用得不是地方,那就是一种危险。"[1]巴伯认为,理

---

[1] 韦伯:《经济与社会》(第1卷),阎克文译,上海人民出版社,2005年,第95页。

性不等于合理性,人类解释世界遵循逻辑、道德和审美等原则,道德原则和审美原则也具有合理性,但是它们都是超逻辑的,因而都不是理性的,人类的道德领域和审美领域不允许逻辑和数学意义上的理性原则染指。巴伯说:"数学的利用不是概念框架之存在和高度发达的科学的唯一标志。"[①]"测量的精密和确定性是理想,所有科学都可以心向往之;可是,它们不是科学之有用性的标记。""数学毕竟不是实在的科学。相反,它是一种语言,一种逻辑,概念之间关系的逻辑,一种极其有用的和精确的语言,它使许多科学领域中的巨大进步成为可能,但它不应被误解为科学理论。……除了数学表达的如此精确的概念之间的关系以外,物理学还有它们自己的实在的概念:质量、能量,等等。"[②]生物学家坎农(W. B. Cannon)、物理化学家刘易斯(G. N. Lewis)认为,客观世界存在着无法用数学加以描述的领域,因此,对世界彻底量化的做法并不是无可厚非的,将没有达到量化要求的科学排除在科学体系之外令人难以接受。可见,理性、数学和逻辑是有界限的,将理性绝对化的做法,将世界绝对量化和逻辑化的"数学主义"或逻辑主义,排斥了世界的非理性、非量化和非逻辑方面。现代科研管理中的量化考评排斥了科学研究和科研成果中不可量化的部分,因而不能客观公正地对科学研究加以评价,其表面的合理性掩盖了实质的不合理,表面的精确性掩盖了实质的不精确,表面的公平掩盖了实质的不公平。

前述理性主义与功利主义的亲缘关系表明,在当代科研考评中建立起了量化目标与功利目标的内在关联,量化考评将科研成果的数量与科研成果的功利价值统一起来了。当代科研管理中的量化、标准化和规范化考评是理性主义原则在科研管理中的具体化,它将科学研究引导到重视数量轻视质量的方向上去。不是说现代科研管理就不考虑科研成果的质了,而是说现代科研管理对科研人员第一位的要求是科研成果的数量,第二位的才是科研成果的质。对科研人员来说,科研成果首先要有,其次要多,最后才是要好。在当代社会,对科学进行功利考评的原因在于,科

---

① 巴伯:《科学的社会秩序》,顾昕译,生活·读书·新知三联书店,1991年,第17页。
② 巴伯:《科学的社会秩序》,顾昕译,生活·读书·新知三联书店,1991年,第18页。

学不仅有功利价值,而且是达到功利目的的根本手段,这一点对社会来说如此,对个人来说也是如此。在这种背景下,科研成果等于功利价值,科研成果的数量等于功利价值的数量,对科学的量化评价就是对科学的功利评价,量化评价无非是对科学功利价值的一种计算方式而已,它既是对科学研究中投入产出关系的计算,也是对科研成果可能带来的功利价值的计算。因此,量化考评不仅会将科研人员引导到重视科研成果数量的方向上,而且会将科研人员引导到通过增加科研成果数量来增加功利价值的方向上,一旦科研人员将科研成果的数量与个人功利目的联系起来,认识到这两者之间的内在关联,科研不端的发生就不可避免了。总之,在科研管理中推行理性主义法则,简单运用量化、标准化和规范化考评,有其局限性和片面性,对科学发展有负面影响。

　　如本书在上一章所作的说明,量化考评还把科学研究引向技术操作。运用方法和技术上的操作来生产科研成果,这种科学工业所生产出来的学术产品与科研人员在创造性劳动中得出的学术作品,其价值和质量不可同日而语。韦伯说,如果一个科学家"不是发自内心地献身于科学,献身于使他因自己所服务的主题而达到高贵与尊严的学科,则他必定会受到败坏和贬低"。[1] 由于量化考评注重数量而轻视质量,因此,一些科研人员从事科学研究已经不再是进行人性化创造,而是进行规模化生产。一般来说,注重科研成果质量的科研人员研究会更加注重人性化创造,注重科研成果数量的科学研究更容易走向规模化生产,更容易在科学研究中搞技术操作。人性化创造能够保证科研成果的质,而规模化的生产则往往会牺牲科研成果的质;人性化创造往往更尊重科学研究的内在规律,规模化生产则容易导致科研人员在科学研究过程中投机取巧、不择手段,从而将科学研究过程变成技术操作。只有"先进的"技术操作才能提高科研效率,又快又多地将科研成果生产出来,以满足量化考评对科研成果的数量要求。在这个过程中,一些科研人员出现科研不端行为几乎是必然的,事实上,当代科学活动中的很多科研不端正是科研考评的数量指标、效率要求催生出来的。

---

[1] 韦伯:《学术与政治》,冯克利译,生活·读书·新知三联书店,1998年,第27页。

当代科研管理中的量化考评本质上是功利性考评:它是由功利需要推动的,注重科研成果的功利价值,它也将科学研究引导到功利方向上去。于是,单纯以刻板的量化指标、功利指标来评价科学,就是以数量标准和功利计算作为"过滤器"来对科学加以取舍和筛选,导致有些学科被重视而有些学科被忽视,推动科学朝着功利主义方向发展,这种发展有可能是畸形的发展,甚至有可能将科学引导到错误的方向上去。被量化指标、功利指标排斥掉的学科不会受到重视,而事实上这些学科对科学发展来说很可能具有长远的战略意义。因此,量化考评不仅是片面的而且是短视的,因为它会破坏科学发展的长远目标,也会破坏科学对人类的长远功利价值。例如,基础科学与应用科学的关系。在当代科学中出现了基础科学与应用科学比例失调,重视应用科学而轻视基础科学等情况,这些特征反映到当代科研管理中就是通过量化考评的方式,将科学发展引向更加注重应用科学而忽视基础科学。但是,如果只注重应用科学而忽视基础科学,科学领域中的功利主义就有可能走向极端,基础科学与应用科学的比例严重失调,这种状况不仅最终会影响科学的整体发展,而且最终会制约应用科学本身的发展。因此,量化考评对基础科学与应用科学的比例结构变化是有关的,当代科研管理中的量化考评更有利于应用科学、技术科学和工程科学,但它不利于基础科学、人文社会科学,因为基础科学和人文社会科学难以用量化指标来评价,假设硬要将量化考评运用于对基础科学的评价,假设基础科学被引导到仅仅注重数量的方向上,那对基础科学来说绝对是一场灾难。

量化考评不仅有可能催生科研不端,而且有可能影响基础科学与应用科学的比例,影响科学发展方向。因此,正确认识和使用量化考评对一个国家科学发展来说具有战略意义,现在之所以有人感叹"如果按量化考评的方式搞下去,科学会被毁掉",恐怕原因就在这里。因此,评价科学的价值标准是具体的和历史的,不能以某种绝对标准来断定某种科学应该得到发展而某种科学应该被忽视。的确,不能否定科学的功利性和实用目的,但不能仅仅以实用性、功利性作为科学研究的目的,也不能仅仅从实用性和功利性去对科学加以评价。科学是目的与科学是功用,这两者并不矛盾,坚持科学就是目的,发展基础科学、注重科研成果的质,其实更具有长远的功利价值。

二　资本逻辑与理性形而上学

上一问题谈到量化考评与功利主义之间的关系,按照劳动价值论的基本观点,价值是凝结在商品中的抽象劳动,即抽象劳动是商品价值的基础,因此,当代科研管理实质上是将科研成果作为特殊商品来对待,量化考评则是对科研成果这一商品的价值加以计算的一种方式。也就是说,当代科研管理注重的是科研成果的价值而不是其使用价值,这跟马克思在《资本论》中提出的"商品的秘密不在它的使用价值而在它的价值"完全一致。因此,与一切商品一样,科研成果的价值中也隐藏着"形而上学的微妙和神学的怪诞"①。既然当代科研管理把科研成果作为商品来对待,并试图对科研成果的价值进行量化计算,而价值是凝结在商品中的抽象劳动,因此,计算科研成果的价值就是计算凝结在科研成果中的抽象劳动。同时,将科研成果作为商品来计算其价值,对凝结在科研成果中的抽象劳动加以计算,反过来说就意味着现代科研管理把科研人员作为劳动力商品来对待了。由于商品的价值、凝结在商品中的抽象劳动是由社会必要劳动时间决定的,因此,量化考评确立的普遍性标准就是当代科研管理为科学研究确立的社会必要劳动时间测度标准,如果生产科研成果的个别劳动时间大于量化考评确定的普遍性标准,那么,单位时间内的科研成果产出就少,这部分科研人员的科研效率就低;如果生产科研成果的个别劳动时间小于量化考评确定的普遍标准,那么,单位时间内的科研成果产出就多,这部分科研人员的科研效率就高。

在现代科研管理中,以量化考评确立的普遍性标准去衡量不同学科、不同科研人员和不同的科学研究,构成科研奖惩的理性基础。注重科研成果的价值和社会必要劳动时间,就是突出量化考评确立的普遍性标准;忽视科研成果的使用价值和个别劳动时间,就是忽视不同学科、不同科研人员和科研劳动的个性。由于功利主义是推动现代科学发展的根本力

---

① 马克思:《资本论》(第1卷),人民出版社,2004年,第98页。

量,因此,量化考评是对科学研究的衡量方式,而量化考评包括量化计算和量化分配两个方面,在对科研成果(科研劳动、科学研究的社会必要劳动时间)的价值进行精确计算的基础上,将计算结果换算成货币,对科研成果和科研劳动进行货币分配,这就是量化考评包含的两个主要环节,它表明,现代科研管理完全遵循劳动价值论,现代科学研究已经完全被纳入由货币、资本所构筑的形而上学法则之中。在现代科研管理视野中,科研人员就是劳动力商品,科学研究就是生产性劳动,科研成果就是商品,科研评价就是对科研成果的价值进行量化计算,科研奖励就是对科研成果的货币分配,科研管理就是对科学研究的生产管理。既然在现代科学中科学研究已经被作为生产性劳动来对待,科研人员具有劳动力商品的性质,科研成果也成了特殊的商品,那么,劳动价值论就适用于对现代科研管理的分析,从这种分析中或许能够理清现代科研管理的基本思路,也能够找到分析科研不端的一些基本思路。

为了揭示资本逻辑推动科研不端的内在机制,有必要首先对货币加以分析,然后对资本进行分析,因为资本是由货币转化而来的。尽管资本不完全是货币,但是货币资本是资本的主要部分,资本的其他部分也是在货币转化为资本的前提下才成为资本并通过货币来表现的。同时,在现代社会中,货币是资本逻辑发生作用的基本手段和载体。因此,资本逻辑在当代学术生活和科研劳动中的作用总是通过货币来实现的。正是在这种意义上,探究资本逻辑与科研不端之间的关系,首先要探讨货币与科研不端的关系。只有准确认识货币的本质,才能准确认识资本的本质,也才能在此基础上准确认识科研不端与资本逻辑之间的关系。马克思注重从存在论维度上分析货币,他把货币视为现代人的存在方式,因为货币"充满形而上学的微妙和神学的怪诞"。也就是说,货币有其形而上学维度,有其存在论内涵,如果要准确理解货币、资本与当代科学活动中科研不端之间的内在关联,就应该从存在论维度上把握货币的本质,把握资本作为一种现代形而上学的存在论意蕴,进而把握货币、资本对当代科研人员的存在论意义及其对科研不端的推动作用,然后从这个维度上认识现代科学活动中科研不端产生的内在机制。黑格尔说:"熟知的东西所以不是真正知道了的东西,正因为它是熟知的。"①货币、资本无疑是现代社会的普遍现象，也是为人们所熟知的东西，如果说货币、资本对当代科学活动中的科研不端具有推动作用，那么，这一事实也以一种特殊的方式告诉我们，不能只专注于货币和资本的使用而忽视货币和资本在形上学层面上存在的问题。于是，认识货币、资本成为重要的哲学任务。必须肯定，货币和资本对推动现代文明的发展具有积极意义，但是，货币和资本也是一柄双刃剑，表现在它们对人的存在、行为和道德具有巨大破坏力，这在货币转化为资本以后更是达到了登峰造极的地步。本章的目标是基于现代性批判视角，试图从存在论维度对货币、资本及其在当代科学活动中的作用进行哲学分析，澄清货币、资本在当代学术活动中应有的前提和界限，并尝试提出应该如何正确认识货币和资本，以及在资本文明时代如何在科研活动中规避货币和资本的负面影响、治理科研不端的一些思路。

在现代社会，科学技术与经济发展共谋的内在本质是货币与理性的共谋。因此，认识货币涉及一个基础性的问题，即认识货币与理性之间的辩证关系。在历史和现实中，货币与理性是相互作用、相互促进的：一方面，货币是理性选择的结果，正是理性推动了货币形态从具体到抽象的转变；另一方面，货币又反作用于理性，表现在货币的起源和演化促进了理性的进化。货币与理性的相互作用、相互促进表明，货币形而上学与理性形而上学不可避免地交织在一起，它们是科学技术与经济发展这一历史性共谋的具体化，二者共同构成现代形而上学的双翼，在现代文明中达成了历史性共谋，也共同推动了现代化的历史进程。同时，货币与理性的共谋关系也渗透到现代科学之中，并对当代科学活动中的科研不端产生了推动作用。

在历史上，有不少学者从各个角度对货币产生的历史必然性作出了描述。比如，亚当·斯密（A. Smith）在《国富论》第四章中论述了货币的起源，他认为，货币之所以成为货币，是因为它是比其他商品不容易损坏的金属；货币名目论（Nominal Theory of Money）认为，货币是交换便利的价值符号；当代西方著名的语言哲学家塞尔（J. R. Searle）也关心货币，

---

① 黑格尔：《精神现象学》（上），贺麟译，商务印书馆，1983 年，第 20 页。

他认为,货币是当所有人都把某种东西认作货币时的"集体意向性"对象化而成的社会实在。马克思从历史唯物主义视角,立足人类的生产、分工和交换过程,科学地论述了货币的起源。在马克思看来,货币不是人们思考或协商的结果,而是人类历史发展的必然产物,其不同形态之间的转换具有理性选择性。大致说来,货币的起源和演变主要经历了四个阶段:从普通商品转化为货币商品、从实物货币转化为金属货币、从金属货币转化为纸币、从纸币转化为电子货币。通过上述四个阶段的转化,货币从具体物品转变为抽象符号,从有形的物质形态转变为无形的数字形态,这是一个从具体到抽象逐步运动的过程,这个过程不是自发的,而是包含人的能动作用:它离不开人对交换经验的理性反思,也离不开在这种理性反思基础上作出的理性选择。因此,货币形态的演变得益于理性的作用。

货币从具体物品演变为抽象的价值符号,从有形的物质形态演变为无形的数字形态,这个过程蕴含了货币成为现代形而上学的历史必然性,也生成了货币的形而上学本质:纸币的出现标志着货币脱离了它的商品形式转而成为价值符号,随着商品交换的发展,货币从全部商品中超越出来,并反过来成为衡量、表征和计算其他商品价值的手段。当代社会的电子货币更是货币数字化和符号化的最高阶段,它是无形且抽象的符号,能够以更为便捷的方式计算商品价格、执行交换手段的职能,商品交换的完成仅仅表现为交易者账户上的数字变化,而且交换的速度和效率极高,货币作为交换媒介的功能因此变得极端而纯粹。电子货币彻底脱离了货币的物质基础,交换中的形式与内容完全脱节,商品的物质性完全消解在货币的抽象运动之中。那么,货币的抽象化、形式化是通过何种方式发生作用的? 在这个过程中,理性发挥了何种作用?

货币的形而上学本质表现在诸多方面,但其核心原则是量化。货币的量化原则是价值计算的方式,即它是对商品价值的量化计算而不是对商品使用价值的量化计算,货币关注的是商品的价值而不是商品的使用价值。由于价值表征的是凝结在商品中的抽象劳动,而商品的使用价值是由生产商品的具体劳动决定的,因此,货币关注的是抽象劳动而不是具体劳动。同样,由于商品的抽象劳动是由生产商品的社会必要劳动时间决定的,而商品的使用价值是由生产商品的具体劳动决定的,因此,货币的量化原则是用来计算社会必要劳动时间的而不是用来计算个别劳动时间的。货币的量化计算建立起量的同一性而遮蔽质的多样性。西美尔（G. Simm）说："货币是以数的形式来表征纯粹的量，而不管被衡量价值的对象所有特殊的质如何。"[①]也就是说，货币的作用方式是用量的同一性遮蔽质的个性和多样性，将不同质的事物抽象为量，只从量的角度去对待事物。如前所述，量化也是理性主义的核心，因此，货币形而上学与理性形而上学的基本原则和作用方式本质一致，这种一致性正体现在两者共同坚持量化原则上，它们都按照"重量轻质""以量来衡量质""将质还原为量"等基本原则来共同构筑起量化世界，也就是说，理性世界和货币世界都是量的世界。

量化是货币发挥作用的基本原则，其发挥作用的内在机制主要包括两个方面：一是将不同商品的质还原为货币量；二是以货币量去衡量和计算不同商品的质。通过这种作用，货币的作用产生了两个后果：一是货币的量与自身的质脱离，即作为衡量商品价值的中介，货币只是衡量的手段而不是商品本身，它只是充当商品的衡量尺度，因而与自身的物品形式或质料无关，货币只是量的象征和价值符号，只是一个数字而已。换言之，货币作为衡量价值的手段不是由于其质料，而是由于其度量功能能够为商品交换的需要提供服务。因此，货币的意义被限定在量上，它仅仅是计量工具而已。黑格尔说："票据并不代表它的纸质，它只是其他一种普遍物的符号，即价值的符号。"[②]二是将其他商品的质还原为量。货币履行功能和发挥作用的方式是充当价值尺度，即以自身的量为尺度去度量其他商品的价值，这一作用的实质是货币将其他商品的价值还原为货币量，从这种意义上说，货币对其他商品具有"去质"的功能。黑格尔说："当我们考察价值的概念时，就应把物本身单单看作符号，即不把物作为它本身，而作为它所值的来看。"[③]"去质"就是消除质、遮蔽质，通过建立量的普遍性消除质的个性和多样性，只注重事物之间量的同一性而忽视事物之间质的差异，注重量的统一性而忽视质的多样性，把质转化为量，建构

---

① 西美尔：《货币哲学》，陈戎女等译，华夏出版社，2002年，第84页。
② 黑格尔：《法哲学原理》，范扬、张企泰译，商务印书馆，1961年，第71页。
③ 黑格尔：《法哲学原理》，范扬、张企泰译，商务印书馆，1961年，第71页。

一个量的世界,这就是量化。

通过上述两方面的作用,货币建立起了新的存在论图景,货币的视野是量的视野。具体地说,通过对商品的量化,货币塑造了特定意义上的二元论图景。它将世界二重化为两个相互分离的方面:一方面是由货币建构起来的量的世界;另一方面是由商品、人、自然物和其他存在物组成的质的世界。于是,量的世界与质的世界、普遍性与个别性、货币世界与物质世界不仅被分离开来了,而且被对立起来了。量的世界可比较,质的世界不可比较,货币将不可比的世界(即质的世界)抽象为可比的世界(即量的世界)。与理性主义的思路一样,在商品交换过程中,上述两个世界的地位不平等,对货币计算来说,量的世界被视为具有真理性和现实性的世界,离开货币计算的物质世界被视为没有真理性和现实性的世界,因为只有通过货币计算才能赋予商品的价值以精确性和严密性,商品只有借助货币计算才能参与到市场交换之中。于是,货币世界对商品世界形成绝对作用力,甚至可以说,离开货币世界就没有商品世界。伴随现代科学技术和经济社会发展,量的世界君临质的世界之上,这个量的世界是一个形而上学的世界。货币的存在论意义逐步衍生出现代性,并在货币转化为资本后达到极端。

货币所构筑的存在论图景发展到资本阶段,通过资本对物质世界的抽象,由资本逻辑构筑起来的量化世界对感性世界形成极权,正是从这种意义上说,资本是一种现代形而上学,就像理性也是一种现代形而上学一样。如果货币的作用范围仅仅局限在市场经济领域,货币仅仅运用于对商品价值的衡量,那么,人们对它是无可厚非的。问题是,货币的量化逻辑会越界,它会越出市场经济领域并渗透到社会生活的其他领域之中,泛化为社会生活中的普遍法则。货币不仅要衡量商品,而且要把一切都作为商品来衡量,它要迫使人们在实践中不断地将质还原为量,不断地以货币的量去衡量事物的质。货币对事物加以计算的前提是设定所有事物都可以计算,因此,货币的应用促成了计算理性,即凡事总是试图借助货币计算来加以解决,对所有事物总是试图通过货币计算来确定其价值的理性倾向,其实质是用货币度量一切,把事物的价值抽象为数量形式来评估,把事物之间的关系抽象为数量关系来处理。

　　本书在上一章中也谈到"计算理性"这个概念，计算理性就是理性地对事物的量加以计算，如何将质还原为量？如何用量的同一性消除质的个别性和多样性？计算理性无非是量化原则的操作方式。实际上，有两种彼此关联的计算理性：一是在设定世界遵循绝对必然性的基础上，对事物加以理性计算，这种计算理性本质上是对世界的因果性、确定性和决定性的认识，它排斥了世界的偶然性、不确定性和或然性，这种计算理性可以称为"理性的计算理性"，即它关注的主要是世界的理性基础。二是在设定所有事物都可以运用货币来计算其价值的前提下，以货币作为手段去衡量事物的价值。设定事物都可以运用货币加以计算，其实质是将所有事物设定为商品，因此，这种计算理性本质上是对世界的商品属性、价值属性的认识，它排斥从非商品、非价值的视野认识事物，这种计算理性可以称为"价值的计算理性"。货币的量化是对功利价值的量化，将事物作为商品并精确地计算其价值就是货币对世界加以功利化的基本方式。两种计算理性都遵循量化原则，都使用"将质还原为量""用量的同一性消除个性和多样性"的方式，都试图建构由量的普遍性构成的形而上学世界，差别在于前者将世界视为决定论的世界，后者将世界视为商品的世界；前者将事物的个别性和多样性抽象为理性的同一性，后者将事物的个别性和多样性抽象为价值的同一性；前者要达到的是理性的普遍性，后者要达到的是价值的普遍性。从这种意义上说，两种形而上学各有侧重，具有不同特点。但是，二者在本质上具有密切的内在关联。

　　既然存在着两种意义上的计算理性，那么，反过来就可以说，货币和理性主义共同蕴含的量化原则包括了两大要素：理性化和功利化，理性主义的量化计算其目的是实现世界的理性化；货币量化计算的目的是实现世界的功利化。但是，不能将这两种意义上的计算理性、两种意义上的量化截然对立起来，因为它们在本质上是一致的。货币计算与理性计算最终都是对功利的计算，所谓货币与理性形而上学的共谋，就是在功利上的共谋，功利目的是二者的共同目的。理性主义蕴含的计算理性，其最终目的是对功利的计算，功利是目的，理性计算是功利计算的手段。理性与功利之间的这种内在关联、理性主义背后的功利主义动机，本书在本章的第一个问题中已经作了简要分析。理性计算只是工具和手段，功利追求才是真正的目的。理性主义将世界设定为必然性、因果性、决定论的世界，其背后隐藏着的是功利动机，即由于设定世界不存在偶然性，因此，人类可以运用科学来达到对世界的彻底认识，也可以用科学彻底地控制世界，特别是，人类可以用数学达到对世界精确而确定的计算，人类也能够对世界达到如同数学般精确而严密的控制，从而达到自己的功利目的。货币和理性主义的共性在于：它们都蕴含量化原则，而且都是理性的计算，即通过现代科学（特别是数学）、现代技术，对事物进行精确而严密的理性计算，这种计算本质上都是对功利的计算，如果说理性主义的量化原则是间接的功利计算，那么，货币计算可视为直接的功利计算，这是货币蕴含的量化原则所独具的特点。以上分析表明，存在着两种意义上的量化、两种意义上的计算理性，而且不能将这两个方面理解为分离的、独立的存在，而应该合理地理解为量化、计算理性所包含的两个内核、两个本质内涵。

在现代社会，由于货币的作用，对功利价值的量化计算被确立为普遍适用的合理性法则，这一法则得到了充分发展和广泛应用，它介入各种利益关系之中进而掌控现代生活，其作用既促进了社会生活的理性化，也促进了社会生活的功利化。西美尔说："现代人用以对付世界，用以调整其内在的——个人的和社会的——关系的精神功能大部分可称作为算计(calculative)功能。这些功能的认知理念是把世界设想成一个巨大的算术题，把发生的事件和事物质的规定性当成一个数字系统。"[①]现代化的基本精神（或资本主义精神）本质上是理性主义与功利主义的统一，二者统一的关键就在于运用量化原则对功利价值加以精确计算。一旦货币蕴含的量化原则被凸显为最重要的原则，那么，理性关系、功利关系必然排斥其他关系，从这里展现出货币的文化意义。在由货币主导的社会中，人与人之间可以没有任何私人关系，但是可以因纯粹的金钱计算进行利益分配；很多问题都可以经由货币计算来处理，因为只有这样的计算才能达到精确性、权威性和公正性。货币"使人和人之间除了赤裸裸的利害关系，除了

---

① 西美尔：《货币哲学》，陈戎女等译，华夏出版社，2002年，第358页。

冷酷无情的'现金交易',就再也没有任何别的联系了"①。通过这种作用，金钱冷漠无情的特性反映到社会文化之中：货币作为纯粹的手段和中介不依附于任何个体，交易双方可以毫无瓜葛，货币的匿名性、无形性和抽象性使交易双方的关系在交易结束时被彻底结清而不用担负任何责任。货币以不偏不倚的客观性和中立性衡量并决定各种社会关系，一切偏重情感、审美、伦理和文化等因素的关系隐居其后，被货币的理性和客观性取代。货币凭借对生活世界的强大建构力推动理性的发展，也推动功利的发展，它满足了人们对高效率、高收益和标准化的追求，也在更大程度上以符号化形式表现和浓缩了现代生活，使整个社会生活变得货币化和理性化。

既然货币的作用力会渗透到社会生活的方方面面，它当然也会渗透到当代科学活动之中。由于货币蕴含的核心原则是量化原则，而量化原则包括理性化和功利化两个方面，因此，货币渗透到当代科学活动之中，主要指的是量化原则及其中包含的理性化和功利化原则渗透到了当代科学活动之中，这不仅意味着量化原则成为当代科学活动中的通行法则，而且意味着当代科学活动的理性化和功利化，当代社会用理性法则和功利法则处理科学活动中的各种关系，推动科学发展。因此，在当代科学活动中出现量化法则与学术规则、理性化与科学研究的感性维度、功利追求与学术理想之间的矛盾。正是在这种意义上，当代科学活动中的科研不端与货币、资本的作用有关，当代科研不端的一个重要根源是科学领域中的量化、理性化和功利化。同时，由于货币只计算生产商品的抽象劳动，因此，它也只关心科研成果的价值而不关心科研成果的使用价值，科研成果的使用价值是由生产科研成果的具体劳动决定的，具体劳动决定科学研究和科研成果的个性、特殊性，这意味着货币计算忽视科学研究和科研成果的个性、特殊性。由于凝结在科学成果中的抽象劳动是由科学研究的社会必要劳动时间决定的，而凝结在科研成果中的具体劳动是由科学研究的个别劳动时间决定的，因此，货币的量化计算只能反映科学研究和科研成果的普遍性，而不能反映科学研究和科研成果的特殊性，这就是为什么在当代科研管理的量化考评中，有些科研人员感到自己的科学研究、科

---

① 马克思、恩格斯：《马克思恩格斯选集》(第1卷)，人民出版社，1975年，第275页。

研成果、自己所付出的科研劳动没有得到量化考评给予合理评价的重要原因,也是有些科研人员感到本学科的个别性和特殊性没有得到量化考评充分考虑的重要原因。如果这一问题跟利益分配联系起来,有些科研人员当然就会认为量化考评没有给予他们的科研劳动应有的承认,他们的付出没有得到应有回报。

因此,量化排斥了不同学科的个性和学科与学科之间的差异性,功利化排斥了学术理想。理性化和功利化的统一是科学技术与经济发展、货币与理性之间共谋关系的具体化。为此,在当代科学活动中,克服科研不端的路径之一在于,将货币逻辑与技术逻辑、货币原则与理性主义、功利原则与理性原则、理性主义的量化原则与货币的量化原则统一起来分析,探索这些原则对科研人员的科研动机、科研行为、科研道德等方面的影响。其中,要特别关注货币与学术文化之间的矛盾,探究货币的文化意义、货币视野的学术文化建设和学术生态建设、货币蕴含的量化原则与不同学科的个性、货币的功利原则与科学的精神气质等方面的关系,揭示货币原则推动科研不端产生的内在机制,以及在货币原则大行其道的时代治理科研不端的思路和方法。

三 资本的普适性与科研的具体性

量化成为普遍性法则,从而在货币的应用过程中形成了一种普适性。所谓普适性,意思是说,人们认为货币的量化原则和计算法则是普遍适用的,这种普适性使货币的作用渗透到世界的各个角落,因而在其中蕴含了货币转变成现代形而上学的必然性。如果货币的作用只停留于商品交换和市场经济的界限之内,在这个范围内"普适",那么,货币就是"守本分的";可是,一旦货币的作用越出商品交换和市场经济的范围,达到对人和物的普遍性作用,在一切范围内"普适",那么,它就不再"守本分"了。从货币的作用和功能上看,它的作用是抽象作用于具体的过程,即货币构筑了一个抽象的"理念世界"、超感性世界,而事物世界是一个感性世界。按照柏拉图(Plato)的理念论,理念世界与事物世界、超感性世界与感性世界是二元分离的,并彼此对立;真理性和现实性只存在于超感性世界、理念世界之中;事物的真实性源于对理念的"分有"。柏拉图说:"一件事物之所以能开始存在,无非是由于它分占了它所固有的那个实体。"①"分有"的实质在于理念世界对事物世界、超感性世界对感性世界、"抽象"对"具体"的"生产",它意味着感性世界按照理念世界被生产出来,"具体"按照"抽象"规定的方式存在,于是,货币蕴含的量化法则和计算法则成为感性生活必须而且应该遵循的抽象法则,感性世界被卷入由货币所构筑的理念世界之中。货币的作用力表现在它对感性生活的席卷力、建构力,主要包括以下几个方面。

货币将不同质的商品统统纳入量的统一性之中加以处理,建立起新的普遍性。货币通过其作用使其永恒的绝对价值被普遍认可和接受,它建立起新的合理性原则:量高于质,以量统一质。在货币法则中,只有将质还原为量,事物才具有可比性,量是对事物进行比较、换算、交换的合理性标准。在经济学中,货币的量化原则是由劳动价值论揭示的。劳动价值论认为,具体劳动生产商品的使用价值,抽象劳动生产商品的价值,而价值是凝结在商品中的抽象劳动,因此,具有不同使用价值的商品只有通过货币衡量凝结在这些商品中的抽象劳动,才能使这些商品的价值得到评估,而对价值的评估是商品交换的基础。可见,货币的量化原则既包含对具体劳动的扬弃,也包含对商品使用价值的扬弃,它是对不同具体劳动、不同使用价值的量化,通过这种量化,货币就忽略了不同具体劳动和不同使用价值质的差异,只注重生产商品的抽象劳动、注重凝结在商品中的价值,通过这种方式,货币建立起量的普遍性,然后以这种量的普遍性作为标准,使不同具体劳动、不同使用价值能够得到计算、比较和交换。显然,货币的量化原则所建立起来的普遍性是抽象的普遍性,在货币法则中包含有"将质还原为量""以量统一质""量的普遍性高于质的个别性和多样性"等思路,这些原则与理性主义的量化原则完全一致。所以,货币发挥作用的方式不仅是将事物的质还原为量,而且是将自身的量凌驾于事物的质之上,这是同一问题的两个方面。显然,在货币的作用中,蕴含有对量的推崇与对质的漠视,包含有量对质的极权。

---

① 柏拉图:《斐洞篇》,《柏拉图对话集》,王太庆译,商务印书馆,2012 年,第 266 页。

通过以货币的量去衡量其他事物的质,货币将感性世界纳入自身的量化逻辑和计算法则之中,将质的个别性、多样性和差异性纳入量的普遍性之中。反之,感性世界在货币的作用下被迫同自身的质、自身的存在相脱离,并在货币所确立的数量关系之中获得其存在和价值。货币的这种作用力在资本主义社会中得到了最充分的表现,它是现代性的重要特征。其结果是,货币法则的普适性使感性世界、生活世界货币化、量化。因此,货币具有存在论意义,它使事物脱离自身的质转而进入量的存在方式之中,货币塑造并规定了事物的量化存在方式,也规定了当代社会生活的量化存在方式。当代社会的所谓数字化生存,其中有一个重要方面就是货币化生存,货币及其交换过程实现了数字化,因此,数字化生存是货币为当代人规定的一种存在方式,这是货币成为现代形而上学的最高阶段。货币的存在论意义表明,它建立起了量化原则对人、自然界和其他存在物的优先性(优越性),这种优先性因其内在逻辑最终演变为一种集权性或专制性。作为交换的表征,货币是绝对可互换的中介,它的无特质性和绝对可互换性使其具有逻辑意义上的普适性,它对特殊对象普遍有效,成为判定一切事物的通则和尺度。货币以量化标准评判一切,以量化原则塑造一切,人和物都只有借助货币尺度的计算来确定自身价值,甚至在其中获得存在的意义。正是在这种意义上,货币把万事万物化约成了一种相同的价值标准。反之,具有自身个性和目的性的存在物被抽象为量化的纯形式。一旦货币的量化原则凌驾万物之上,它就将万物按量化的纯形式组织起来,万物与自身的目的相分离,并被强势卷入由货币所建构的量的同一性所担保的目的之中,这标志着作为量化平均数的货币对万物发起专制。

货币作为新的合理性标准,成为君临感性世界的极权性力量,这种极权性主要体现在货币对感性世界的作用力、建构力,体现在货币对感性世界的存在论意义上。马克思在谈到货币对感性世界的决定性建构力时说:"货币,由于具有购买一切东西、占有一切对象的特性,因而是最出类拔萃的对象。货币的这种特性的普遍性是它的本质的万能;因此它有万能者的盛誉。"[①]"能"就是"力",万能就是没有它做不到的事,它是没有力

----

① 马克思:《1844 年经济学哲学手稿》,人民出版社,1979 年,第 103 页。

量可以与之比拟的力量。因此,不仅要看到货币的普适性,即看到它对人和万物的普遍性作用,而且要看到货币的普适性作用具有形而上学性质,即它的作用方式是将抽象的经济原则作用于人和具体事物,正因为如此,货币对感性世界的作用是集权性的,这种作用构成货币的普遍性与人和自然界的具体性、货币法则的抽象性与客观世界的具体性之间的矛盾,这一矛盾至少导致三个方面的后果:

一是对具体性的遮蔽。货币的作用方式是量对质的遮蔽、抽象对具体的遮蔽。因此,一旦货币越出商品交换范围而将所有存在物作为自己处理的对象时,它就会凸显为所有价值的绝对且充分的等价物和表现形式,成为对任何事物都普遍有效的评判标准,它能够用量化标准衡量所有事物的质,其结果是用量的普遍性遮蔽质的个别性和多样性,用量的同一性消除质的差异性。西美尔说:"相对于事物广泛的多样性,货币上升到了一种抽象的高度;它成为一个中心,那些最为对立者、最为相异者和最为疏远者都在货币这里找到了它们的公约数。"[1]反之,其他存在物只有借助货币换算,在货币规定的量化逻辑中,才能确认自身的存在和价值,在货币的作用力面前,一切存在物都必须放弃个别性、特殊性,转而以货币规定的量的方式存在;一切存在物作为质的存在都显得无足轻重,而只能以货币计算的量的方式存在,因为在货币法则的视野中只有量而没有质。商品交换以物品价值与货币价值对等的方式进行,货币是商品交换得以可能的前提,一切都以货币作为中介进行交换。马克思在《资本论》中指出,货币所具有的这种量的抽象同一性将不同物品的质的差异性平均化了,它用量的单一性遮蔽了质的个性和多样性。于是,感性世界在货币的作用下全面量化。对自然界来说,货币的作用力形成了货币的量化作用与自然界自身性之间的矛盾,并从这一矛盾中衍生出当代环境问题和生态危机等。货币所具有的这种量对质、抽象对具体的遮蔽,意味着货币作为一种外在的力量遮蔽事物的内在力量,因而具有使一切存在物都失去自身性、独立性的危险,货币的作用力构筑起货币规定的量化存在与具体事物质的规定性、货币规定的量的存在方式与事物的自身性和独立

---

[1]　西美尔:《货币哲学》,陈戎女等译,华夏出版社,2002 年,第 166 页。

性之间的矛盾。

二是人的物化状态。货币怎样对物实施极权,就会怎样对人实施极权。货币的越界导致货币将人作为其处理的对象,以货币为尺度去衡量人,用量化的抽象法则去衡量人,从而拉平了人与物、人与人之间的差异。所以,马克思认为,货币导致了人与物、人与人在货币地平线上的"平等"。在货币面前,人-人平等、人-物平等。人的价值和存在论意义借助货币来表现。在资本主义社会,劳动力转变为商品,劳动时间、商品价值等都被赋予货币形式:工人用来获取生活资料的生产劳动用货币来计算;作为个人劳动之对象化结果的劳动产品用货币来表征,甚至人的自由、价值和尊严等都以货币进行计算和衡量。在市场经济条件下,根据货币尺度规定的对象越来越多,甚至人的能力、素质和成就等都以他所获得、掌握或支配的货币量来计算。人的价值被化约为金钱,货币表征的价值世界高于生活世界,生活内容似乎只有通过货币这一抽象价值所代表的符号来加以表达才有意义。人与人之间的关系被抽象为货币关系、物质关系,人的个性、多样性和内在价值以及人与人之间感性的现实关系等质的差异被遮蔽。作为人的需要与需要的对象之间的牵线人,货币赋予人以取得现实对象和实现各种目的的手段和途径。人拥有货币就拥有配置资源的力量。货币因此表征着人的本质力量。人创造和拥有由货币来表征的财富越多,其社会地位就越高。富人能够收获敬意仿佛因为货币的无限可能性,拥有货币就拥有他能够去做任何事情的可能性,西美尔称此种现象为货币的"自然增值",即"为了巨大的财富,'能够去做某事'。在这些可能性中,只有少数能够得以实现,但却在心理上给人们的思维带来影响。它们所传达的是一种无形力量予人的感觉"。① 于是,货币构筑起量化与现实个人、量化与人的感性存在之间的矛盾:一方面,人被纳入货币法则之中安身立命,并追逐由货币所表征的抽象社会权利;另一方面,人的存在日益脱离其感性生活的根,沦为"无根之存在",并将生命的本来意义葬入虚无。这两个方面导致一些人迷失在货币的汪洋大海之中,从而陷入"虚无主义"和"无家可归"的存在状态。

---

① 西美尔:《货币哲学》,陈戎女等译,华夏出版社,2002年,第147—148页。

　　三是对生活世界内在矛盾的掩盖。货币是一种外在力量,它的作用会遮蔽事物内在力量的作用,货币的作用力会破坏事物的自身性和独立性,这一特征表现在货币与生活世界之间的矛盾中就是货币的作用掩盖生活世界的内在矛盾。在资本主义社会,货币以量遮蔽质的作用方式表现为,它以物的形式反映并遮蔽了人的本质、人的存在、人与人之间的真实关系,遮蔽了生活世界的内在矛盾。作为人的创造物的货币以及由货币所衡量的商品反过来与人敌对、漠视和不友好,马克思在《1844 年经济学哲学手稿》中把这种状况称为人的"异化状态",在《资本论》等著作中将这种状况称为"商品拜物教"并深刻地揭示了其实质和根源。马克思说:"商品形式在人们面前把人们本身劳动的社会性质反映成劳动产品本身的物的性质,反映成这些物的天然的社会属性,从而把生产者同总劳动的社会关系反映成存在于生产者之外的物与物之间的生活关系。""商品形式和它借以得到表现的劳动产品的价值关系,是同劳动产品的物理的关系完全无关的。这只是人们自己的一定的社会关系,但它在人们面前采取了物与物的关系的虚假形式。"①商品与商品之间的价值关系反映的是人与人之间的社会关系,而价值关系是由货币来建构的,因此,货币关系反映了社会关系,如果停留于货币所构筑的视野,就无法深入到对社会关系的把握,无法深入到对社会生活之感性层面的把握,正是在这种意义上说,货币的作用掩盖了生活世界的内在矛盾。因此,马克思在《1857—1858 经济学手稿》和《资本论》等著作中明确指出,在资本主义社会中,货币的本质在于它是一种生产关系,它以物的形式表现了人们自己的生产关系,也遮蔽了人的本质和社会关系,人与人的关系变为物与物的关系之后,货币便成为独立于人的意识之外的社会力量,反过来支配人的意识,并进一步支配人的行为。显然,货币、资本与人的感性生活之间是存在矛盾的:货币法则和资本逻辑是理性的、逻辑的,而人的感性生活是理性与非理性、逻辑与超逻辑的统一;货币法则和资本逻辑是以物质利益为取向的,而人的感性生活不仅有物质层面而且还有精神层面;货币法则和资本

①　马克思:《资本论》(第 1 卷)节选,《马克思恩格斯选集》(第 2 卷),人民出版社,2012 年,第122 页。

逻辑的作用形成货币速度和资本速度,但人的感性生活有其自然速度;货币法则和资本逻辑面对无死的未来,因为在货币和资本的视野中,经济可以无止境地增长下去,货币和资本的增值、货币和资本的不断进取可以无止境地进行下去,通过经济的不断增长和对物质财富的无止境追求,人类能够达到无限美好的未来,可是,在人的感性生活中,人的生命是有限的,每个人都面对着一个有死的未来。上述差异表明,货币法则和资本逻辑的运用必然从各个层面与人的感性生活形成冲突。

随着货币转化为资本,货币的普适性转变为资本的普世性。资本的普世性指的是,资本的作用不会停留于一时一地,它要将抽象的经济原则扩展到世界的每一个角落,把每一个人、每一种文化或文明都卷入其中,让所有人都按抽象的资本原则而存在;资本要将自然界转变成自然资源,将人的需要作为对象,去追逐价值的不断增值,价值增值是资本的生命所在。资本的普世性不仅表现在经济层面,而且表现在文化层面。马克思在《共产党宣言》中指出,资产阶级不仅"使一切国家的生产和消费都成为世界性的了",而且使"各民族的精神产品成了公共的财产。民族的片面性和局限性日益成为不可能,于是由许多种民族的和地方的文学形成了一种世界文学"。[1] 同时,资本的普世性具有一种强大的渗透力、席卷力,资本的扩张过程是夷平和消融质的差异、剪灭个性和多样性的过程,以资本为原则的现代文明蕴含强权主义和进攻本性,以资本为原则的现代文明本质上是强权主义的、进攻性的,而且是普世主义的强权主义和进攻本性。资本作为一种抽象形式,它内在地包含着数量上的强权,而且其活动本身是吞噬性的、不知满足的。马克思指出,资本的力量创造了完全不同于埃及金字塔、罗马水道和哥特式教堂的奇迹,完成了"完全不同于民族大迁徙和十字军征讨的远征"。[2] 资本普世性作用的结果是,资本将世界连接成一个整体,并开创了真正意义的"世界史"。现代资产阶级社会"把一切民族甚至最野蛮的民族都卷到历史中来了。它的商品的低廉价格,

---

[1] 马克思、恩格斯:《共产党宣言》,《马克思恩格斯选集》(第 1 卷),人民出版社,2012 年,第 404 页。

[2] 马克思、恩格斯:《共产党宣言》,《马克思恩格斯选集》(第 1 卷),人民出版社,2012 年,第 403 页。

是它用来摧毁一切万里长城、征服野蛮人最顽强的仇外心理的重炮。它迫使一切民族——如果它们不想灭亡的话——采用资产阶级的生活方式；它迫使它们在自己那里推行所谓的文明，即变成资产者。一句话，它按照自己的面貌为自己创造一个世界"。[①] 霍克海默说："资产阶级社会是由等价物支配的，它通过把不同的事物还原为抽象的量的方式使其具有了可比性。"他认为，现代性就是以量的抽象同一性"坚持不懈地摧毁诸神与多质"。[②] 但是，它也导致人的感性生活被资本的抽象原则重新安排；人的感性生命被资本原则所淹没；人的感性生存被纳入对经济利益的追逐。

既然资本具有普世性的作用力，那么，资本的作用也必然渗透到现代科学之中。在现代科学活动中，资本逻辑的推行使货币的量化原则与不同学科的个性、货币法则的普遍性与科学研究的特殊性、货币计算的功利性与科学研究的理想性之间正在发生冲突，而这些冲突对推动现代科学活动中的科研不端产生了不可低估的作用。在现代科学活动中，正在普遍运用货币来衡量不同学科、不同的科学研究、不同科研成果的价值，甚至正在用货币来计算不同科研人员的科研劳动。资本的作用方式在现代科学活动中具体表现为，科研管理部门普遍以货币为手段对不同科研劳动、不同科研成果进行量化计算，量化计算的实质是用货币来衡量不同科研劳动和不同科研成果中凝结着的抽象劳动，然后以此为基础对科研劳动和科研成果进行功利换算。用货币对科研劳动和科研成果进行量化计算、功利换算是现代科学活动中的显著特征。很多大学和科研机构的科研管理都用论文篇数、论文字数、专著字数、科研课题经费数等来打分，计算出科研成果和科研劳动的分数，然后以这些分数为基础将科研劳动和科研成果换算成货币量，对科研劳动实施利益分配。有些做法是直接对科研劳动、科研成果进行量化计算和货币分配，更多的做法是通过对科研成果的量化计算来实施对科研劳动的货币分配，但归根结底都是对科研劳动的量化计算和利益分配。当代大学和科研机构给教师和科研人员规

---

① 马克思、恩格斯：共产党宣言，《马克思恩格斯选集》（第 1 卷），人民出版社，2012 年，第 404 页。

② 霍克海默：《启蒙的概念》，曹卫东编选：《霍克海默集》，上海远东出版社，2004 年，第 47 页。

定了明确的量化科研任务,诸如每年或每个聘期需要完成多少科研当量,这实质上就是大学和科研机构确立的科研劳动的社会必要劳动时间,没有完成科研当量的人,意味着个别劳动时间大于社会必要劳动时间,考评就不合格,应该受到惩罚;完成/超额完成科研当量的人,意味着个别劳动时间等于/小于社会必要劳动时间,考评就是合格的或优秀的,应该得到相应的报酬或受到奖励。可以说,这些做法与现代社会中运用劳动价值论来对产业工人的劳动进行分配、对产业工人生产的商品价值进行计算,其理念和流程都完全一致,二者毫无差别。

劳动价值论在当代科学活动中的贯彻,意味着当代科研人员正在变成产业工人、"人力资源";当代科学研究的动机正在变成利益动机;当代科学研究的目的正在变成利益目的;当代科学活动正在变成"经济活动";当代科学研究正在变成物质性的生产劳动;当代科学研究产生的科研成果正在变成与物质产品一样的商品;当代科研管理中的科研奖励正在变成一种特定的商品交换形式。质言之,当代科学活动中,科学研究的规律正在被纳入经济规律,科学活动正在被纳入货币法则。还必须看到的是,货币的量化法则和功利法则在对科研劳动和科研成果进行量化计算的同时,其实也正在对科研人员的人力资源进行量化计算,货币原则在用数量指标衡量科研劳动和科研成果的同时,也正在用数量指标衡量科研人员的人力资本,货币原则正在用经济利益对科研劳动和科研成果进行分配的同时,也正在用经济利益衡量科研人员的身价。当代社会没有用货币量来衡量科研人员的身价吗?对不同人才待价而沽、用不同的货币量引进不同层次的人才,这是正在高校和科研机构发生着的现实。

可见,货币怎么对物发生作用,它就会怎么对人发生作用,这种用货币来衡量科研人员身价的做法是货币普适性的极致。无论是对产业工人的劳动和劳动产品的计算,还是对科研人员的科研劳动及其科研成果的计算,其中都包含了理性计算和功利性计算两个核心原则,货币逻辑在当代科学活动中的贯彻本质上是现代性的核心——科学技术与经济发展共谋——的具体化。货币介入到当代科学活动中发挥作用的结果是,它构筑起科研数量与功利收益之间的内在关联,科研数量等于经济收益,二者被等同起来,与此同时,不同学科、科研人员和不同科学研究的质被完全忽略不计,这种状况必然将科研人员引导到注重科研数量而轻视科研质量的方向上。同时,对科学研究的量化计算只是手段,最终目的是以量化计算为基础实施货币分配,计算科研数量的目的是将科学研究和科研成果量换算成货币量,这种做法对科研人员的价值观产生了巨大影响,它很容易将一些科研人员引导到为了经济利益而从事科学研究、为了经济利益而追求科研成果数量的方向上去,至于科研成果的质则被完全忽视了。事实上,上述情况在当代科学活动中正在发酵,在当代大学和科研机构中,不追求科研数量而注重科研质量、不追求功利利益而追求科学理想的科研人员已经很少;按照科研规律、遵循科学精神做科研的科研人员也是少数,这意味着科学研究正在被纳入货币逻辑,科研人员也正在被纳入货币逻辑,而问题的另一面是科研人员正在偏离科学精神,科学研究正在偏离自身规律,科学研究的动机、目的、价值取向正在偏离科学理想,当代学术活动中的科研不端与科学界的这些变化无疑具有直接联系。

资本逻辑在当代科学活动中的贯彻,形成了货币的量化原则对科研劳动和科研成果的极权,在当代大学和科研机构的科研考评中,货币的量化法则处于绝对霸权地位,无论是科研劳动,科研成果,还是科研人员,似乎都可以而且应该通过货币换算而取得其存在,课题立项、论文发表、著作出版、科研评奖和奖励、科研成果转化、人才引进等,只要有科研考评的地方,货币都在发挥它的威力,都在以抽象的量化原则对科学研究进行量化,衡量科学研究的价值量。当代科研人员必须考虑钱的问题,必须有货币逻辑的思维,不如此,科学研究就难以进行下去。货币法则和资本逻辑向科学界的作用力和建构力形成了货币的量化原则与科学研究的个性、货币运行规律与科研规律、货币量化作用的外在压力与科学研究的内在动力、货币指引的功利主义方向与科学研究的理想主义方向、货币构建的文化精神与科学研究蕴含的科学精神等各个方面出现新变化,这种变化是资本逻辑对科学研究的动机、目的、价值取向、科学家的行为方式、科学家的行为规则、科学界的文化、科学精神等方面的重新塑造,在这个过程中,科研人员面临资本逻辑与科学研究的自身性之间的两难,有些科研人员会迷失正确方向,偏离科学精神和正确的科学价值观,转变到按资本原则追求功利价值的方向上,科学研究沦为利益追求的手段和工具,科研不端也随之发生。

　　资本逻辑的作用渗透到当代科学活动中，货币成为当代科学活动的重要组织者，当代科学活动在很大程度上是按货币法则运行而不是按学术规则运行，货币法则与学术规则、资本逻辑与科研规律的冲突是当代科学活动中各种科研不端行为的重要根源，因为一旦科研人员被强势纳入货币逻辑之中，从而偏离学术规则，科学研究的初心、动机、目的、行为方式、行为规则、科学文化、学术精神等都会发生偏离，在这种情况下，一些科研人员实施科研不端行为就难以避免。另外，由于货币原则向科学界的渗透，在科学活动中还出现了抽象的货币法则与作为科学研究的感性生命之间的冲突。科学研究是特殊的社会实践，它与其他社会实践一样，本来应该是"感性活动"，但是，一旦货币的抽象法则在科学界畅行无阻，科学研究必然被强势纳入抽象的货币法则之中，这一方面导致科学研究和科学活动按照货币法则运行，另一方面导致科学研究的感性生命被抽象的货币法则遮蔽和窒息。与此相应，科研人员的存在陷入货币法则与感性生活之间的两难，科研人员的存在状态表现为两个方面：一方面"陷入"货币法则，另一方面"脱离"科学研究的感性生命，在"陷入"与"脱离"之中，一些科研人员陷入虚无主义的泥淖之中。虚无主义的实质是，科学研究的本来意义和价值丧失了，科学研究的感性生命丧失了，科研人员不能在科学研究中获得意义和价值，而只能在货币法则规定的抽象逻辑中获得虚假的生命意义和虚假的生命价值。科研人员在科学研究中不是感到快乐，而是感到痛苦，这实质上是科研劳动的异化状态，科研不端无非是这种异化状态中的异化行为、异化劳动。可见，货币的作用是存在论意义上的，它从根基上规定了当代科学研究的异化性质，从根基上规定了当代科研人员的异化生存，也从根基上规定了科研不端产生的必然性。

　　资本的普世性在当代学术资本主义中的表现是：一旦资本原则贯彻到科学活动之中，感性的科学活动就被资本的抽象原则重新安排；诗意的、人性化的科研劳动转变为以追逐经济利益为目的的规模化生产；人与人之间的关系遵循货币法则，而道德法则反而遭到漠视；不同质的学科和科研人员个性化的学术生活全部被纳入以抽象劳动——货币——加以衡量和计算的资本逻辑之中，科研人员本身也成为资本处理的对象并在这个过程中透支他们的学术生命甚至自然生命。在这样的条件下,科学活动的精神生命无从谈起,科研不端就会密集出现。自然界一旦被纳入资本逻辑之中就会沦为纯粹的资源库和能源库,成为失去内在价值的工具性存在,从而衍生出现代环境危机。同理,资本与人、资本与科研、资本与科学之间存在冲突,它会遮蔽不同学科、不同科研人员和不同科研劳动的个性、多样性。科研人员一旦陷入资本逻辑之中就会沦为"无根之存在"。从这种意义上说,科研不端本质上是资本逻辑背景下出现的人性危机。为此,必须关注资本逻辑与生活世界、资本原则与科学的自主性之间的矛盾,扬弃科研劳动的异化性质,探究现代科学研究之感性生命的拯救之道。

四　资本作为目的与科学作为目的

既然货币如此重要,那么,它一定会成为一些人的人生追求甚至最高追求,从而使货币本身成为目的。每个物品都有物品的性质,这种性质决定了物品能够满足人的特定需要,这就是物品的使用价值,物品所具有的这种以物品的具体属性满足人的特定需要的使用价值,是物品的"本分"和"正当使用",在这种意义上,人们用货币购买物品的目的是利用物品的特定性质来满足人的特定需要,人们关注的重点是物品的使用价值,此时,人们"为消费而购买",货币只是手段和工具,而用物品的性质来满足人的特定需要才是目的。可是,货币的内在逻辑必然导致物品脱离"本分"和"正当使用"转而沦为价值增值的工具,沦为商品,而货币增值反而成为目的,在这种意义上,人们购买物品的目的是购买后再销售,从中赚取更多货币,此时,人们"为卖而买",交换的目的不是物品的使用价值而是其价值。比如,锤子的具体属性能够满足人们敲击的需要,人们购买锤子的目的是用于消费,利用锤子的特性来满足敲击的需要,这是"为消费而购买",人们注重的是锤子的使用价值,满足敲击的需要也是锤子的"本分"和"正当使用"。可是,如果将锤子作为商品来交易,锤子就仅仅是商品,人们购买锤子的目的是要把锤子再卖出去,在交换过程中实现货币增值并从中获利,此时,人们"为卖而买",注重的是锤子的价值,而一旦人们试图通过锤子的交易来实现价值增值的目的，那么，锤子就脱离了它的"本分"和"正当使用"，转而成为工具和手段，价值增值成了目的，这种状况就是"货币成为目的"。

在资本主义社会，随着货币转化为资本，"货币作为目的"转变成"资本作为目的"，这是需要关注和研究的重要现代性现象。货币、资本成为目的，意味着资本逻辑为社会生活颁布了一条基本律令：货币是社会生活中的最高价值，人的一切活动都必须服务于货币的增值，一切使用价值都必须经由货币的计算。货币、资本成为目的的要害在于，其他事物成为商品，成为工具。在"为消费而买"的情况下，人是目的，货币和物品都是工具；在"为卖而买"的情况下，货币是目的，物品是工具，其极端形式是货币成为目的，人和物品都沦为工具。因此，货币作为目的、资本作为目的，这是货币、资本作为现代形而上学的重要表现，其中隐藏着货币、资本对人和物的存在论意义，特别是隐藏着货币和资本对人的存在、价值、尊严等方面的重大影响。

货币从手段演变为目的的状况在历史上早已出现，但这种状况在资本主义社会达到极端。亚里士多德在《政治学》一书中已经注意到"货币作为目的"的现象。他在其名著《政治学》一书中区分了获得财产的两种不同技术：一种是"自然方式［广义的狩猎方式］"；另一种是"获得金钱（货币）的技术"。"自然方式"指的是"自然的［人们凭借天赋的能力以觅取生活的必需品］"，[①]即人们为了获得某些物品的使用价值而进行的交换活动，它以满足人的生活对物品的需要为目的，人们使用货币在市场上购买商品，与人们在大自然采摘果实有相同性质，因此，这种方式是"广义的狩猎方式"。后来，马克思在《资本论》中把简单商品生产的交换形式用公式表示为"W（商品）—G（货币）—W（商品）"。"获得金钱（货币）的技术"指的是"不合乎自然的，这毋宁是人们凭借某些经验和技巧以觅取某种［非必需品的］财富而已。"人们为了获取自己并不需要的特定物品，这类交换活动并不关注所获物品的使用价值，其目的是将所获物品再次投入交换过程从而获得更多货币，以实现价值增值。亚里士多德将这种方式称为

---

① 亚里士多德：《政治学》，吴寿彭译，商务印书馆，2017年，第24—25页。

"技术",因为这种交换方式中包含了最简单的市场经济原理,即投入产出原理,这是一种技术,一种机巧。马克思在《资本论》中将商品经济的交换形式用公式表达为"G(货币)—W(商品)—G(货币)"。在后一方式中,货币既是商品交换的起点,也是商品交换的终点,处于起点的货币与处于终点的货币虽无质的差异却有量的不同,该过程完成之后,回流的货币比原来的货币发生了价值增值,此增值额就是利润,在资本主义社会就是剩余价值。

亚里士多德所描述的两种获取财富的方式表明,同一财物的应用方式有别:其一是按照每一种财物的本分而作正当地使用,另一则是不正当的使用。在前一种方式中,购买商品的目的是利用商品的独特属性即使用价值来满足人的需要,亚里士多德认为这是对商品的"正当使用";在后一种方式中,购买商品的目的是利用商品的价值来满足人们对价值增值的需要,亚里士多德认为这种方式是对商品的"非正当使用"。第一种交换方式是"'交易'[物物交换以适应相互的需要]",这是自然的交换形式;后一种交换方式是"[收购他人的财物,继而把它出售给另外一些人,以牟取利润]①,这是不自然的交换形式。在第二种交换形式中,货币将物的两种应用方式形而上学地分解了,从"物的性质(使用价值)—人对物的需要"这一层面脱离出来,转而建立起"物的价值—人对货币增值的需要"这样的结构,该结构的形成意味着物品/商品沦为工具,而货币增值成为目的。这与马克思在《资本论》中的表述是一致的,马克思认为,资本家关注的不是商品的使用价值而是商品的价值,商品的秘密不在商品的使用价值而在商品的价值。所以,资本指的就是价值,《资本论》就是《价值论》。

亚里士多德关于"货币作为目的"的论述提示我们,为了满足人的自然需求而进行商品交换,这是对商品的自然和正当使用;为了满足人们对价值增值和货币的需要而进行的商品交换,这是对商品的非自然和非正当使用。这意味着,在当代科学活动中,如果科学研究的目的是创造科研成果以满足人们的需要,那么,科学研究就是自然的活动,它关注的是科研成果的使用价值,对科研成果的使用属于正当使用。反之,如果科学研

---

① 亚里士多德:《政治学》,吴寿彭译,商务印书馆,2017年,第25—26页。

究的目的是生产科研成果以满足人们对价值增值/货币增值的需要,它关注的是科研成果对价值增值的意义,那么,科学研究就成为非自然活动,对科研成果的使用有可能是非正当使用。事实上,在当代科学活动中,存在着上述两种性质的科学研究,在第一种科学研究中,一些科研人员从事科学研究的目的是创造科研成果来满足社会的正常需要,在这种科学研究中,科学研究和科研成果的目的是为人的需要服务,科研人员的价值观是人文主义取向、理想主义取向的,因此,科研人员的科研行为往往是自然的、正当的,他不会、也没有必要去搞科研不端来达到科研目的。在第二种科学研究中,当代科学活动中有一些科研人员,他们从事科学研究的目的是生产科研成果,其科学研究和科研成果的目的是金钱、货币,在这种科学研究中,科学研究和科研成果变成了手段,科学研究的目的是金钱、货币,科研人员的价值观是功利主义取向的,因此,这部分科研人员的科研行为往往是不自然的、不正当的,科研人员就有可能搞科研不端。显然,第二种科学研究是当代科学活动中广泛存在的,这就不难理解当代科学活动中各种科研不端行为层出不穷的原因。可见,在货币哲学的视野中,科学研究是目的还是手段、科研成果是目的还是手段、科学研究的目的是满足人的需要还是为了货币、金钱,这是两种性质不同的科学研究。对这两种科学研究的区分,对理解当代科研活动中的科研不端具有重要启示。

如前所述,亚里士多德将"以货币为目的"的交换形式称为"技术",这表明以货币为目的的商品交换蕴含简单的市场经济原理,蕴含投入产出原则。既然如此,那么,这种以货币为目的的交换技术、市场经济原理就有不断改进的必要和可能。事实也是如此,对交换技术的不断改进,在现代社会中演变为交换的技术化。亚里士多德在《政治学》中论述了"以货币为目的"的商品交换产生的根源及其带来的问题。他说:"人们往往误认家务管理的目的就是聚敛;其执迷之尤者便信奉钱币就是真正的财富,而人生的要图在于保持其窖金,或无止境地增多其钱币。人们所以产生这种心理,实际上是由于他们只知重视生活而不知何者才是优良生活的缘故;生活的欲望既无穷,他们就想象一切满足生活欲望的事物也无穷尽。又有些人虽已有心向往'优良'(道德)生活,却仍旧不能忘情于物质快乐,知道物质快乐需要有财货为之供应,于是熟悉致富技术,而投身于赚钱的事业。"①也就是说,人们认为财富的增长是生活的前提,对一切满足生活的欲望无止境,对财富的欲望也无止境,于是,人们不仅要不断从事"以货币为目的的交换",而且要不断提高这种交换的效率以实现对财富的无止境追求,这种对交换效率的不断提高推动了商品交换的技术化,它不是一个结果而是一个过程。交换技术化的实质在于,人们不仅要从事"以货币为目的"的交换,而且要高效率地实现"以货币为目的"的交换,不仅要赚钱而且要运用技术手段更快更多地赚钱,这一思路发展到资本主义社会,当货币转变为资本之后,就演变成资本的逐利性、资本的价值增值原则和资本的不断进取特征,今天的货币数字化、商品交换数字化是交换技术化的最高阶段。显然,这种交换技术化的不断发展很容易走到"只问目的,不择手段"的方向上去,在这种情况下,手段有可能违背道德底线,有可能出现不端行为。但是,在亚里士多德看来,以金钱、货币为目的的生活并不是优良生活,真正优良的生活并不是对财富的无止境追求。因此,在"以货币为目的"的商品交换中,人们专注于对交换技术的不断改进,却忽视了对"货币作为目的"本身的审视,只注重论证手段的合理性而不注重论证目的的合理性,这就是工具理性。因此,"以货币为目的"的商品交换,商品交换技术化的不断推进,其产生的后果是它必然导致价值理性与工具理性的颠倒,导致人们对实践/生活目的的忽视,导致对生活目的和人生意义的迷失。货币增值的目的本来是为了满足人的基本需要,这是商品交换中蕴含的价值理性,如果商品交换能够受到这一价值理性的控制,那么通过商品交换以获得货币的运动就是有限度的;反之,如果价值理性对商品交换不再具有控制力,那么,商品交换就会演变为技术化操作,这种交换技术总是试图通过不断改进自身来追求效率最大化,而效率最大化服务于货币增值的最大化。交换的技术化、对货币的无止境追逐等,必然导致物欲的过度释放,将价值理性和工具理性本末倒置、对存在的意义产生迷失,从而破坏生命的内在本质并出现存在的异化。

上述分析表明,在当代科学活动中,如果科学研究不再是"自然的"

---

① 亚里士多德:《政治学》,吴寿彭译,商务印书馆,2017 年,第 29 页。

"本分的",而是"以货币为目的"的,那么,一些科研人员就有可能走到"只问目的,不择手段"的方向上,在科学研究中就会出现工具理性,一些科研人员专注于"以金钱为目的"的科学研究,并围绕这一目的不断进行手段和工具的改进,忽视对"以金钱为目的"的科学研究的审视。在以金钱为目的的科学研究中,一些科研人员在科学研究的幌子下不断推动科研手段技术化,实质上是获取金钱的手段的技术化,通过这种方式追逐金钱,追逐个人利益,他们使用的手段会不断翻新,以至于达到"技术化"和技术化程度不断提高的地步,他们也在通过提高科研手段的技术化程度,进而提高科研效率,其实质是通过提高赚钱手段的技术化程度,进而提高赚钱的效率。事实上,当代科学活动中的许多科研不端行为的确是手段花样翻新,出现了各种技术化特征。显然,一旦科研人员沉迷于工具理性而忽视价值理性,对科学研究"以金钱为目的"是否正确、科学研究的本来目的应该是什么等问题完全忽视,那么,通过科学研究来达到个人利益、经济利益就有可能成为习以为常的事情。工具理性与功利主义是一体之两面,工具理性成为科学研究中的主流,则功利主义也会成为一些科学家的主要价值观。从这个角度看,科研不端是对科研动机、目的的迷失。

货币与人的存在、货币与人的本质、货币与人的价值观和道德观之间存在矛盾。货币逻辑的极致会导致价值理性与工具理性、人作为目的与人作为工具等关系的颠倒,货币的增值与人的道德堕落、货币与人的尊严和生命意义的丧失之间有可能出现正相关关系。在科研不端的恶性事件中,货币法则的作用力可以使人的价值和尊严荡然无存。为此,必须关注货币的效用原则与人的目的和自然界的自身性、货币的进步原则与人的存在、货币的价值增值原则与科学研究的自然速度之间的矛盾,探究货币与人的本质、货币的人文维度、货币作用过程中理性与人文的冲突、货币与自由、货币与人的价值、货币与人的解放、货币与社会公平正义、货币与虚无主义、货币与伦理建设等问题。探究货币的存在论意义、批判金钱拜物教和商品拜物教,建构货币时代正确的人生观、价值观和幸福观以及与人的美好生活需要相适应的正确货币观。

货币作为目的,使利益最大化成为人们的价值取向。以货币增值为目的的逻辑折射到心理上,就是对欲望和财富的观照。货币在现代人主观世界的价值序列中不断上升,甚至成为人生博弈的原动力。对货币的追求构成一些人的生命意义,货币带给人可以用金钱购买到任何东西的狂想,物品对人的吸引力转移到货币对人的吸引力上。一些人相信金钱万能,有钱能使鬼推磨。"这种伦理所宣扬的至善——尽可能地多挣钱,是和那种严格避免任凭本能冲动享受生活结合在一起的,因而首先就是完全没有幸福主义的(更不必说享乐主义的)成分掺在其中。……人竟被赚钱动机所左右,把获利作为人生的最终目的。在经济上获利不再从属于人满足自己物质需要的手段了。"[1]一些人对货币的追求达到无以复加的地步,金钱成了一切价值的交汇点,物质力量凌驾于人之上。西美尔说:"从来还没有一个这样的东西能够像货币一样如此畅通无阻地、毫无保留地发展成为一种绝对的心理性价值,一种控制我们实践意识、牵动我们全部注意力的终极目的。"[2]同时,一旦货币被视为目的,那些原本是目的的东西就降格为手段了。人的生活观建立在金钱的基础之上,为金钱而奋斗成为享受幸福的先决条件。作为抽象的价值符号,货币无任何特性和内容的空洞性必然让人产生虚无感。拥有货币似乎就拥有一切,但又好像什么也没有拥有。将金钱视为终极目标,取缔了完整的生命体验,生命内容的减少与失去,生命感觉的丧失与萎缩,生命质地的稀薄等等都无不使人的存在变得空洞和无味。在价值观上,以物质的追逐和占有为目标的功利主义盛行,高尚的精神生活被放逐。为此,必须关注货币与人的存在、货币与人的价值观之间的矛盾,深入探究货币对人的存在的影响、货币与现代虚无主义的关系等问题,建构货币逻辑下人的正确的价值观。

韦伯说:科学家和学者的价值观应该是"'为科学而科学',而不是仅仅为了别人可借此取得商业或技术上的成功,或者仅仅是为了使他们能够吃得更好、穿得更好,更为开明、更善于治理自己"。[3] 货币法则、资本逻辑在学术领域的贯彻,在科学界形成了科研人员的学术生活和学术事业中的各种内在冲突:通过科学研究追求科学进步还是通过科学研究追

---

① 韦伯:《新教伦理与资本主义精神》,于晓、陈维刚译,广西师范大学出版社,1987年,第37页。
② 西美尔:《货币哲学》,陈戎女等译,华夏出版社,2002年,第161—162页。
③ 韦伯:《学术与政治》,冯克利译,生活·读书·新知三联书店,1998年,第28页。

求经济利益？在科学研究中满足求知的本性还是在科学研究中满足物质需要？科学研究是目的还是仅仅是手段？科学研究的动机和目的是满足人类的需要还是满足科研人员的利益需要？等等。科研人员在这些矛盾中面临两难、纠结和徘徊。但是，现代社会中经济利益的驱动力是非常强大的，它很容易淹没科研人员的求知本性，也很容易排斥科研人员正确的学术动机而以利益动机取代之，从而把科学研究的动机/目的从追求学术转变到追逐经济利益，这是资本逻辑在现代科学中的贯彻所导致的严重后果，它形成了科研不端的内在核心——以经济利益为目的从事科学研究。韦伯在20世纪初已经洞悉现代科学中科学家的价值取向、存在状态的上述重要变化，并提出了他的预警。他说：一旦学术职业完全建立在金钱支配的前提下，那么"一个并无钱财以抵御任何风险的年轻学者，在这种学术职业的条件下，处境是极其危险的"。① 其实，危险的不只是年轻学者，当代社会的整个学术和科学都在资本逻辑的冲击下陷入巨大风险：学术不再是目的，而是成了达到经济利益的工具和手段，这是推动科研不端产生的根本原因。事实上，在现代社会中，科学作为职业手段已经不再是以知识本身为目的，它只是满足生存需要的手段；科学不仅是满足人的基本生存的手段，而且是满足不断增长的物质欲望的手段。

于是，在科学界，以物质的追逐和占有为目标的功利主义盛行，人的精神生活被放逐。可以说，上述变化是现代科学中的历史性变化，它意味着科研动机/目的、科学研究的价值取向、科学家的存在状态、科学本身的地位、科研行为的基本准则等都偏离理想主义，而被纳入世俗的功利主义轨道。当科研人员和科学研究都偏离其正常轨道的时候，科研不端的产生就难以避免。只要科研动机、目的和价值观偏离了正确方向，偏离正确科研行为的科研不端就不仅存在着发生的根源，而且存在着持续发生的内在机制。因此，可以将现代科学活动中的科研不端视为资本逻辑背景下人类科学的一种历史命运。从这种意义上说，科研不端的产生与现代社会中资本逻辑的作用密切关联。资本逻辑从根本上改变了科研人员和学者从事科学研究的动机和初心，改变了科研人员和学者的价值观，也改

① 韦伯：《学术与政治》，冯克利译，生活·读书·新知三联书店，1998年，第18页。

变了科学的价值取向和根本任务,这实际上是对科学发展方向的扭转。为此,必须关注资本与人的存在、资本与人的价值观之间的矛盾,建构资本逻辑视野下人的正确价值观。治理科研不端的一个根本问题是重塑科学家和学者的价值观,核心是坚守理想主义,摈弃功利主义。

与现代技术一样,资本逻辑也导致了世界的二重化,它对人的存在论地位有十分重大的影响。资本的普世性意味着资本向人的感性生活全面渗透;资本的效用原则重新塑造了人的存在方式和价值观。如果人的存在方式由资本逻辑所规定,则必然出现人偏离其自身存在的问题;如果人的感性生活被纳入以抽象劳动——货币——加以衡量和计算的资本逻辑之中,人就成为资本处理的对象并在这个过程中透支其生命意义和生命价值;如果人的价值观由资本塑造,被纳入资本逻辑规定的价值取向,人必然丧失对价值观的自主设定和自主选择,丧失人本来应该有的价值观和价值取向。人在存在论上的偏离和在价值观上的偏离,是人生方向的偏离、实践动机和目的的偏离,资本使人从目的转变为工具,人以利益的追逐为目的意味着人偏离其自身的目的;人以利益的追逐为目的意味着人自己沦为工具。同时,由于资本逻辑将人纳入对物质利益的追逐,因而必然导致人的片面发展,甚至导致人的物化状态。资本与人的感性生活之间存在矛盾,一旦资本原则贯彻到人的感性生活之中,人就有可能沦为"经济人";人的感性生活被资本的抽象原则重新安排;人的感性生命被资本原则所淹没;诗意的、人性化的感性生活转变为对经济利益的追逐;人与人之间的关系也存在被资本原则重新塑造的危险,在这样的条件下,生命意义无从谈起。

上述问题是现代人的存在状态,当然也是现代科研人员的存在状态,而科研人员存在状态的改变是催生科研不端的重要根源。因此,从存在论维度看,应该关注资本逻辑对科研人员感性生活的负面影响,关注科研人员的生存状态和生活状态。从价值观上说,要关注资本逻辑对科研人员的道德观和伦理观产生了哪些消极影响。另外,资本逻辑的越界还有可能使人与人之间的关系遵循经济规则和资本原则,而道德规则、伦理原则和法律规范反而被放逐。在这种情况下,道德违规和法律违规就有可能密集出现。因此,要加强科研人员的道德教育和伦理教育,加强科研人员的世界观、人生观和价值观教育,构建资本逻辑下科研人员应有的正确价值观、道德观和伦理观。必须看到,中国特色社会主义市场经济与资本主义市场经济是存在根本区别的,其要害在于,中国特色社会主义市场经济注重社会主义核心价值观建设和中国特色社会主义文化建设,社会主义核心价值观和中国特色社会主义文化建设可以构建起强大的精神防线管控资本逻辑越界。应该注重构建科研人员健康的精神生活,促进科研人员物质追求与精神追求的全面发展。

五 资本的逐利性与科学的理想性

从前面关于货币和资本的本质、货币/资本与理性的关系以及货币作用的方式可以看出,货币、资本一旦进入科学活动并在科研劳动中发生作用,那么,就有可能产生如下问题并推动科研不端的产生:在科学活动中运用货币法则和资本逻辑,甚至货币法则和资本逻辑在科学活动中通行。一旦科学活动被纳入货币法则和资本逻辑,就有可能使科学活动变成商业活动、科学研究变成商品生产、科研行为变成市场行为、科研成果变成商品、科研人员也具有了资本家的性质。于是,科研人员、科研劳动、科研成果等——科学活动中的全部要素通通都存在着商品化的危险。有的学者认为,在现代科学中,政府、企业对大学和科学的资助已经与货币拥有者购买一件商品无异。维斯特说:"科研基金仅被视为一种政府采购行为",政府对科研"与到一个寻常货店购买商品和服务并无差异"。[1] 如果科研机构成为商业机构,科研成果成为商品,那么,科研人员的科研行为就有可能变成市场行为,如此一来,科研人员的观念、思维方式、行为方式都转变成商人的观念、思维方式和行为方式。事实上,在现代科学活动中,个别科研人员的行为正是在效法商业行为,个别科研人员的投机与商人的投机没有差异,有些科研人员的欺诈与商人的欺诈也没有差异,现代科学活动中的某些科研不端行为与现代市场经济中商人的投机行为如出一辙,有过之而无不及。

---

① 维斯特:《一流大学 卓越校长》,蓝劲松主译,北京大学出版社,2008年,第22页。

与此同时，科学活动中诸要素的自身性、独立性丧失，在货币法则和资本原则的作用下，科学活动失去了自在状态：科研人员成为科学研究中的人力资源；科研劳动成为物质性质的生产劳动；科研成果成为物质商品，学术规则变成市场规则等等。科学界出现的这些变化导致科学精神、学术精神和学术道德的沉沦，导致学术规范的失效和科研行为的扭曲，也导致科研人员的科研动机、目的、价值观、科研劳动的性质、科学发展的方向等都偏离其本来意义。一旦出现这种偏离，科研不端的产生不仅是不可避免的，而且有可能不断地涌现出来，道理很简单，货币法则、资本逻辑建立起了它在科学活动中的霸权，甚至取代学术原则、科研规则，这意味着在科学界形成了推动科研不端滋生的内在机制，在这种情况下，学术生态就有可能全面变质，科研不端不再是个别的现象而是普遍性的现象。科研人员与科研人员、科研人员与科研机构、科研机构与科研成果、以至整个科学活动中各要素之间的关系都存在变成商品关系、经济关系和利益关系的危险。科学界就会出现极端状态：货币法则和资本逻辑取代学术原则、货币关系和资本关系取代学术关系。一旦达到这样一种状态，那么，科学界受到的最大破坏就是：学术生态、学术环境、学术文化被破坏了，而这种破坏对科研不端的推动作用具有根本性。在良好学术生态的背景下，搞科研不端可能只是个别现象，但是在恶劣学术生态背景下，搞科研不端的人却有可能急剧增加，甚至出现"野火烧不尽，春风吹又生"的状况，那对科学事业的破坏力是不可估量的。显然，无论大学还是科研机构都从来不是、也不应该仅仅被看成商业机构，科研人员的科研行为不能变成商业行为，大学和科研机构的本质和目标不同于商业目标。

从存在论维度看，货币法则、资本逻辑进入学术生活，势必导致科研劳动、科研管理以及整个学术生活的二重化：一个是由货币、资本所构筑的"理念世界"，这个世界遵循货币原则、资本逻辑、量化原则、市场经济原则等；另一个是科研人员感性的学术生活世界。在这两个层面的关系中，货币、资本对科研人员感性的学术生活世界具有优先性，因为学术生活中的全部要素、学术生活中的本源性关系，全部被纳入货币原则和资本原则之中去加以衡量和计算，只有通过货币和资本的计算才能取得其价值和存在，学术评价标准不再以科研人员的思想原创为主，而是运用货币尺度来评价学术。这种变化是现代科学中发生的重大变化,它对科研人员和整个学术界的导向有巨大影响,对科研不端的产生有巨大推动作用。同时,货币、资本对科研人员感性学术生活世界的优先性意味着学术生活被连根拔起,货币原则、资本逻辑在学术活动中推行必然将学术活动纳入货币原则和资本原则之中,这对科研人员的感性存在、科学活动和学术生活的存在论意义具有颠覆性。如此,科研不端就有可能产生。

本来意义的科学研究应该是人性化、个性化的自由探索。然而自近代以来,随着科学技术与经济社会发展日益紧密结合,与资本主义现代化过程相伴随的是学术劳动日益成为规模化的生产。早在 1917 年,韦伯就在其于慕尼黑大学发表的著名演讲《以学术为业》中指出:德国的"大型的医学与自然科学研究机构是'国家资本主义'的企业,如果没有大量的经费,这些机构是难以运转的。就像所有的资本主义企业一样,这里也出现了同样的发展:'工人与生产资料分离'"。① 可以说,这是关于大学和学术机构出现现代性特征的最早描述。韦伯的论述表明,早在 20 世纪初,德国的医学和自然科学研究已经成为规模化生产;科研机构已经成为与国家资本主义企业无异的现代生产单位,也就是说,在那个时代,关于科学的观念也已经发生根本改变:科学研究已经从人性化的创造转变为规模化的生产,这不仅是那个时代科学观念的时代特征,也是那个时代活生生的社会现实,这种重大的变化显然是资本主义经济规模化发展推动的结果,是科学领域的现代性特征。美国科学社会学家巴伯在 20 世纪 50年代使用了"科学工业(Scientific Industry)"这一概念。② "科学工业"这一概念可以从两个方面加以理解:一是科学研究在工业生产中的广泛应用,使现代工业已经变成了"以科学为基础的工业",这一特征在当代社会中演变为"以知识为基础"的经济,即"知识经济",这显然是"科学技术与经济发展的共谋"这一现代性的核心在工业生产中的具体化;二是"科学工业"包含有"工业式的科学"这样的内涵,即由于现代经济规模化发展的推动,随着科学技术与经济发展日益紧密的结合,现代科学研究已经成为

---

① 韦伯:《学术与政治》,冯克利译,生活·读书·新知三联书店,1998 年,第 19 页。
② 巴伯:《科学的社会秩序》,顾昕译,生活·读书·新知三联书店,1991 年,第 85 页。

如同工业生产那样的规模化生产,二者的区别仅仅在于:工业企业生产物质产品,科研机构生产精神产品,因此,"科学工业"这一概念同样描述了现代科学的规模化生产特征,也描述了现代科研机构的企业性质,这与韦伯对 20 世纪初德国的医学和自然科学研究的论述是完全一致的。后来,美国学者斯劳特(S. Slaughter)、莱斯利(L. L. Leslie)等人在其 1997 年出版的《学术资本主义》一书中提出,大致从 20 世纪 80 年代开始,随着全球化时代的到来,美国、英国、加拿大和澳大利亚等国的大学和学术界开始进入学术资本主义时代。"学术资本主义"意味着学术研究成为学术工业;学术研究"日益卷入市场化活动";[①]学者成为资本家;知识成为资本,如此等等。其中最为重要的一点是,在学术资本主义时代,科学研究转变为工业化时代的规模化生产,这都与韦伯、巴伯等人的描述是完全一致的。

在学术资本主义时代,科学研究的基本特征可以从两个层面去看:在生产力层面,现代科学研究的基本特征是福特主义(Fordism),即装配线生产;在生产关系层面,现代科学研究的基本特征是泰罗主义(Taylorism),即量化、标准化、规范化的考评方式。"学术资本主义"这一概念囊括了韦伯、巴伯等人对现代科学研究基本特征的分析,它是现代大学和科研机构出现现代性的重要标志,也是分析当代科学活动中的科研不端行为的重要视角。学术资本主义标志着科学研究不再具有独立性,科学研究被纳入资本逻辑,纳入现代经济体系和生产体系,因而必然带来科研人员的价值观、科学活动、学术行为等方面的一系列新变化,对科研不端的产生具有重大影响。概括地说,在学术资本主义时代,科研活动被强势纳入经济活动,这一变化势必导致科学活动过程的资本化运行,导致资本原则在科学领域的贯彻和扩张,其极端表现是资本原则取代学术原则。资本原则取代学术原则意味着科研人员在经济领域与学术领域、资本原则与学术原则、经济行为与学术行为、经济利益与学术价值、经济动机与学术动机、经济目的与学术目的之间面临两难,而且别无选择:经济体系赋予的外在压力取代追求科学的内在动力、经济原则取代学术原则、经济

---

① 斯劳特、莱斯利:《学术资本主义》,梁骁、黎丽译,北京大学出版社,2008 年,第 6 页。

理性取代学术理性、经济利益至上取代学术至上、经济动机取代学术动机、经济目的取代学术目的、经济行为取代学术行为等等。必须承认，这是当代学术活动中正在出现的——同时也是必须高度关注的一种趋势，在这种变化面前，一些科研人员有可能迷失方向，无所适从，这是推动科研不端频繁发生的重要原因，也隐含推动科研不端频繁发生的内在机制。

货币、资本对人和物的支配力在资本主义社会发展为资本的效用原则。马克思在《1861—1863 手稿》中对资本的效用原则作了最为全面的阐述。他说："如果说以资本为基础的生产，一方面创造出普遍的产业，即剩余劳动，创造价值的劳动，那么，另一方面也创造出一个普遍利用自然属性和人的属性的体系，创造出一个普遍有用性的体系，甚至科学也同一切物质的和精神的属性一样，表现为这个普遍有用性体系的体现者，而在这个社会生产和交换的范围之外，再也没有什么东西表现为**自在的更高的东西**，表现为自为的合理的东西。因此，只有资本才创造出资产阶级社会，并创造出社会成员对自然界和社会联系本身的普遍占有。由此产生了资本的伟大的文明作用；它创造了这样一个社会阶级，与这个社会阶段相比，一切以前的社会阶段都只表现为人类的**地方性发展和对自然的崇拜**。只有在资本主义制度下自然界才真正是人的对象，真正是有用物；它不再被认为是自为的力量；而对自然界的独立规律的理论认识本身不过表现为狡猾，其目的是使自然界（不管是作为消费品，还是作为生产资料）服从于人的需要。"①效用原则的作用至少表现在以下几个方面：

首先，资本建立起新的存在方式。资本形成了资本与人、资本与自然界、资本与一切存在物之间的效用关系，也形成了资本与人、资本与自然界、资本与一切存在物之间的矛盾。"效用"的意思是，资本仅仅从效用的角度看待人、自然界和其他存在物，问题是，人、自然界和一切存在物都不能仅仅从效用的角度去看待。因此，资本的效用原则标志着资本重新塑造了人、自然界和其他一切存在物的存在论地位、存在方式，也重新塑造

---

① 马克思：《政治经济学批判（1857—1858 年手稿）》摘选，《马克思恩格斯选集》（第 2 卷），人民出版社，2012 年，第 715—716 页。

了人与自然、人与人之间、人与一切存在物之间的关系，其中最根本的一点是资本使一切存在物失去独立、自在的存在状态，转而成为有用物，自然界成为被资本利用的"自然资源"，人成为被资本利用的"人力资源"。上述变化意味着，人、自然界和一切存在物，人与人之间、人与自然界之间、人与一切存在物之间的关系变成利用与被利用的关系，人、自然界和一切存在物沦为工具和手段，资本成为最高目的，这就是效用关系的基本内涵。效用关系意味着资本对人、自然界和万物具有进攻性、压榨性，资本增值成为目的，人和物被贬低为有用物。自然界被贬值的命运表现在"土地也像人一样"成为"买卖价值的水平"。人和万物沦为有用物标志着人和万物偏离自身存在。从这种新型关系中，衍生出了现代社会人的存在问题、生态环境问题等。对人来说，"存在问题"指的是人不能按照人自身的存在方式独立而自在地存在；对自然界来说，"存在问题"表现为"环境问题"，它指的是自然界不能按照自然界自身的存在方式独立而自在地存在。人、自然界和其他存在物必须按照资本规定的方式存在，而资本规定的方式是人和万物对资本的有用性，检验人、自然界和其他存在物的合理性标准只有一个：对资本有无效用。于是，人变成人力资源，自然界变成自然资源，变成资源库和能源库，一切存在物对资本来说都是"有用物"。

其次，效用原则建立起新的价值关系。人和万物沦为服务于资本的手段，这就意味着人和万物丧失了自身的目的和内在价值。资本成为最高目的，人、自然界和一切存在物都被贬低为失去内在目的和内在价值的有用物，资本与人、自然界和其他存在物是利用与被利用、目的和手段、需要与满足需要的关系。资本也建立起新的价值标准，资本总是以有用性、有用性的大小、有用性的正负等作为标准去评价人、自然界和其他存在物，人、自然界和其他存在物成为被资本衡量和估价的对象。

再次，效用原则还形成新的价值观。效用原则表现在价值观上就是功利主义精神。由于资本建立起效用关系，于是，以物的追逐和占有为目标的功利主义凸显，人的精神生活被放逐，其极端表现是商品拜物教、金钱拜物教，人的存在陷入物化状态，甚至达到"人的尊严变成了交换价值"这样的极端形式。因此，效用原则形成资本与人的自身性和独立性、资本与自然界的自身性和独立性、资本与一切存在物的自身性和独立性之间的矛盾。效用原则的实质在于,资本成为目的而其他事物成为手段,甚至人也成为服务于资本的工具。人和万物成为被资本以有用性加以评价和利用的对象。马克思在《资本论》中深刻揭示了货币作为目的的内在逻辑。资本作为目的导致其他东西成为工具。于是,"货币(目的)—对象(手段)""资本(目的)—对象(手段)"这样的效用关系得以形成。人、自然界和一切存在物都面临变成(货币增值、资本增值)工具的危险,用金钱可以轻易买到有用或有价值的东西,资本的效用原则是货币作为目的的必然延伸,它导致一些人在金钱中安身立命,另一些人则沦为金钱的工具;一些人被金钱绑架,另一些人被金钱奴役。

同样,资本的效用原则也渗透到现代科学活动之中,对科学研究的动机、目的、价值取向、科学精神等方面都带来巨大影响,其中既有积极影响也有消极影响,资本成为推动科研不端的重要力量,具体地说,可以从以下几方面加以分析:

从科学研究的起点,即科学发展动力上看,现代科学研究主要依靠外在压力推动。在现代社会中,大学和科研机构在一定程度上已经具有一部分牟利机构的性质,要么为大学和科研机构牟利,要么为社会牟利,甚至也为个人牟利,虽说这不完全是一件坏事,但其负面效应仍旧不可低估。有的学者认为,大学和科研机构"已经成为现代经济的巨型发动机。为了达到互利互惠的目的,我们不断加强与营利性产业的合作。然而,随着个人挣钱机会的增多,一些大学的科学家与合作方的关系,也不可能完全避开利益冲突的困扰"。① 现代大学和科研机构的这种变化对科学研究产生了不可忽视的影响,对科研不端的产生也起到了一定的推动作用。由于科学研究成为规模化生产,由于科学研究的规模化本身源自经济体系的规模化,因此,科学研究的规模化实质上是科学体系被强势纳入经济体系的标志。科学研究的动力,正在由经济体系赋予的外在压力取代科学研究的内在动力,正在由物质动力取代精神动力。资本原则向科学领域的渗透必然导致科学领域出现"理性地追求利益"这一现代性特征,它对科研不端的产生至少带来两方面的推动:一方面,从科学研究的动机

---

① 维斯特:《一流大学 卓越校长》,蓝劲松主译,北京大学出版社,2008 年,第 24 页。

看,它导致科学研究动机的重大变化。一些科研人员的科研动机从追求知识转变为追逐经济利益;从"为学术而学术"转变为"为经济利益而学术"。社会的经济需要、功利需要等外在因素推动科学研究走向更加注重应用研究的方向上去,使科学研究朝着日益功利化甚至逐利化的方向发展。同时,社会实践主题的不断变化必然导致科学与社会的连接点也不断发生变化,科学研究必须适应不断变化的社会需要并放弃注重长远的基础研究,转而从事短平快的科学研究,这种变化意味着社会发展的外在需要(尤其是经济发展的需要)为科学定向,科学发展被纳入经济社会发展的轨道之中,在这种情况下,科研人员不仅被纳入功利轨道,而且被纳入不断追求物质利益的无常性之中。一些科研人员的价值观和价值取向变成功利主义的,一旦功利主义在科学界盛行,那么,对科学的理想主义和科学精神等崇高精神价值就丧失了。经济社会发展的功利目标被置于科学发展的理想目标之上,经济社会的外在压力被置于科学研究的内在动力之上,通过增加物质投入推动科学研究被置于通过提升科研人员对科学的热爱推动科学研究之上,个人经济利益被置于科学真理之上,科学本身不再是科学活动的目的,科学研究变成了实现个人利益的工具和手段,资本原则支配一切,学术原则被逐出科学领域,科研人员高尚的学术道德等崇高精神价值皆可能被放逐,在这种学术生态和学术环境下,科研不端的出现是难以避免的。另一方面,从科学研究的外在压力看,科学发展的动力由外因取代内因,特别表现为物质投入取代精神动力:强调物质投入对科学研究的决定性作用,忽视科学研究中的精神动力,它形成科研人员追逐经济利益的外在压力。随着科学研究的规模化发展,科学领域与经济体系之间的关系日益紧密,通过经济系统的物质投入来推动科学发展得到凸显,而经济社会发展资助的科学研究主要是对经济社会发展有用的科学研究,这就推动科学研究与经济社会发展的需要接轨,只有能够与经济社会发展需要接轨的科学研究,才能得到资助,才能获得更大的物质投入,这很容易形成科研人员追求经济投入的巨大压力,从而诱发科研不端的发生。

在现代科学研究中,与经济社会发展脱节的科学研究、不适应经济社会发展需要的科学研究,一般很难获得经费投入,这样的科学研究除了得到国家的保护性资助外,很难有其他获得经费支持的渠道,因此也很难进行下去,甚至举步维艰。在这种情况下,科研人员必须自己去争取科研经费,争取经济社会体系的投入,这实际上就将一些科研人员卷入了经济利益的追逐之中,这种新变化本质上标志着科学研究日益被经济发展卷入市场经济秩序之中。有的学者将科学研究的资本化运行称为"学术资本主义"。按照斯劳特、莱斯利等人的看法,学术资本主义的产生是由于全球化时代,国家对学术研究的计划性拨款减少,学术机构和科研人员不得不转向市场寻求研究经费。因此,科研人员在国家计划拨款为主的体制下所具有的稳定感、自由感消失了,转而进入市场竞争的巨大压力和无常性之中,科研人员必须在市场竞争中无止境地追逐经济利益,学术研究的心态也随之变得动荡、浮躁,科研不端的发生就难以避免。实际上,现代科学活动中的很多科研不端,是在科学界向社会寻求物质投入和经费支持的过程中产生的,很多科研不端与经济社会领域的腐败行为重叠。科学与社会、资本原则与学术原则的上述关系表明,科学研究不能因为适应经济社会发展需要而变成短期化行为,也不能因为需要经济社会的物质投入而变成功利化行为,经济社会发展需要的科学与科学研究按照内在逻辑发展,这两个问题的内涵是有差别的,应该保持这种差别。科学发展不能完全按照经济社会发展需要所指引的方向进行,对于经济社会发展暂时不需要,暂时不能获得经济社会经费支持,但是对科学长远发展具有重大价值的科学研究,也必须予以重视和发展。相应地,不能完全从经济社会发展需要的角度审视和规划科学发展,还要按照科学发展的内在逻辑、内在规律的角度审视和规划科学发展。科研人员也不应该仅仅根据经济社会的外在压力来从事科学研究,科学研究不必全部卷入市场化活动,不必完全通过与经济社会发展的功利需要接轨来推动科学发展,科研人员要能够坐冷板凳,要坚守科学精神和科研道德,坚守科学研究的初心,坚持对科学的热爱和对大自然的好奇等内在动力推动科学研究,科研人员不能因对功利价值的追求而搞得失魂落魄、行为扭曲,更不能丧失基本学术目标。

从科学研究的终点,即科学研究的价值取向和目标追求的变化上看,随着科学技术与经济发展的紧密结合,随着经济系统的规模化推动科学研究的规模化,科学研究的价值取向由追求学术转变为追逐名利;科学研究的目的从追求知识转变为追逐经济利益；从"为学术而学术"转变为"为经济利益而学术"。科研人员的价值观发生重大变化，其核心是功利主义取代理想主义。这样一来，一些人就会将经济利益置于学术真理之上；学术本身不再是科学活动的目的而是实现经济利益的工具和手段；资本原则支配一切，学术原则被逐出科学领域；科研人员高尚的学术道德等崇高精神价值可能被放逐。在这种背景下，一些科研人员就会违背科学精神、科研道德，他们在科学研究中按照经济规律和利益原则行动，而不再遵循学术原则和科学精神行动，因而必然出现科研不端。在这种意义上，科研不端是经济利益对科研人员行为的扭曲。

从职业性质的变化上看，科学研究从精神创造转变为物质性劳动。前述两方面意味着科学研究的职业性质发生改变：由精神创造转变为物质性劳动。如果科学研究的动机、动力、价值取向和目的都偏离了科学精神和科研道德，都转变成了经济动机、经济动力、经济利益取向和经济利益目的，那么，科学就偏离了它的初心和使命，偏离了正确轨道和发展方向，这必然导致部分科研人员的行为偏离正确原则，从而走到科研不端的邪路上去。在物质生产领域中通行的经济规律——个人利益最大化原则、投入产出原则、等价交换原则等——必然侵入到科学事业之中甚至涵盖科学自身发展的规律。其结果是科学发展的推动力量由物质投入取代精神动力，强调物质投入对科学研究的决定性作用，忽视科学研究过程中的精神动力。科学研究成为一种世俗化职业而不再是崇高的事业，科学研究的职业性质也因此发生重大变化。韦伯在 20 世纪初已经洞悉，当时的学术研究已经沦为"物质意义上的职业学术"。[①] 在精神价值被抽空的基础上确立起来的是功利主义、物质主义和经济主义在科学事业中真正的霸权，在这一霸权的作用下，科研不端必然随之相伴而生。事实证明，在现代化背景下，科学研究中必须正确处理外在压力与内在动力、物质动力与精神动力、利益动机与精神价值、利益目的与理想追求、资本原则与学术原则、经济行为与学术行为、功利目标与理想目标、功利主义与理想主义、职业与事业等矛盾之间的辩证关系，科研人员只有坚守科学的初心

---

① 韦伯：《学术与政治》，冯克利译，生活·读书·新知三联书店，1998 年，第 3 页。

和使命,才能使科学发展沿着正确的道路和方向前进。

货币、资本对世界的支配力在资本主义社会发展为资本的价值增值原则和不断进取原则。货币成为目的表明货币具有价值增值的特性。价值增值的意思是,资本原则为社会生活颁布了一条最高的法则,即社会生活必须围绕资本增值这一主题展开,无论是个人还是机构,也不论是哪个行业,都必须为资本增值服务。亚里士多德在《政治学》中已经注意到,货币作为目的必然导致货币的无休止运动。马克思在《资本论》中更是论述了这一规律在资本主义社会的表现。在资本主义社会,货币的价值增殖特性演变为资本的逐利性,其实质是通过不断进取来实现利润最大化。资本不会处于静止状态,而一定会处于无限运动状态。马克思对现代性的批判,其主题之一是对资本蕴含的价值增值和不断进取特性的揭示,他的深刻论述对于理解现代科学活动中的科研不端具有指导意义。马克思认为,资本具有价值增值和不断进取的基本性质。对剩余价值或利润的无限贪欲驱使资本家永不停顿地进行资本积累,并不断地将剩余价值资本化,用于扩大再生产,不断追求资本增值和剩余价值的增长。韦伯在《新教伦理与资本主义精神》一书中引用富兰克林的话形象地说:"金钱天生具有滋生繁衍性。钱能生钱,钱子还能生钱孙,如此生而又生。"①,正是资本的逐利本性决定了资本的基本原则必然是无止境地进取,即理性地追求经济利益是无止境的。追逐经济利益的内在动力和市场竞争的外在压力决定了资本本身是一种无法驾驭的力量。资本的基本逻辑是:资本的无止境进步与人的欲望的无止境释放之间相互促进。无止境追求利润和剩余价值的欲望推动无止境的进步,无止境的进步导致人的欲望无止境地释放,人的欲望的无止境释放又反过来导致资本的无止境扩张。

与现代技术一样,资本对价值增值的追求,在价值增值中不断进取,决定了以资本为原则的文明是不断进取、无止境进步的文明。资本以逐利为核心的进取特性与现代技术不断进步的性质共同铸就了现代文明无止境进步的特征。马克思、恩格斯对现代性作出了如下描述:"资产阶级除非对生产工具,从而对生产关系,从而对全部社会关系不断地进行革

---

① 韦伯:《新教伦理与资本主义精神》,于晓、陈维刚译,广西师范大学出版社,1987年,第25页。

命,否则就不能生存下去。反之,原封不动地保持旧的生产方式,却是过去的一切工业阶级生存的首要条件。生产的不断变革、一切社会状况不停地动荡、永远的不安定和变动,这就是资产阶级时代不同于过去一切时代的地方。"①斯宾格勒(O. A. G. Spengler)则将资本所推动的不断进取和不断进步归结为突破现在的限制、走向无穷未来的"浮士德精神",并认为这是西方文化的核心。

事实证明,对物质利益的无止境追逐与人的道德堕落、行为失范往往是成正比的。"金钱天生具有滋生繁衍性"提示了资本的价值增值和不断进取往往是通过道德上的"作孽"来实现的。资本具有无限释放物欲的功能。资本的价值增值特性和不断进取特性既取决于人的物质需要的推动,又反过来将人的物质需要生产出来,而且是大大溢出人的基本需要的生产,从而将需要转变为欲望。物欲的释放和对物质利益的无止境追逐,往往是与道德堕落和行为失范成正比的。在资本主义社会,为了满足无限贪欲,人可以不择手段,甚至良心、道德、人格、尊严、亲情等都可能成为价值增值的手段。货币凸显为社会生活中的独裁者和专制者,成为唯一的通货,一切都必须通过货币计算而确定自身价值。与此同时,包括精神生活在内的一切都失去了自身的内在价值。马克思在《资本论》中引用《评论家季刊》中的话说:"资本害怕没有利润或利润太少,就像自然界害怕真空一样。一旦有适当的利润,资本就胆大起来。如果有 10% 的利润,他就保证到处被使用;有 20% 的利润,它就活跃起来;有 50% 的利润,它就铤而走险;为了 100% 的利润,它就敢践踏一切人间法律;有 300% 的利润,它就敢犯任何罪行,甚至冒绞首的危险。"②因此,资本原则在科学领域的贯彻,势必导致资本的无止境增值与部分科研人员物欲的无止境释放相互促进,推动科研人员永不停顿地以实现经济利益为目的而不断进行学术生产。一旦科学研究变成对经济利益的追逐,科研人员的学术道德就会失落,科研不端就会产生。

---

① 马克思、恩格斯:共产党宣言,《马克思恩格斯选集》(第 1 卷),人民出版社,2012 年,第 403 页。
② 马克思、恩格斯:共产党宣言,《马克思恩格斯选集》(第 2 卷),人民出版社,2012 年,第 324 页。

六 功利主义与学术精神

现代化要通过发展科学技术来推动经济增长,但是,大学和科学界不能变成名利场,不能仅仅充当经济增长工具。为此,要正确处理科学发展与经济发展、技术进步与经济发展之间的关系,正确认识资本文明的作用,规避其负面效应,捍卫科学精神和学术精神。不能全盘否定资本对现代科学的价值。但是,资本逻辑的作用一旦越界,它对科学事业的负面影响就不可忽视。资本不断进取的特性和价值增值特性推动现代经济的规模化发展,而现代经济的规模化发展又推动现代科学的规模化发展。当科学发展完全根据经济发展的需要来定位的时候,科学研究就有可能走向产业化和市场化,从而面临失去自身性和独立性的危险。因此,资本逻辑对现代科学的消极影响在于,它推动了科学的产业化和市场化,破坏了科学的独立性和自身性。事实上,现代科学主要是以市场需求为导向的。在现代科学与现代经济的关系中,出现了资本逻辑向科学领域的全面渗透,甚至出现了资本逻辑取代科学规律、市场法则取代学术规则等问题,这是现代科学领域中正在出现的,同时也是必须高度关注的问题。

上述变化势必导致现代科学日益卷入市场化活动,科研人员在经济领域与科学领域、资本原则与科学规律之间面临两难,而且别无选择。如果任由资本原则支配一切,科学原则就会被逐出科学领域,科研人员的高尚道德、崇高精神价值等就有可能被放逐。上述变化意味着科学在很大程度上失去了自主性,转而进入市场经济的无常性之中。同时,资本逻辑与现代科学之间的关系也铸就了现代科学的基本精神。实践的目的决定实践的价值取向,也决定实践精神和实践方向。作为特殊的社会实践,现代科学对自身性的迷失,有可能导致其偏离正确目的和价值取向的严重后果,甚至偏离正确发展方向。现代科学并入现代经济体系意味着现代科学的目的、价值取向、学术精神和发展方向等由现代经济重新塑造。具体地说,资本逻辑的强大作用力有可能推动现代科学朝着追逐经济利益的方向发展。事实上,现代社会的科学界正在以前所未有的规模陷入市场经济之中,无论大学还是科研机构都在参与一部分市场活动,甚至在局部范围内出现了大学和科研机构企业化的趋势。资本逻辑的功利主义精神渗透到社会生活的方方面面,也渗透到了现代科学中,成为现代科学精神的组成部分。不容否认,科研机构、学术机构参与市场或具有市场特点的活动,这对推动社会发展和科学发展都有好处,但是,如果科学与资本、科学与市场之间的关系不能保持在合理范围之内,就会对科学的健康发展带来负面影响。科学的主要目的不是经济利益而是知识进步;科学发展主要应该遵循学术规律而不应该遵循市场规则和资本逻辑。科学肩负的主要任务不只是推动经济发展而且包括传承科学精神和科学传统。

针对资本逻辑带来的问题,当代科研管理应该加强对功利主义的批判,肩负起塑造科学精神的时代责任。当代科学日益陷入市场经济和资本逻辑之中,日益参与到现代经济活动和工业化进程之中,在这种时代背景下,必须正确审视科学的理念和功能。一方面,不能把大学和科研机构办成与世隔绝的"象牙塔",那样的科学是发展不好的,科学必须与时代紧密结合并与时代共同发展。因此,当代科学不能自绝于市场经济和资本逻辑之外,特别是不能回避市场经济和资本逻辑带来的挑战,而应该把回应这个挑战视为科学发展面临的时代契机和时代任务。另一方面,大学和科研机构必须正确处理科学规律与经济规律、"以知识本身为目的"与"以知识的应用为目的"、坚持科学理想与服务经济发展、塑造理想主义精神与服膺功利主义精神、传承科学的精神血脉与追求世俗的物质利益等矛盾之间的辩证关系。不解决好这些矛盾,大学和科研机构就有可能在资本逻辑和市场经济的汪洋大海之中迷失正确的发展方向。

首先,要正确认识和处理基础科学与应用科学之间的关系。在现代社会中,资本逻辑建立的效用关系在使资本价值增值成为目的的同时,也使科学成为服务于资本的工具。但是,过分强调科学的应用就会强化科研人员的功利主义价值取向,比如,只注重发展应用科学,致力于把科研人员塑造成应用型人才;突出对物质利益的功利追求等等。以科学应用为主的科学观形成以应用科学为主的评价观和评价标准,注重以应用科学为主的研究内容塑造了科研人员以应用科学为核心的知识结构和素质结构,教育也致力于培养应用型人才。但是,知识的工具性就是知识的应用性,只注重工具性知识和应用科学的科学研究就是工具主义的科学研究,只注重工具性知识和应用科学的科研人员就是工具性的科研人员,这样的科学观和素质观都是片面的,这样的科研人员也是片面发展的人。马克思在论述资本的效用原则时指出,在资本逻辑所构筑的效用关系中,科学同一切物质的和精神的属性一样,表现为这个普遍有用体系的体现者;而"对自然界的独立规律的理论认识本身不过表现为狡猾,其目的是使自然界(不管是作为消费品,还是作为生产资料)服从于人的需要"。①

在资本逻辑盛行的时代,科学注重对工具性知识和应用科学的探索,注重应用型科研人员的培养,科学研究也容易变成工具主义研究,科学精神容易被功利主义侵蚀。但是,仅仅以科学应用为目的的科学观有可能使科学忽视对基础科学的创造和传承,从而背离科学研究的宗旨。科学的创造和传承与科学的应用都是很重要的问题,科研机构创造的科学知识最终要转化为推动社会发展的现实力量,不过,在资本时代,科学界很容易只注重应用科学和应用型科研人员以适应市场经济的需要。在这种情况下,科学界必须在基础科学与应用科学、增进知识与应用知识、培养科研人员的基本素质与培养科研人员应用科学知识的能力等方面之间保持必要张力,从科学精神和科学研究的价值取向上看,要在"人是工具"与"人是目的"、功利主义精神与理想主义精神之间作出正确定位。科学知识的创造和传承不能等同于科学知识的应用。如果科研机构只是按照资本逻辑来定位,那么,就会因为过分突出科学的实用价值而使科学成为经济体系的附庸,科学研究就会丧失自身性并迷失正确目标和方向。与此同时,科学对推进知识、捍卫道德、传承和创新科学文化、建设精神生活等方面的责任也会被放逐了,在这种情况下,科研不端的大量滋生往往就是难以避免的。

在当代科学发展的基本思路上,至少应该注重四个层面的科学发展,并正确处理这四个层面之间的辩证关系。一是自为目的的科学。也可以

---

① 马克思:《政治经济学批判(1857—1858年手稿)》摘选,《马克思恩格斯选集》(第2卷),人民出版社,2012年,第716页。

称之为"非功利性的基础研究"，即科学研究纯粹以认识世界，揭示世界奥秘和自然规律为目的，以获取这类科学知识作为目的，排除对这类科学知识的应用价值、功利价值的考虑。二是出于应用目的的基础研究。这类研究也可以称为"功利性的基础研究"，即从应用的角度看待基础研究，将基础研究纳入实用需要中来定位和考虑，从实用的需要追溯到基础研究的源头并予以重视，进而加强与应用相关、与实用需要对接的基础研究。三是纯粹的应用研究。这类研究就是不做基础研究，仅仅将别人做好的基础研究拿过来，将别人发现的原理转化成实用技术，将 science 转化成 technology，变成"科学技术"。"科学技术"这个概念主要指的是技术，即由基础科学的原理转化而来的技术，这个概念容易遮蔽基础研究，遮蔽科学精神。这种应用研究相当于在河流的下游抽水，河流的源头在别人那里，因此很容易被别人"卡脖子"。现在有个概念叫"卡脖子技术"，这个概念是不够准确的，中国缺乏的不是卡脖子技术，最重要的问题也不是卡脖子技术，而是卡脖子的基础研究，主要是基础研究卡住了脖子，而不是某种技术卡住了脖子，即使被某种技术卡住了脖子，那也不是最重要的，被基础研究卡住了脖子才是最为严重的问题。四是纯粹的功利性研究。应用研究不等于功利性研究，有不少应用研究是功利性研究，但某些基础研究也有可能是功利性研究，某些应用研究也有可能不属于功利性研究。功利性研究指的是纯粹出于功利目的搞研究，这可以发生在各个层面、各种主体身上。对应于上述四个方面，也有四种不同层次的科学精神、科学价值观，而在现代社会，尤其需要正确处理上述四个层面科学研究的比例、结构和相互关系，推动科学朝着正确方向发展，要警惕和防止只重应用性研究、功利性研究的做法。

科学不仅是工具，而且是目的；不仅要注重应用科学的研究，而且要注重基础科学的研究；科研人员不仅应该掌握应用性科学知识，而且应该具备基础性科学知识的素养。即使从知识应用这个角度看，基础性科学知识的价值也不容忽视，因为知与行、认识和实践不是对立的而是统一的。只有透彻把握基础科学知识，才能达到科学知识应用上的自觉；只有在认识上"顶天"，才能在行动上"立地"。因此，"有用"科学知识与"无用"科学知识相互依存，有用与无用的区分也不是绝对的。基础科学往往是应用科学的源泉,不以"无用"科学为基础的科学应用往往是肤浅的,甚至是危险的。不注重"无用"科学的科学研究是没有层次的科学研究;不掌握"无用"科学知识的科研人员是素质不健全的科研人员。科学研究不仅要致力于推动经济发展,而且要致力于推动基础科学的研究和传播;不仅要增强科研人员应用科学的技能,而且要提高科研人员的基础科学知识水平。应用科学往往指向对外在世界的功利追求,基础科学往往指向对内在世界的精神修炼,判断科学研究成效的标准不只是有用性,而应该包括基础科学的进步和科学精神的成长,同时,即使应用科学研究也要避免片面性,应该将应用科学研究与伦理道德统一起来,让科研人员掌握正确应用知识的道德原则。否则,知识就会从目的沦为工具,科研机构及其所创造的科学知识甚至有可能成为一些人实现邪恶目的的手段。

其次,仅仅以科学应用为目的的科学观最终会导致对功利价值本身的损害。功利主义的内涵具有时代性,因此基础科学与应用科学、"有用"科学与"无用"科学的区分也具有时代性,这种时代性取决于时代需要的变化,取决于不同时代对科学的评价标准的差异。对某一时代具有功利价值的科学,对另一时代的功利目的来说有可能没有功利价值;反之,对某一时代没有功利价值的科学,对另一时代的功利目的来说却有可能具有功利价值。因此,功利性和"有用性"是历史性标准,在历史的时空范围内,基础与应用、有用与无用相互转化,因而是相对的。如果以某一时代的有用性为标准,只注重发展对此一时代具有功利价值的科学,完全有可能损害另一时代发展对他们时代具有功利价值的科学。也就是说,如果仅仅以功利主义为原则去发展和对待科学,就有可能导致急功近利而忽视基础科学,忽视科学的长远发展,这不仅会损害科学进步,而且会反过来损害功利目的本身。加拿大学者帕利坎指出:"功利主义对于效用是一种威胁。因此,刻板地使用功利主义的标准可能会剥夺下一代人完成自己所面对的任务所需要的手段本身。因为这将不会是这一代人所面对的任务,因此完成这些任务不能使用被这一代人认定为'有用'的那些特殊的手段。"①这段话包含着的观念——不是理想主义对效用构成威胁,而

---

① 帕利坎:《大学理念重审》,杨德友译,北京大学出版社,2008年,第38页。

是功利主义对效用构成威胁，这是令人深思的。比如，能源开采技术的进步对高度依赖能源来发展经济的当代社会是有用的，但它的过度发展有可能导致自然资源枯竭，这是对后代人利益的严重损害。

因此，评价科学的价值标准是具体的和历史的，不能以绝对的标准来断定大学和科研机构就应该以发展和传授应用知识为主。仅仅以知识应用科学为目的的科学理念最终会导致对功利价值的损害。科研管理、科研评价必须确立正确的科学观，科学观要回答的一个重要问题是如何正确认识和处理基础科学与应用科学的关系，核心是确立正确的科学评价标准。科学观之所以重要，原因在于它能够决定科研管理、科研评价的具体指标和内容取舍，科学观也是评价科学研究和科研工作成效的标准。正确的科研管理和科学评价，要把基础科学与应用科学、非实用性科学与实用性科学辩证统一起来，不能以急功近利的态度去对待科学，也不能只是以实用性为标准去评价科学，而要以全面性的标准去决定科研管理的原则、科研评价的指标和内容。科学研究不可能没有实用性目标，但科学研究不能因此变得急功近利；科学研究必须有长远目标，既要考虑当前的需要也要考虑长远的需要。科研人员也不能以急功近利的态度搞科研，不能把有用与无用、功利与理想绝对对立起来，必须认识到二者的统一性。无论对科研机构还是科研人员来说，长远的理想往往能够产生长远的功利价值，对待科学的理想主义态度往往能够达到最大的功利目的。

第四章 科研不端治理：强化制度管控

关于科研不端治理，国内外学术界在理论上作了很多研究；各国政府、大学和科研管理机构在实践上作了很多探索。科研不端治理是涉及面很宽的问题，需要从科技政策、学术生态、科学精神、科学家的价值观、科研道德、科研管理、法律和制度建设等方面进行全方位的探索。人有身体和心灵两个方面，人的心灵需要道德来升华，人的行为需要制度来约束，社会治理既要注重德治又要注重法治，对科研不端的治理也需要德治和法治，只有两个方面双管齐下，才能达到应有的效果。治理科研不端不能只是寄希望于科研人员的道德自觉，而且要依靠制度的力量来管控；不能只注重道德规范和学术规范的自律作用，而且要注重制度规范的他律作用。法治是现代社会的重要目标和重大主题。在现代化进程中产生的问题需要通过现代化的制度建设来解决，加强制度建设是现代化建设的重要内容。随着科研不端的频频发生，加强制度建设已经成为治理科研不端的重要举措。本章重点探讨科研不端的制度治理。

通过制度建设管控科研不端是世界各国通行的做法。美国科研诚信制度从 20 世纪 80 年代起步，1985 年以来，美国科研诚信制度建设的发展主要可以分为三个阶段性目标，一是正视科学不端行为；二是提高科学诚信；三是确保科学诚信。以 1989 年美国科研诚信办公室的成立为标志，美国进入到科研诚信制度建设的新阶段。[①] 1981 年，美国国会众议院

---

① 王阳：《美国科研诚信建设演变的制度逻辑与中国借鉴》，《自然辩证法研究》2020，36(07)：52—58。

众议员戈尔在国会科学委员会监察小组委员会中首次主持召开听证会，对当时一系列学术不端案件进行集中讨论，之后，由国会议员丁格尔（John Dingel1）主持的一系列听证会继续向科学团体及联邦机构施压，促使其构建防治学术不端的机制以保证科研质量。① 1982 年，美国医学院联合会发表了题为《在开展研究中保持高伦理标准》的报告。1983 年，美国大学联合会发表了题为《关于科研诚信》的报告；少数受科研不端行为影响的研究型大学，如耶鲁大学和哈佛大学等制定了有关科研不端行为的政策。② 1985 年，美国国会将大学和学术机构是否拥有学术不端治理措施作为接受资助的条件之一。从此，各研究型大学及科研机构开始成立学术不端治理委员会、特别评审小组、机构审查委员会或伦理委员会等，积极进行学术不端治理。③ 在诚信制度建设的整个发展过程中，美国也在探索中不断寻求治理制度的进步，以求达到更好的管制效果。1986 年，美国卫生与人类服务部下辖的公共卫生服务署发布《关于科研不端行为的临时政策》，提出了科研不端行为的第一个政府定义。同年，美国国家卫生研究院发布了《研究资助和研究合同指导原则》，对学术不端的具体惩治方法做了系列完善。④ 1987 年，美国国家科学基金会发布《关于科学和工程研究中的不端行为的正式规章》。同年，公共卫生服务署发布了有关科研不端行为的正式政策，建立了两个办公室（即科学诚信办公室与科学诚信审查办公室）调查和裁处科研不端行为的案子。⑤ 1989 年，美国发布的《研究机构对于学术不端行为的责任》规定了科学组织和研究机构如果出现学术不端现象应该承担怎样的责任和受到

---

① 赵婷婷、冯磊：《依法监管，防治结合——美国学术不端治理体系的结构与特点》，《大学教育科学》2016(3)：93—101；Sybil Francis. Developing a Federal Policy on Research Misconduct. *Science and Engineering Ethics*, 1995(5)：261—272。

② 王英杰：《改进学术环境，扼制研究不端行为——以美国为例》，《比较教育研究》2010,32(01)：1—6。

③ 赵婷婷、冯磊：《依法监管，防治结合——美国学术不端治理体系的结构与特点》，《大学教育科学》2016(3)：93—101；Sybil Francis. Developing a Federal Policy on Research Misconduct. *Science and Engineering Ethics*, 1995(5)：261—272。

④ 史玉民：《论科学活动中的越轨行为》，《科学管理研究》1994(02)：6—14。

⑤ 王英杰：《改进学术环境，扼制研究不端行为——以美国为例》，《比较教育研究》2010,32(01)：1—6。

怎样的处罚。① 美国也一直在不断进行着对于科研诚信的制度的反思和改革。1999 年,美国国会技术评估办公室专家楚宾(Daryl Chubin)系统地回顾美国科研诚信办公室的机构历史,尤其总结 1992 年机构改组过程的缺陷,以提供后续政策制定的参照。2009 年美国加州大学湖滨分校蒙哥马利的"制度逻辑"研究方法,分三个阶段梳理了从 1975 到 2009 年的三十余年科研诚信制度发展,对美国整体治理制度后续发展做了铺垫。②

一 国家政策层面治理科研不端

国家政策既具有强制约束力,也具有价值导向性。就像国家已经将科学发展作为重大战略问题予以重视一样,国家也应该将科研不端治理作为重大战略问题予以重视。从国家层面构建系统完备的科研管理政策,有针对性地治理科研不端,这是构建良好学术生态,确保科学研究有序开展,推动科学健康发展的根本保证。

1996 年 4 月,NSTC(国家科学技术委员会)和 OSTP(科技政策办公室)开始联合制定联邦政府关于学术不端的统一政策,在征求各方意见的基础上于 2000 年正式发布关于学术不端的联邦政策,成为美国处理学术不端的指导性文件。③ 1997 年,美国国家科学基金会也在研究生教育和科研训练综合项目(IGERT)中增加了 RCR 教育的要求。在美国联邦政策推动下,美国的许多大学都设立了专门的科研诚信管理机构和项目,比较典型的有:普林斯顿大学的科研与项目管理办公室、杜克大学的学术诚信中心、印第安纳大学的研究伦理教育项目、匹兹堡大学的生存技能与伦理研究项目,各大学也都增加了正式进行科研诚信教育的课程数量,使得

① 史玉民:《论科学活动中的越轨行为》,《科学管理研究》1994(02):6—14;蔡瑞:《国外学术不端行为治理机制及其启示》,哈尔滨师范大学学位论文,2015 年。

② 王阳:《美国科研诚信建设演变的制度逻辑与中国借鉴》,《自然辩证法研究》2020,36(07):52—58。

③ 赵婷婷、冯磊:《依法监管,防治结合——美国学术不端治理体系的结构与特点》,《大学教育科学》2016(3):93—101;Sybil Francis. Developing a Federal Policy on Research Misconduct. *Science and Engineering Ethics*, 1995(5):261—272。

美国的科研诚信教育取得了实质性的进展。[①] 1999 年,美国白宫科学与技术政策办公室制定了学术不端的总体性质指导原则,对学术不端行为的预防、调查和处理都有详细的措施说明。[②] 2000 年,美国白宫颁布了《关于科研不端的联邦政策》(U. S. Federal Policy on Research Misconduct)。[③] 其适用范围为全美所有研究人员,该政策指出,在处置学术不端的过程中,联邦拨款机构和高校共同承担责任。[④] 2005 年发布的联邦法规公共卫生署关于学术不端的政策(Public Health Service Policies on Research Misconduct) 及关于应对学术不端指控的政策和流程实例(Sample Policy and Procedures for Responding to Allegations of Research Misconduct)对规范学术不端处理程序有重要意义。[⑤] 2009 年,时任美国总统的奥巴马发布了关于科学诚信的总统备忘录,强调科学在政府决策中的重要性以及确保公众保持对科学决策的信任的重要意义。2010 年以后,根据美国总统和白宫科技政策办公室的要求,联邦各部门先后出台了进一步细化的科学诚信政策和科研不端行为管理规定。[⑥] 美国从政策层面治理科研不端的做法为中国提供了参考,应根据中国的具体实际提出治理科研不端的中国方案。

近年来,我国从国家层面到下属主管部门,都对科研诚信建设、科研不端治理、学术规范建设、学风学术道德建设、学术生态建设等给予了高度重视。相关政策的制定,首先要完善各种政策规范。为此,国家先后出台了一系列关于科研诚信和学术规范建设、科研不端治理的政策和文件。据不完全统计,从 2015 年到 2019 年,我国从国家层面到各级主管部门出

① 赖雪梅:《美国高校研究生学术诚信课程设置及其特色探析》,《学位与研究生教育》2017(04):64—69。
② 蔡瑞:《国外学术不端行为治理机制及其启示》,哈尔滨师范大学学位论文,2015 年。
③ 胡科、陈武元:《高校学术不端行为治理的国际经验及其启示——以斯坦福大学、剑桥大学、东京大学为例》,《东南学术》2020(06):40—48。
④ 刘爱生:《美国高校学术不端的调查程序与处罚机制——以埃里克·玻尔曼案为例》,《外国教育研究》2016,43(11):96—108。
⑤ 赵婷婷、冯磊:《依法监管,防治结合——美国学术不端治理体系的结构与特点》,《大学教育科学》2016(3):93—101。
⑥ 黄军英:《美国政府在科研诚信体系建设中的作用研究》,《科技管理研究》2018,38(12):254—259。

台了大量政策规定,其中,与科研不端治理相关的政策、文件主要有:(1)科技部和财政部出台的"科技部、财政部关于印发《中央财政科技计划(专项、基金等)监督工作暂行规定》的通知"(国科发正〔2015〕471 号);(2)国务院出台的"国务院办公厅关于优化学术环境的指导意见(国办发〔2015〕94 号)";(3)国务院出台的"国务院关于建立完善守信联合激励和失信联合惩戒制度加快推进社会诚信建设的指导意见(国发〔2016〕33 号)";(4)国务院办公厅印发的《关于进一步弘扬科学家精神加强作风和学风建设的意见》;(5)科技部等 15 个部门出台的"关于印发《国家科技计划(专项、基金等)严重失信行为记录暂行规定》的通知(国科发政)";(6)教育部出台的《高等学校预防和处理学术不端行为办法》(中华人民共和国教育部令第 40 号);(7)中共中央办公厅、国务院办公厅出台的《关于进一步加强科研诚信建设的若干意见》(厅字〔2018〕23 号);(8)中央宣传部等七部委出台的《哲学社会科学科研诚信建设实施办法》(社科办字〔2019〕10 号);(9)中共中央办公厅、国务院办公厅出台的《关于进一步弘扬科学家精神加强作风和学风建设的意见》;(10)国家新闻出版署出台的《学术出版规范——期刊学术不端行为界定(CY/T174 - 2019)》;(11)科技部等 20 个部委出台的《科研诚信案件调查处理规划(试行)(国科发蓝)〔2019〕323 号》;(12)中国科学院发布的《关于在学术论文署名中常见问题或错误的诚信提醒》;等等。

仅从以上出台的政策文件来看,无论是在国家层面,还是在各相关主管部门,对科研不端问题都是非常重视的,这些政策文件具有以下显著特点:一是涉及的机构比较全面。相关政策的治理主体,涵盖了科研机构、高等学校、新闻出版等各个行业,有利于从各个行业的具体实际出发,有针对性地规范科研活动。二是涉及的问题比较全面。相关政策涉及经费使用、科研诚信建设、科研不端惩戒等方面的问题,有助于全方位规范科研活动和科研行为。三是对科研诚信建设、科研不端治理和学术规范建设的规定具有综合性。从已经出台的各种政策文件看,对于科研诚信和学术规范建设、科研不端治理等问题,国家层面和各部委都十分重视,不仅从科技政策和科研管理的角度规定了明确的治理措施,而且从经济政策、财政政策、新闻舆论宣传、精神文明建设、法治建设、大学和科研机构管理等方面规定了全面的治理措施。相关部门都已经参与到科研诚信和学术规范建设、科研不端治理中来了,这意味着国家和各相关部门已经不再是孤立地对待这一问题,而是共同行动起来了,已经把这一问题放到国家发展大局中来加以管理;同时也意味着科研诚信和学术规范方面出现的问题、科研不端产生的根源等都不是单一的、线性的问题,而是复杂的、非线性的问题;不是抽象的、孤立的问题,而是具体的和现实的问题。相应地,对科研诚信和学术规范建设、科研不端治理等,注重多主体多管齐下,综合施策,从各个方面堵塞漏洞,加强整治。

综合性的治理思路和治理路径彰显了科研诚信和学术规范建设的中国特色,也彰显了科研不端治理的中国特色,既体现了中国传统文化中的整体性思维,也体现了马克思主义唯物辩证法普遍联系的基本观点和方法论原则。同时,综合性治理也是大科学时代科研不端治理的必然选择。从科学发展的动因看,现代科学的发展已经跟社会生活的方方面面联系起来了,社会生活的各种要素已经渗透到科学发展中,成为影响科学发展的重要力量,社会生活对科学精神、科研动力、科研行为、科研管理和科学活动规范等都产生了重要影响;从科学的社会功能看,现代科学的作用已经渗透到社会发展的方方面面,不仅科学知识在社会发展中正在发挥作用,而且科学精神、科研行为、科学活动规则等也在社会生活的方方面面发挥前所未有的作用。因此,没有与社会发展割裂开来的抽象的科技政策,也没有与社会治理割裂开来的抽象的科研诚信建设、学风学术规范建设和科研不端治理,科技政策、科研诚信建设、学风学术道德建设、学术生态治理、科研不端治理等方面的政策必须与社会发展政策协同进行,才能产生应有的效果。从现代社会的基本特点来说,现代社会是以科学技术为基础的社会,既然科学技术已经成为社会发展的基础,那么,科学技术领域中出现的问题、科学技术领域中的学术文化和学术精神等也对社会发展有全局性、基础性的影响,这也要求科研诚信建设、学风学术道德建设、学术规范建设、学术生态建设和科研不端治理等不能孤立地进行,而必须从社会各个领域整体推进、综合开展,只有这样,才能从根本上解决问题。从这种意义上说,我国对科研诚信建设、学风学术规范建设和科研不端治理出台的相关政策文件等,体现了鲜明的时代特色和时代精神,这些政策规定为现代社会中的科研不端治理提供了一条以综合性、整体性治理为特色的思路。

二 构建科研行为监督管理制度

在加强政策规定之外,还应该通过制度建设来防范和治理科研不端。在现代社会,科学活动已经成为一个过程,涵盖申请书撰写、课题申报、科研组织、科学实验、论著写作、成果发表、学术评议、科研奖励等诸多环节。为此,要分阶段、分环节加强监督管理制度建设对科研活动予以管控。比如,在科研行为开始阶段,要制定预防科研不端产生的管理制度;在科研行为实施阶段,要制定科研不端行为的监督管理制度;在科研不端已经被发现之后,要制定对科研不端行为的惩戒制度,通过监督管理制度建设,从科学研究的全流程加强管控。其中,由于科研不端主要是在科学研究阶段发生的,因此,制度管控的重点主体是科研人员,制度管控的重点环节是科学研究阶段。应该说,我国科技界科研不端频发,与科研行为监督管理制度不够健全有一定关系。目前,我国已经制定了一些科研不端行为监督管理的法律法规,如《中华人民共和国科学技术进步法》《中华人民共和国学位条例》《国家科学技术奖励条例》《国家自然科学基金条例》《中华人民共和国促进科技成果转化法》《中华人民共和国著作权法》《中华人民共和国著作权法实施条例》等。从制定这些法律的主体来看,有国家层面的立法,也有地方、部门和行业的立法;从这些法律的内容来看,既注重从正面推动负责任的科研,也注重从反面对科研不端行为加以惩戒,可以说"扶正"与"祛邪"并重;从立法模式上看,既有分散立法,也有专门立法。[①] 这些立法是我国在科研不端行为的监督管理制度建设方面已经取得的重大成就,对规范科研行为,抑制科研不端发生、治理科研不端行为等都产生了积极作用。但是,从整体上看,我国在科研不端行为的监督管理制度建设方面还存在很多不足,需要进一步加强。

---

① 王国骞、唐伟华、陈越:《世界各国科研诚信立法模式及我国立法特征》,《中国基础科学》2013年第4期。

第一，建立完善、健全的监督审查制度。目前，从科研项目立项、科研过程的运行、科研成果的发表、科研项目结项、科研成果评审、科研成果奖励等各个环节都还缺乏完善的科研不端行为监督审查制度。从大学和科研机构的监督管理看，我国的大学和科研机构都存在完成科研任务的压力，实际上也存在增加科研成果数量从而增加大学和科研机构排名筹码的压力，这种压力使大学和科研机构比较注重科研经费、科研成果数量，而相对忽视科学研究质量和科研成果质量。大学和科研机构也不是不重视科研的质，但其基本思路是数量优先，质量其次，科研经费和科研成果等首先要"有"，其次要"多"，然后才是"好"。同时，大学和科研机构注重科学研究的结果，相对忽视科学研究的过程，在追求科研成果"有什么"的同时，忽视科研成果是"怎么来的"，注重科研成果有多少，忽视获取科研成果的途径。这种思路必然忽视对科研过程、科研行为、科研成果来源等问题的监督审查。大学和科研机构的科研管理，其主要任务是推动科学研究的数量增长，而忽视对科研行为的监督管理，这在无形之中就有可能放纵科研不端行为的发生。对学术期刊、出版机构的监督管理来说，注重科研成果数量而忽视科研成果质量的思路，必然形成科研成果数量不断扩张与学术期刊和出版机构数量有限性之间的矛盾。不容否认的是，当前发表和出版出来的论文和著作，粗制滥造、学术质量差的科研成果比较多，这种现象与学术期刊和出版机构审查监督的制度体制不够健全有关，一些缺乏职业操守的学术期刊和出版社，一些缺乏职业道德的责任编辑，为了经济利益，或者出于人际关系、权力等因素的考量，给投稿人放水，为不合格论文、著作开绿灯，甚至做出一些严重背离学术精神的事情。从科学研究过程的监督管理看，对科研成果数量的追求已经使科学研究转变成产业化、规模化生产，根据有的学者研究和考察，目前在局部范围内已经在一些杂志社、出版社、专业写手、科研人员、高校教师、高校学生等主体之间形成了利益共享的科研产业链，参与者雨露均沾，而且涉及的经费数额惊人，现在曝光并被法办的个别杂志社主编、期刊编辑涉案金额巨大，令人瞠目结舌。显然，上述现象意味着资本逻辑对科学领域的渗透力大大增强，也意味着科研行为监督管理制度建设、体制和机制的管控力度不够，难以抗衡资本的作用力，其中还存在着大量薄弱环节和漏洞，对科学事业健康发展造成了很大伤害。为此,加强科研行为监督管理制度建设刻不容缓。从整体上看,我国在科研行为监督管理方面的制度建设还存在诸多短板,大致说来可以归结为以下几个主要方面,科研不端行为监督管理制度建设也应从这几个方面入手:

一是法律和制度规范的更替相对滞后。法律应该具有双重特点:一方面,法律应该具有相对稳定性,法规不能朝令夕改,否则,法律的权威性就不保,法律效力也难以得到有效维护。另一方面,法律又具有与时俱进的特点,应该根据具体情况的变换适时进行法律条文的修订。为此,必须正确处理法律法规的稳定性与变革性之间的辩证关系。现代社会是不断变革、不断进步的社会,科学技术日新月异,科研人员的科研行为、科研手段和科研方法等都处于不断变化之中,同样的,科研不端行为的手段、途径、方式、种类等也在不断变化,花样翻新。作为对科技进步和科研行为的监督管理,这方面的法律和制度规范也应该与时俱进地变化。科学是社会发展中的革命性力量,其创新与变化的特点尤其突出,因此,与监督管理其他行为的法律法规相比,对科学技术发展和科研行为的监督管理具有一定的特殊性,相关法律条文、制度规范、体制机制等都需要更快更新,只有如此,才能跟得上时代发展的步伐,而现行科研行为监督管理的一些法律法规没有与时俱进地更新,法律法规滞后于科学技术发展、滞后于科学研究的发展,也滞后于科研不端行为的变化。事实上,目前我国监督管理科研行为的法律法规跟进速度比较慢,远远落后于实际需要,这种状况容易导致法律真空的出现,有些需要依法处理的科研不端案件因无法可依而难以得到及时处理,反过来说,法律真空也为科研不端提供了可乘之机,有些科研人员正是看到了监督管理制度的缺陷而选择科研不端行为的方式,钻法律和制度规范的空子。

二是我国目前监督管理科研不端行为的制度体系仍然不够健全,还没有达到"全面加强法治建设"的要求。一方面,监督管理科研不端的现行法律法规不够详细和具体,许多法律规范只是作了原则性规定,在法律条文的解释上也存在较大的解释空间,不具有实际可操作性,这些问题导致实践中的诸多问题,尤其是哪些法律条文适用于何种具体的科研不端行为,哪些科研不端行为适用于哪一条法律条文等,容易产生歧义,不够明确。另一方面，从科研不端本身来看，现实中的科研不端行为，其手段千奇百怪，花样翻新，这也导致在科研不端认定问题上标准难以统一，这就增加了法律条文制定上的难度。

三是目前对科研不端的惩治力度仍然不够，缺乏"震慑性""报复性"效果。在实践中，对大多数科研不端行为的惩处，第一位的选择仍然是道德惩罚；其次是纪律处罚；然后是行政处罚或民事处罚；最后才有可能选择刑法处罚。在科研不端行为的处罚问题上，往往是大事化小、小事化了，有些科研不端行为就算被发现，也难以受到实质性的法律惩罚，反之，如果科研不端行为没有被发现，实施科研不端的科研人员不但没有受到应有惩罚，相反还有可能尝到科研不端带来的甜头。惩罚的力度总是很小，奖励的力度总是很大；惩罚的力度总是很小，科研不端的危害总是很大，科研不端中蕴含的这种投入产出不成比例的状况必然刺激科研不端的"动力"和"积极性"，从而助长科研不端的增多。在这个过程中，不仅实施科研不端的人会受到鼓励，而且他们的科研不端行为还有可能在科学界形成不良的示范效应，这就难以抑制科研不端。实际上，很多科研不端已超出道德范围，已经成为给他人和社会带来损失的社会犯罪，危害性极大。事实证明，针对具有不同程度危害性的科研不端行为，应该选择不同程度的惩罚措施，给予不同程度的惩罚力度，不同性质的科研不端行为也应该采用不同性质的惩罚手段。在科研不端治理实践中，应该如何区分科研不端的性质，如何评估科研不端行为的危害性后果，如何给予科研不端合理的惩处、如何为科研不端的受害人讨还公道，如何在科学界建构公正的学术生态等，这些问题已经成为科研不端监督管理制度建设中面临的重要问题。

第二，建立过程和结果并重的科研监督管理制度。科研不端行为主要发生在科研过程之中，而在科研过程之中发生的科研不端行为并不会完全从科研结果中显示出来。不仅如此，实施科研不端行为的科研人员总是试图在科研结果中掩盖自己在科研过程中实施的科研不端行为，这就使科研不端具有极强的隐蔽性。同时，这种特点也要求对科研不端的监督管理要既注重过程也注重结果。只注重对科研结果的监督管理，往往无法有效抑制在科研过程中发生的科研不端行为，甚至还会鼓励在科学研究过程中搞科研不端的机会主义。必须承认，目前的科研行为监督管理制度更注重结果而轻视过程,注重科研结果是什么,忽视科研结果是怎么得到的;注重形式上的监督管理,忽视实质性的监督管理。比如现在通行的论文、著作查重,就往往流于机械操作,其基本流程是,将论著导入数据库中,然后由系统自动检测论著中存在的与数据库中的著作相同或相近的语句,通过这种方法来确定论著重复率的多少,进而确定论著是否存在科研不端问题。对科研不端的这种审查方式显然只是注重了结果而忽视了过程,注重形式审查而忽视实质审查。道高一尺,魔高一丈,诸如查重这种机械审查方式必然催生相应的作假办法。事实上,对科研不端的审查不能变成对语言文字的审查。语言是非常丰富的东西,同一种思想可以有多种语言表达方式,诸如查重这类只注重结果和形式的监督管理,使个别科研人员在实施科研不端行为时,将抄袭变成语句组合,通过改变语言表达方式来剽窃他人的原创思想,用变换语言表达方式而不改变思想观点的方式来行科研不端之实,用语言表达的“创新”来掩盖思想观点的剽窃,用语言表达的创新来替代思想观点的创新,这种隐形剽窃在社会科学研究的科研不端案例中尤为普遍。科学研究变成了文字游戏,有些“科研”不是思想创造而是改头换面的盗窃,不是实质性的学术创新而是文字表达上的创新,这种依靠文字上的改变、利用各种科研论著东拼西凑“生产”科研成果的做法,是科研不端中极为隐蔽的形式,它使科学研究流于形式主义而毫无实质进展,因而也是科研泡沫——科研成果数量巨大而质量十分低劣的重要原因。隐形剽窃、变换语言表述的科研不端意味着,在科研过程中的实质剽窃与形式“创新”是诸如机械查重这样的监督管理无法控制的,因为形式上的“创新”必然在注重形式的监督管理中畅通无阻,而实质的剽窃却无法被注重形式的监督管理发现。由此看来,建立一种既注重科研结果也注重科研过程的监督管理,才能建立起注重科研内容和思想原创的实质性审查,建立这样的监督管理制度已经势在必行,这对隐形剽窃类科研不端来说是如此,对其他科研不端的监督管理来说也是如此。上述分析表明,诸如论著查重这样的监督管理手段虽然有其优点和可操作性,但是其缺点也是非常明显的,在对科研不端的监督管理制度建设中,最终还是要发挥专家的作用,发挥同行评议的作用,因为机械查重只能发现形式上存在的问题,无法发现思想观点中存在的问题,有些问题只有依靠同行评议来发现。

第三,建立惩罚与奖励并重的科研行为监督管理制度。人的行为有"从恶"的可能,就有"从善"的可能,有"违规"的可能就有"合规"的可能。在科学界,既然有科研不端行为,就必然有科研端正的行为。因此,科研不端行为不是科研行为的全部,对科研行为的监督管理不能等同于对科研不端行为的监督管理。建构科研行为的监督管理制度,不能只奠基在"人性恶"的基础上,而且要奠基在"人性善"的基础上,既要建立"惩处""去恶"的科研行为监督管理制度,更要建立"奖励""扬善"的科研行为监督管理制度。"恩威并施"、奖惩分明的制度才是好制度。如果对违规者不加惩罚,最后就有可能人人违规;如果对守规者不加鼓励,最后就有可能人人不守规。科研行为监督管理制度不能只立足于消极惩处,更要立足于积极防御和引导,要将正反两方面结合起来,并且将扶正置于比祛邪更重要的方面来对待。

首先,要建立对科研不端的惩罚制度和惩罚机制。目前,监督、管理和惩罚科研不端的制度和体制机制都还不够健全,因而有必要从多方面加以完善,比如建立媒体、科学共同体、大学、科研机构、社会公众等多主体多管齐下的立体监督体系,全方位的管理和惩罚机制;完善对发现和遏制科研不端有效的同行评议制度、重复实验制度等,并使之制度化、规范化和普遍化;建立专门的科研不端行为监督、管理和惩处机构;建立科研人员的科研诚信档案,对科研人员的研究行为做诚信记录;建立科研不端行为人黑名单制度,将科研不端与科研项目立项、科研奖励、职级晋升、利益分配等挂钩;对科研不端行为实施一票否决制,提高科研不端行为的成本;建立规范的科研不端调查、曝光制度;制定合理的科研不端惩罚标准,等等。在科研不端的监督、管理和惩罚问题上,坚持"报复论"和"威慑论"统一的原则。如果科研不端行为给行为人带来的结果是收益小于成本的,那么,科研人员实施科研不端的利益动机就会减小,科研不端行为就会弱化,搞科研不端的人数也会逐步减少;反之,如果科研不端行为给行为人带来的结果是收益大于成本,那么,实施科研不端的利益动机就会增强,科研不端行为就会强化,从事科研不端的人数就会逐步增加。

因此,建立科研不端行为的惩罚制度,必须让科研不端行为人付出的成本大于收益,使之为科研不端行为付出较高代价,对科研不端的报复力度应该大于科研不端滋生的消极影响,让实施科研不端行为的科研人员在惩罚中之所失大于其在科研不端行为中之所得,只有对科研不端的惩罚力度大于科研不端实施的力度,大于科研不端产生的消极影响,科研不端才能得到有效遏制。通过对科研不端的监督、管理和惩罚,既使科研不端行为得到"报复",又使潜在的科研不端行为得到"震慑"。对科研不端的惩处要注重学术打假。国家可以考虑制定一部关于专门惩治科研造假行为的法规,尽快建立健全学术打假的相关法律法规和条文,同时运用科学、合理和有效的学术打假手段,使学术造假无处藏身,露头就打,让科研人员不敢作假、不能作假、不想作假。同时还应该注意的是,对科研不端的监督管理要把握界限、注意分寸,监督管理主要是一种监控手段而不能走到对科研人员丧失信心的方向上去,尤其是不能变成对大多数科研人员的不信任。实际上,绝大多数科研人员的科研行为端正的,他们对科研不端是深恶痛绝的,有些科研人员还是科研不端的受害者。科研不端的监督管理要从增强对科研人员的信任出发,不能打击科研人员的信心和科研积极性。

其次,应该建立学风学术道德奖励制度。对学风学术道德的奖励主要包括两个部分:一是奖励那些在遵守学术规范、科研道德方面表现优秀的个人或团队。如前所述,科学研究包括科研过程和科研结果两个部分,科研不端主要是在科研过程之中发生的,因此,科研奖励不仅应该奖励科研成果,而且应该奖励科研行为。如果说科研人员在科研过程中实施的科研不端行为应该受到惩罚,那么,科研人员在科研过程中遵守学术道德和学术规范的行为也应该受到奖励。特别是在科学研究中模范遵守科研道德和学术规范,在学风和学术道德方面作出表率的科研人员和科研团队,更应该受到奖励。科学研究是变与不变的统一,科学思想、科研方法、科研成果等应该创新求变,而对学术规范、科研道德的坚守应该守正不变,科研奖励既要注重对创新性科研成果的奖励,更要注重对严格遵守学术规范和科研道德,具有良好学风、学术道德、坚定的科学信念和科学精神的楷模进行奖励。通过学风学术道德奖励制度的建设,树立科研道德方面的标杆,使科研人员充分认识到科学研究既是创造科研成果的过程,又是坚守科学精神、科研道德和学术规范的过程,科学研究既要追求结果,也要注意过程,通过正确的手段达到创新的目的才是科学研究应有的选择。通过加强科研行为奖励制度建设,就能最终达到引领科学界的良好学风、抑制科研不端发生的目的。二是保护和奖励揭发举报科研不端行为的人。在现代社会,科学研究的规模巨大,这使科研不端的发生也成为更为频繁的问题;科学研究是高度专业化的事业,与之相应,科研不端的手段和方式也变得高度专业化了。另外,科研不端有很强的隐蔽性,一些科研不端行为往往只有学术界的少数内部人士能够识别,局外人很难发现,有些科研不端行为甚至在同行评议中也很难发现。这些特点决定了发现科研不端需要有很强的专业能力,甚至可以说,科研不端的发现也已经成为专业性问题了。

总之,发现科研不端需要专业能力,揭露科研不端需要道德勇气,局内人揭露科研不端往往还需要在人际关系、科学伦理、学术规范与现实利益等方面作出痛苦的权衡与抉择,需要有强烈的社会责任感。在特定情况下,揭露和举报科研不端往往还会给举报人带来职业风险或利益风险。因此,对于那些正确的举报行为应该给予保护和奖励。应该建立对揭发和举报科研不端的人进行保护的制度,建立保护科研不端举报人权利的制度规定。有些科研不端的举报人在举报科研不端行为、得到奖励之后,有可能在原有机构待不下去甚至失去工作,因为有些科研机构不愿意聘用那些举报团队内部作假事件,将家丑外扬的人,表面上肯定举报人的行为,实则将其拒之千里或扫地出门,举报人在科研机构中也有可能因其举报行为而被孤立,鹤立鸡群。为此,政府机关、科研管理部门要作出明确的制度规定,对揭发和举报科研不端的人给予保护,保护其合法权利,从制度上激励对科研不端的举报,维护科学界的公平正义。另外,建立对举报科研不端的行为人加以奖励的制度,还能够从制度上肯定和激励对科研不端的举报,也从制度上体现了捍卫学风学术道德的价值导向。

无论是对科研不端的惩罚还是对学风学术道德的奖励制度,都应该坚持公开性原则。对科研不端的查处既要保护科研不端受害人、举报人的权利,也要保护被举报人的合法权利,在对科研不端的查处中不仅要坚持实质正义,而且要坚持程序正义,解决这一问题的办法可以考虑设计公众参与的审查制度,推进科研不端处置问题的公开化、民主化。首先,可以建立公示制度。将科研不端的审查标准、程序和过程公开,让科研不端的审查和处理过程透明化,使之在科学界全体成员、社会公众的有效监督之下进行。学术评议过程也应该公开化,公开学术评议过程能够使学术评议过程受到整个学术界和社会公众的监督,从而保证学术评议的过程和结果都公平公正。其次,可以建立申诉制度和听证制度。科研不端是专业领域中的越轨行为,涉及很多专业问题,这就大大增加了科研不端审查、处理过程中的专业性、复杂性,也使科研不端的界限、处理分寸等很难准确把握,为此,有必要建立科研不端申诉制度、听证制度,被评议人、被举报有科研不端行为的人、举报人、受害人、科研机构以及社会公众等,都有权对学术评议结果、科研不端的审查结果等提出申诉,并有权提出听证要求,在申诉和听证过程中,能够让真相愈辩愈明,从而有效提高学术评议的质量,提高科研不端认定和处理的准确性,并使被评议人、被举报人的合法权益得到有效保护。公示制度、申诉制度和听证制度所蕴含的公开性、民主性,能够使学术评议、科研不端的查处等得到有效监督,有利于遏制学术评议和科研不端查处过程中的不端行为。

第四,建立科研不端的问责制度。科研不端不能只惩罚个人,而且应该惩罚科研机构;学风学术道德的奖励,也不能只奖励个人,而且应该奖励科研机构和团队。在实践中往往出现这样的情况,即在有些大学、科研机构或行业中,科研不端发生的数量比较大,频率比较高,而在另外一些大学、科研机构或行业中,科研不端发生的数量比较小、频率比较低,甚至没有科研不端事件发生,这种情况往往是由大学、科研机构或行业的综合性因素决定的。可见,无论对科研不端的监督管理和惩处,还是对学风学术道德的奖励,都不仅应该涉及实施科研不端行为的个人,而且应该涉及行为人所在的集体,这就需要建立科研不端的问责制度。问责制度意味着不仅要追求科研不端行为人个人的事后责任,而且要追究科研不端行为人所在集体的责任;不仅要有对科研不端行为人的惩处,而且要有对科研不端行为人所在集体的惩处。事实上,科研不端行为不是孤立现象,科研不端行为人也不是孤立的个体,科研不端跟大学、科研机构和行业组织监督不力、管理不到位、学术评价不公、科研管理的价值取向出现偏差、学术生态和学术文化恶化等问题有关,跟大学、科研机构和行业组织将追求科研成果数量的压力转移给科研人员有关,而这些问题与科研人员所在集体的理念、管理是有关的。因此,科研人员所在集体对科研人员的科研不端行为负有责任。现在有很多科研不端都不能只由行为人负责,科研不端是科研人员的行为结果,而科研人员所在集体的科研管理、学术生态、学术文化等往往是科研不端滋生的温床,恶劣的科研管理和学术生态甚至可以"逼良为娼"。因此,只惩罚科研不端行为人是不公平的,还应该对科研不端行为人所在的集体进行问责。比如现在有些大学对论文代写代发、委托中介机构完成课题等行为都给予严惩,可是,在大学的打印室、电线杆子甚至食堂、厕所等公共场合,到处都张贴有论文代写代发、论文买卖、招聘专业写手的广告,甚至在科研人员之间、研究生之间也存在帮助撰写论文的有偿服务,对这些问题,有些大学管理不力,处罚不严,大学教师和学生也没有正规渠道反馈意见,在这种学术环境中发生的科研不端,难道只是行为人的责任吗?难道行为人所在集体没有责任吗?另外,有些大学和科研机构过度追求科研经费、成果数量,给科研人员施加巨大压力,将科研数量指标与经济利益分配结合起来,这些做法如果过度了,就有可能将科研人员引导到"只要结果,不择手段"的方向上,引导到违背科研规律和学术精神、通过追求科研数量去追求个人利益的功利主义方向上。有些大学和科研机构为了科研经费、科研成果等指标的增长,对科研不端睁一只眼闭一只眼,甚至放纵科研不端行为发生,对科研数量增长的重视远远超过对科研行为的重视,对科研成果的重视远远超过对获取科研成果途径的重视。如果仔细分析多年来大学和科研机构发现的科研不端案例就不难发现,大多数科研不端案例都是被个人发现,然后举报或公布到互联网上的,而不是大学和科研机构官方发现的,这从一个侧面反映了大学和科研机构对科研不端行为的监督管理不力。这种情况下发生的科研不端,难道只是行为人的责任吗?难道行为人所在的集体没有责任吗?再比如,现在有很多科研不端案例跟论文发表有关,有些剽窃、抄袭、造假的论文在学术杂志上顺利发表,甚至在很著名的学术期刊上发表,科研人员对写作过程中的不端行为无疑应该负责,可是,杂志社是否应该对科研不端论文的发表负责？编辑、审稿专家、编委会、主编等各个环节的主体是否存在责任？他们对科研不端是否应该承担责任？除了对科研人员追究责任外，是否应该对论文发表过程中各个环节的主体追究责任？回答显然是肯定的。可见，科研不端行为人所在单位、科研不端论文发表的期刊、同行评议专家等都对科研不端负有不可推卸的责任。为此，建立科研不端问责制度势在必行，应该建立并不断完善学术问责制度，设立专门机构明确科研不端的问责主体及其责任，负责科研不端的责任追究，制定并完善学术问责的具体内容和标准，准确认定问责主体和责任内容。在学术问责制度实施的过程中，还应该加大问责力度，对严重科研不端行为人和相关责任机构必须严惩，只有有力增强科研机构的责任心，才能有效遏制科研不端的发生。

　　第五，加强科研不端监督管理制度建设的科学性。科研行为的监督管理机构应该建立起科学、完备的管理体制和运行机制。监督管理制度建设有其内在规律，必须坚持科学性。比如：制定各种规范，建立独立、客观、公正、公开以及主体之间相互制衡的管理体制、机制和制度，确保通过科学的程序对科研不端加以认定和评判等。近年来，随着科研不端的频繁出现，国内外都建立了一些防范和治理科研不端的制度，尽管这些制度的建立是一种巨大进步，但是仍然存在诸多问题，需要进一步完善和加强。美国的"科研诚信办公室"有完善的法规、制度、人员配备、资源保障机制、运行规则等，细致如相关人员的资历背景、电话号码、邮箱地址等都一应俱全。任何人都可以从互联网上获得自己所需要的信息。在这方面，中国的科研行为监督管理机构还有大量工作要做。比如这些机构所遵循的具体法律、规章制度还有待建立；科研行为监督机构自身的管理规范、运行规则、人员配备、资源保障等等还需要完备地建立起来。否则，对科研不端的处置就有可能无章可循、无法可依，只能按经验办事。同时，对科研不端的防范和治理本身应该职业化。国内现有科研行为监督管理机构的工作人员大多数都是兼职，偶尔为之。作假者有职业而打假者是兼职，这肯定不利于对科研不端的监督和管理。科研行为的监督管理机构、制度应该具有独立性。由于科研不端及其后果涉及多方面主体的利益，因此，防范和治理科研不端的制度、监督管理机构应该具有独立性；应该以客观、公正为基本价值取向，有公开、中立、相互分离制衡的司法程序。其中，独立性是客观性、公正性和中立性的根本前提，为此，防范和治理科研不端的制度、规范和运行机制都应该具有独立性。独立性之所以重要，原因在于它是对特殊主体利益的超越，唯有如此，才能捍卫相关制度、规范的普遍性，避免行政、金钱、人际关系等非法律因素的介入。美国的科研监督机构特别突出独立性。美国政府的"科研诚信办公室"是美国防范和治理科研不端最重要的官方机构，它完全独立于科研管理部门。科研不端行为一经认定，造假者在一定年限内将不得参与由美国政府资助的研究项目，造假者的身份信息还将在网上公布。科研不端的处理完全遵循法律上的分离和制衡原则，以确保程序和结果公正。此外还有独立的上诉和听证程序，美国国会早在 20 世纪 80 年代初就开始介入并就科研不端进行听证。

国内现有的科研监督机构基本上都从属于上一级学术机构或行政管理机构，而不是独立的第三方机构，这容易导致对科研不端的处置以行政处置为主，而中国传统文化中"家丑不外扬""个别服从整体""个别服从全局"等观念，容易导致对科研不端的处理无法客观、公正地进行，甚至有的大学和科研机构"为了全局"、为了既得利益而包庇科研不端。一些大学和科研机构，即使发现了科研不端事件，为了学校的"整体发展"，往往都是大事化小、小事化了。只有对那些确实已经曝光，无法遮掩的案件，才会进行认真的调查和处理。在处理方式上，往往也是避重就轻，批评教育为主，惩罚力度有限，因而难以起到警示作用。可见，加强对科研行为的监督管理，加强对科研不端的治理，本质上需要大学和科研机构转变观念，需要充分认识到这个问题的重要性，增强自我革命的勇气，否则，即使监督管理制度建立起来了，也无法得到有效执行。可见，在科研不端治理中，建立具有独立性的监管机构是当务之急，它能够最大限度避免大学和科研机构内部专家组成的委员会自我审查的缺陷，也能够最大限度避免人情、金钱、行政权力等因素介入科研不端的处理，还能够避免大学和科研机构为了维护单位整体利益、名誉等出现的偏袒、包庇科研不端的现象出现。

三 加强科研不端治理的法治建设

现代社会是以科学技术为基础的社会,因此,科研不端是一种破坏社会发展基础的行为,它不仅是一种反科学的行为,而且是一种反社会的行为,因而需要通过法治建设来加以管控。科学技术社会化和社会科学技术化,不仅标志着科学技术对社会发展的正面作用力不断增强,而且标志着科研不端对社会发展的负面作用不断增强。可以说,科学技术对社会的正面作用有多大,科研不端对社会的负面作用就有多大。科研不端的负面作用增强,必然要求社会对科研不端的治理力度也随之增强,这就将科研不端的法治治理提上了议事日程。如果说科学技术和法治建设都是现代化建设的基本目标,先进的科学技术和完备的法治体系都是现代国家的基本条件,那么,针对科研不端行为,形成完备的治理体系,特别是形成完备的科研不端治理体系,既是科研不端治理是达到成熟的重要标志,也是现代社会法治体系建设是否健全的重要标志。

在科研不端治理问题上,欧美科技发达国家已经形成了较为完备的法治体系,值得借鉴和参考。我国也应该在中国特色社会主义法治体系建设中加强科研不端治理的法治建设。依法治国应包括"依法治学"。美国对学术诚信的重视除了体现在不断改革的制度设计上,也在法治层面有所体现。1985 年,《卫生研究扩展法》在美国颁布,该法在原《公共卫生法》上增加了治理学术不端的专门条款,《国家卫生研究振兴法》由克林顿总统签署,将处理学术不端行为指控的责任从研究拨款机构(国家卫生研究院)分离出去,将科研诚信办公室设置为卫生和人类服务部之内的独立实体。美国几乎所有大学和研究机构都陆续出台了相关法律政策,制定了相关诚信条例用以保证研究人员的学术诚信。[①] 美国国会制定的关于学术不端的立法使美国的学术不端治理能够得到有效保障。此外,美国在对学术不端的审理中,对个人隐私的保护也是其制度优越性的体现。

---

① 蔡瑞:《国外学术不端行为治理机制及其启示》,哈尔滨师范大学学位论文,2015 年;王英杰:《改进学术环境,扼制研究不端行为——以美国为例》,《比较教育研究》2010,32(01):1—6。

处理有关学术不端的举报和指控都遵循类似程序,都有程度不同的保密政策。这些保密政策与有关联邦法规的要求相一致,其基本精神可以归结为一句话:既要最大可能地保护诚实举报人的隐私,又要最大可能地维护被控人的权利。①

在现代社会,科学技术是社会发展的第一推动力,从这种意义上说,也可以将科研不端视为社会发展的第一破坏力。因此,科研不端的法治治理是任何现代国家都必须面对、不可回避的重要问题。在一定意义上说,一个国家的现代程度不仅取决于其发展科学技术的能力,而且取决于其治理科研不端的能力。对科研不端的治理必须坚持"依法治学","全面依法治国"不能遗漏了对科研不端的法治治理,中国特色社会主义法治体系建设不能遗漏了科研不端治理的法治体系建设,否则,这样的依法治国就是不全面的,这样的法治体系也是不完备的。因此,应该大力推进科研不端治理的法治建设,制定并完善与科研诚信建设、学术规范建设、学风学术道德建设和科研不端惩戒相关的法律法规,明确规定科研不端的认定标准和查处程序等方面的法律原则,提高惩戒科研不端的法治能力,构建防范和治理科研不端的法治体系。法律无禁区,科学研究不能成为法外之地。让法治介入科研活动、用法律来防范和治理科研不端,其实质在于将科研活动纳入法治秩序,由法律为学术自由划界,赋予学术自由以正确的内涵。必须看到,欺骗、造假、剽窃等科研不端行为不仅不属于学术自由,而且达到一定程度的时候就会演变成犯罪。对此只需要考虑三个问题:其一,科研人员浪费或侵吞社会公众对科学研究的投入、科研管理者因为职责疏忽造成社会公众对科研投入的损失,是不是犯罪?其二,科研人员破坏知识产权,造成对其他科研人员科研成果的侵害,是不是犯罪?其三,科研人员因违背学术规范,导致科研成果的应用对公众利益的损害,是不是犯罪?可以说,在这三个维度上都存在"度"的界线,在一定"度"的范围之内属于道德问题,而越过一定"度"的界线就是犯罪行为。可见,不能将科研不端仅仅看成思想教育问题、道德问题,而应该从法律高度审视科研不端,重视其中的法律问题,应该加强针对科研不端的立

---

① 水梦云、金卫婷:《美国处理学术不端中的保密政策》,《科技中国》2006(8):48—53。

法,制定完备的法律法规,为科研行为、学术自由划定界线,做到科研不端治理有章可循,有法可依。同时,要建立起科学、完备和严格的执法程序,规范科研不端治理的司法实践。

通过法治建设来治理科研不端是全面依法治国的题中应有之义,也是世界各国通行的做法。目前,我国在科研不端治理的法治建设方面已经取得了一些成就,但从整体看还做得很不够,仍然存在很多问题需要完善。单就立法来说,首先值得肯定的是,我国已经有多部法律涉及科研诚信建设、科研不端治理等问题,在科研不端治理的立法方面已经取得了很大进展。在现行法律中,2007 年 12 月 29 日颁布实施的《中华人民共和国科学技术进步法》算得上是针对科研不端的立法,但即使是在这部法律中,有关科研不端治理的法律规定也只有五条。另外,在《中华人民共和国知识产权法》《中华人民共和国著作权法》《中华人民共和国高等教育法》《中华人民共和国教师法》《中华人民共和国学位条例》《国家自然科学基金条例》等法律法规中,都不同程度地涉及科研不端治理。在 1990 年颁布的《中华人民共和国著作权法》第 46 条第 1 款中,曾经将"剽窃、抄袭他人作品"作为侵犯著作权的手段之一;可是,在 2001 年新修订的《著作权法》第 46 条第 5 款中,又删除了"抄袭"一词,将"剽窃他人作品"作为侵犯著作权的手段之一,这一变化体现了立法意图上的明显变化,它意味着"剽窃"与"抄袭"在概念上是等同的,因而不必并列为两种科研不端类型。2001 年,我国对《著作权法》进行了修订,其中规定剽窃、抄袭行为不再承担行政法律责任,而只需承担民事法律责任,这一变化意味着,对剽窃、抄袭等科研不端行为的打击力度不仅没有强化,而且反而有所弱化,因而实际上降低了对著作权的保护力度。可见,我国现行法律法规对剽窃、抄袭等科研不端行为的类型在认定上不够清晰,关于科研不端行为的制度规范还不够健全和科学,针对科研不端行为规定的法律责任既不够明确也不够严厉。从某种意义上说,这些立法上的缺点是导致剽窃、抄袭等科研不端行为屡禁不止、频频发生的重要原因。法律也具有导向性。如果有关法律规定的科研不端行为类型不明确、不完整,或者有关法律规定的对科研不端行为的惩罚力度不强,那就意味着法律对科研不端的认定和处置存在较大的模糊空间,科研不端行为人的违法成本比较低,不能不说这些问题是近几年科研不端行为层出不穷的诱因之一。2020年11月11日,中华人民共和国第13届全国人民代表大会常务委员会第23次会议审议通过了《全国人民代表大会常务委员会关于修改〈中华人民共和国著作权法〉的决定》,从2021年6月1日起施行。其中,在第5章著作权和与著作权有关的权利保护中,规定了各类著作权侵权行为的民事责任和刑事责任,并且完善了相关的诉讼和仲裁条款。另外,在2007年2月24日,我国还颁布了《国家自然科学基金条例》,其中也包含有科研不端处置方面的相关规定,不容否认,这些都是我国在科研不端法治治理上的成就。不过,上述法律条文的规定比较模糊,内容不够完善和具体,基本上以指导性意见为主,因而已经不能适应形势的新变化。同时,关于科研不端治理的许多法律规定并没有得到很好落实。以上所述大致就是我国在科研不端法治治理方面已经取得的立法成就,以及在科研不端法治治理的立法方面存在的问题。

与科学技术、政治民主和市场经济一样,法治建设是现代国家的基本标志。美国国会在1985年就实施了《健康研究法案》,并在其后又根据科研不端行为的新变化,与时俱进地制定了相应的统一管制法案,到现在已经基本形成了比较完备的科研不端治理法治体系。良好的学术生态、科学界的良好秩序等,都需要建设完备的法治体系来实现。法律的功能主要是管理人的行为,它注重对行为的外在约束,其目的是通过划定界限使人认识到行为的原则,从而对不端行为"不敢为"。根据危害程度的不同,科研不端有可能触及民事、刑事和行政方面的问题,相应地,通过法治建设来治理科研不端主要包含三个方面的问题:民法视野下的科研不端治理、刑法视野下的科研不端治理、行政法视野下的科研不端治理。完善的法律制度体系建设,可以通过对各种科研不端行为的严厉打击和制裁,增加科研不端不端行为的风险及承担的后果,使潜在的行为人因为可预见的结果而主动放弃实施科研不端行为的企图。

第一,从民法角度治理科研不端。在国家层面,首先应该通过加强科研不端治理的民事立法,对科研不端这一侵权行为所导致的民事权利、义务和责任等法律问题作出明确规定。科研不端至少有可能在三重意义上涉及民事法律纠纷:一是科研不端行为人与科研成果创造者之间的民事法律关系。由于科学研究是人类的智力活动,科研论著是人类智力活动的创造性成果,它们跟知识产权紧密联系,而知识产权又跟个人利益息息相关,这一特点在知识经济时代、科技时代尤其明显。因此,科研不端既是对他人智力成果的侵害,也是对他人知识产权、合法利益的侵犯,这种侵权行为必然导致科研不端行为人与科研成果创造者之间的责任、权利和义务等法律问题。二是科研不端行为人与科学研究投资人之间的民事法律关系。现代社会的科学研究必须由国家、企业、事业单位甚至个人投入大量资金才能得以进行,从表面看,科研不端是对科研成果创造者的智力成果、知识产权和合法利益的侵害,但实质上却有可能侵害科学研究投资人的利益,因此,在科研不端行为人与科学研究投资人之间有可能产生民事法律关系。三是科研不端行为人与社会公众之间的民事法律关系。科研成果的应用也会对国家、集体和社会公众产生影响,因此,科研不端行为产出的虚假科研成果,这些成果在应用过程中有可能破坏社会公众的利益,从而使科研不端行为人与社会公众之间形成民事法律关系。通过科研不端产出的科研成果,在其应用过程中,有可能破坏国家、集体和个人的利益,从而有可能在科研不端行为人与国家、集体和个人形成民事法律关系。在特定情况下,科研不端甚至有可能演变为经济行为。

因此,科研不端必然涉及民事层面的法律问题,通过民法的立法可以明确划定科研行为的民事法律红线,明确规定科研不端的认定依据,明确规定科研不端所导致的民事责任、权利和义务,对科研不端产生的民事后果规定明确的惩罚性措施、处置程序和处置原则,从而明确科研不端行为民事赔偿的强制性规定。科研不端的动机往往是个人利益,通过民事立法和执法治理科研不端,能够使科研不端行为付出民事利益的代价,这不仅能够维护社会正义,而且能够提高科研不端的民事代价,抑制科研不端的发生。显然,科学界的秩序和社会秩序都需要国家公权力来维护,科研人员的行为需要国家公权力来规范,科研不端导致的民事权利、义务和责任关系需要由国家公权力来管理,科研不端行为需要国家公权力来制止,科研人员、科学研究投资人、社会公众、国家、集体和个人的合法权利也需要国家公权力来保护。只有当国家运用法治手段介入科学活动的时候,科学界的公平正义、社会的公平正义才能得到伸张。加强针对科研不端的民事立法不仅能够对科研不端产生威慑作用,而且能够使科研不端得到民事方面的应有惩罚。更为重要的是,通过对科研不端的民事立法,能够划定科研行为的法律界限,能够对科学研究涉及的民事责任、权利和义务等问题作出清晰规定,能够让科研人员和社会公众在思想上增强法治意识,在行动上有民事法律的遵循,显然,这些都有助于规范科研人员的行为,维护科学界和社会的正常秩序,维护科学界和社会的公平公正,推动学术生态和学术秩序健康发展,也推动社会健康发展。

第二,从刑法角度治理科研不端。国外已经有运用刑法治理科研不端的先例。根据新闻调查显示,美国首例因科研不端行为而被判入狱的伯灵顿市佛蒙特大学医学院前研究人员艾里克·波赫尔曼在申请基金项目时就因提供了虚假数据而被判入狱服刑 1 年。可见,我国也应该加强这方面的法治建设。如果说现代社会是以科学技术为基础的社会,那么,科研不端可以视为对社会基础的破坏,因此也是对社会法益的破坏。既然如此,科研不端行为就应该在刑法治理所涵盖的范围之内。科研不端的恶性和科研不端产生的后果都有程度之分,达到一定程度就会演变为犯罪行为。因此,除了运用民法手段加强对科研不端的治理外,还应该运用刑法手段加强对科研不端的治理。民事责任与刑事责任在程度上有质的不同,二者的区分主要有一个判断标准:法律责任的差异主要取决于行为的危害程度的差异。科研不端行为的恶性程度决定科研不端的性质,也决定科研不端行为人应该承担民事责任还是刑事责任。因此,应该根据科研不端行为的恶性程度来开展民事立法和刑事立法,划定科研不端行为应该承担民事责任或刑事责任的界限。如果科研不端行为的危害程度已经达到某种质的界限,科研不端行为人就应该承担刑事责任。比如,如果科研不端行为达到很严重的程度,已经严重侵害国家、集体、个人或社会公众的合法权益,通过民事赔偿已经无法弥补对国家、集体、个人或社会公众的损失,那么,刑法就应该介入对科研不端的治理。判断科研不端行为是否属于犯罪行为,是否触及刑事法律关系,关键在于科研不端行为是否符合刑法规定的犯罪构成要件。可见,应该针对严重的科研不端行为,加强刑事立法,运用国家强制力量来管控那些情节严重、危害国家、集体、个人和公众利益的恶性程度较高的科研不端行为。比如,规模化团队科研造假、有偿代写论文、论文/著作买卖、论文/著作产业链、科研数据团队造假、项目申报审批中的权力-利益寻租、成果发表中的不端行为等，已经不是简单的科研不端行为，而且是严重的经济犯罪，这些行为不仅扰乱了科学界的学术秩序，而且扰乱了国家的经济秩序和社会秩序，科研不端行为人不仅获得了巨额经济利益，而且给国家、集体、个人或公众造成巨大的经济损失。对这些违法行为，必须通过刑法加以严厉打击，通过刑法保障国家、集体、个人和公民的合法权利，保障社会主义市场经济秩序，也保障学术秩序和社会秩序。

从科研不端行为的法益侵害性来看，《刑法》需要保护的法益主体包括国家、社会和个人等多层面的主体。比照本书在上文阐述科研不端的民事法律治理时提出的观点，科研不端犯罪有可能形成科研不端行为人与科研成果创造者、知识产权拥有者之间的刑事法律关系、科研不端行为人与科研投资人之间的刑事法律关系、科研不端行为人与国家、集体、个人或社会公众之间的刑事法律关系等，科研不端行为不仅有可能侵犯个人法益，而且有可能对国家的科技创新、科研管理、公共安全乃至国家安全等造成不同程度的危害。另外，科研不端行为还有可能对社会组织、企业、事业单位等集体主体的法益构成侵害。因此，科研不端有可能对科研成果创造者、知识产权权益人、科学研究投资人、国家、集体、个人和社会公众等不同主体构成犯罪，这些主体都有可能成为科研不端行为的受害者，因而也必然成为《刑法》保护的法益主体。

从科研不端行为的刑事违法性来看，在目前我国《刑法》的立法规定中，还没有专门设立针对科研不端的罪名条款，还没有对科研不端行为的刑事违法性、科研不端行为的犯罪构成要件等作出明确规定。但是，我国的《科学技术进步法》第73条明确规定，对违反《科学技术进步法》构成犯罪的，应依法追究刑事责任，这一规定至少包含两个含义：一是违反《科学技术进步法》的行为有可能构成犯罪，而严重的科研不端行为显然有可能违反《科学技术进步法》，因此，严重的科研不端行为有可能违法。二是既然严重的科研不端行为属于刑事犯罪，因而可以适用《刑法》来加以处置，达到犯罪程度的科研不端行为处于《刑法》管控的范围之内。可以说，《科学技术进步法》的上述规定和法律内涵，为运用《刑法》治理科研不端提供了法律依据。同时，《科学技术进步法》的规定也表明，《科学技术进步法》已经先于《刑法》确认科研不端有可能成为犯罪行为，《科学技术进步法》认定《刑法》可以适用于科研不端治理。显然，这意味着《刑法》针对科研不端的立法落后于《科学技术进步法》针对科研不端的立法，这在很大程度上成为《刑法》的一个漏洞，也为《刑法》针对科研不端的立法提出了要求。目前，我国《刑法》还没有直接针对科研不端的专门条款，这已经成为《刑法》的一个漏洞。因此，《刑法》应该加强针对科研不端的立法，增列科研不端的犯罪罪名和犯罪类型，明确规定科研不端犯罪的恶性程度、犯罪构成、量刑标准和惩处原则等。通过弥补不足，完善相关条款，使科研不端的刑法治理有法可依，使司法实践能够直接适用刑法相关条款，实现对科研不端行为的刑法惩治。

从科研不端行为的应受惩罚性来说，很多严重科研不端行为产生的危害性后果已经达到了《刑法》惩治的范围。根据我国目前关于科研不端刑法治理的现状，对科研不端行为的刑法治理要注重以下几个问题：一是要落实我国《科学技术进步法》第73条的适用；二是要通过修改部分现有立法，对相关法律条文进行完善和修订，增加科研不端的相关条款，将科研不端的刑法治理落实到法治体系和法治建设之中。三是要把握尺度。既然科研不端的危害程度有差异，那么，就不是所有的科研不端行为都应该受到刑法惩治，从刑法角度来看，只有违反刑法规定，符合刑法规定的犯罪构成要件、达到定罪量刑标准的科研不端行为才能适用刑法。因此，运用刑法惩治科研不端行为要注意把握分寸，这就为《刑法》提出了针对科研不端进行立法的明确要求。

第三，从行政法层面治理科研不端。行政法主要是调整行政关系的法律规定，是规范和监督行政管理活动的法律规范。从主体看，行政法调整的主要是行政机关与法人、公民和其他组织之间由于行政管理活动而发生的法律关系。科研不端行为有可能导致行政关系方面的法律问题，因而需要由行政法来介入科研不端治理。目前，从行政法层面开展科研不端治理主要包括以下几种处罚方式：一是警告。其适用对象主要是那些影响比较轻微或者首次实施科研不端行为的科研人员，具体如何适用可以以书面文件形式告知科研不端行为人，也可以将行政处罚记入个人科研诚信档案。二是通报批评、罚款。主要指的是在一定范围内公开科研不端行为人的违法事实和查处结果,通过给职业声誉造成损失的方式对科研不端行为人给予制裁;或者对科研不端行为作出罚款处理,至于罚款数额,主要根据科研不端行为的性质、情节、危害程度以及科研不端行为人的悔过表现等作出决定。对科研不端行为人来说,该类行政处罚带来的既有个人声誉上的损失,也有个人经济利益上的损失。这类行政处罚的实质在于,通过使科研不端行为人"名利双失"的方式来达到对行为人的惩戒和对其他科研人员的警示。三是科研活动的从业限制。这类行政处罚指的主要是限制科研不端行为人以及相关人员在规定的处罚期限内继续从事科研活动,比如,不得在规定的期限内申报科研项目、不得在规定的学术期刊上发表论文、不得在规定的出版社出版著作、不得作为评审专家参与论文和科研项目评审、不得申报科研成果奖励等等。四是取消专业技术职务。其中主要指的是取消科研人员以科研不端行为取得的科研成果为基础得到的专业技术职务,例如通过科研不端获准立项的科研项目,成为行为人评上职称的关键原因,由于该项目因科研不端而获得,行为人因此得到的专业技术职务就丧失了合法性,因此必须取消。职称等专业技术职务是以科研人员的科研成果为基础评定的,如果能够认定科研人员的科研成果是通过科研不端的方式获得的,那么,科研人员已经取得的专业技术职务所赖以成立的基础就丧失了,因此,对科研不端行为人已经取得的专业技术职务就应该予以取消,由此获得的相关利益也应该一并追缴。五是开除公职。对于特别严重的科研不端行为应该实施特别严厉的行政制裁措施,即开除公职。如果科研不端行为能够得到确认,其严重后果已经达到特定程度,那么,科研不端行为查处机关可以依法决定对科研不端行为人开除公职或解除聘用。不过,开除公职从一定意义上说削除了主要的生存能力,因此,要有充分的根据并应该慎重使用这种处罚措施。

四　构建科学合理的学术评价体系

学术评价体系是关于科研成果及其创新程度的评价制度、标准、程序和规范等方面内容的总称。科学、合理地评价科研人员的科研业绩是科研管理的中心工作之一，也是抑制科研不端发生的有效途径。如果科研成果能够得到合理评价，科研不端就会减少，反之，科研不端就会增加。但事实上，学术评价是一个非常复杂的问题。

学术评价体系是科研管理的基础和核心，它关系到科研人员的科研劳动、科研成果能否得到正确评价，因而对科研人员有激励作用。科研劳动属于科学研究中的生产力层面，而科研人员是科研生产力中最活跃的要素；学术评价体系属于科学研究中的生产关系层面，生产关系对生产力具有反作用，学术评价相当于生产关系中的分配关系，它能够反作用于科研生产力。如果学术评价体系能够做到公平公正，科研人员就能够得到正向激励，科学研究就能够得到健康发展，科研不端发生的概率就会降低。道理很简单，科研人员的科研劳动能够得到正确评价，科研人员的科研劳动能够得到正向激励，他们的积极性就能够被调动起来；科研成果的创新性能够得到正确评价，科研创新能够得到激励，科研人员就会以更大热情投身科学研究、注重科学研究的原创性。科研评价的核心问题是建立量与质统一的评价标准，如果学术评价体系能够更注重科研成果的质，就能够引导科研人员注重科学研究的质而不只是搞数量堆积，就能够引导科研人员不断提高科研能力和学术水平；如果学术评价体系能够让那些真正有创新、有价值的科研成果得到客观公正的评价，那么，就能够引导科研人员遵守学术规范和学术道德，注重学术诚信，也能够引导科研人员自觉避免科研不端。反过来，如果学术评价体系不能做到公平公正，那么，科研人员的积极性就会受到挫伤，科学研究就会受到负面影响；如果学术评价体系不能对科研人员的科研劳动作出客观公正的评价，科研人员就有可能丧失科学研究的积极性。学术评价体系具有导向性，如果真正有创新性的科研成果不能得到学术评价体系的承认，科学家就会忽视科学研究的创新性；如果学术评价体系注重科研成果的数量而轻视科研成果的质量，科研人员在科学研究过程中就会注重数量而忽视质量；如果通过不诚实、剽窃等科研不端行为获得的"科研成果"得到了学术评价体系的认可，而那些通过诚实劳动取得的科研成果反而被学术评价系统排斥，那么，科研人员就不会遵守学术规范和学术道德，就会去搞科研不端；

如果人际关系、经济利益、权力的作用介入学术评价体系,科研人员也会将主要精力用于搞人际关系、利益共谋或权力寻租等。

学术评价体系是对科研人员、科研劳动和科研成果的评价,也是对科研人员、科研劳动和科研成果的一种利益分配。默顿将科研成果是否得到同行引用视为科学奖励的核心,其实,更广义地说,学术评价是科学奖励的重要内容。如果学术评价系统不能对科研人员、科研劳动和科研成果给予客观公正的评价,科学界的利益分配就丧失了合理性,这种合理性的丧失必然刺激科研人员从事科学研究的利益动机,从而影响科学发展。同时,如果学术评价体系对那些真正作出贡献的科研人员形成了默顿所说的"永居四十一席者现象",而对那些没有真正作出贡献的科研人员形成了巨大的名声并带来"马太效应",那么,这种状况不仅意味着真正作出贡献的科研人员得到的利益分配减少,而没有真正作出贡献的科研人员得到的利益分配增多,而且意味着科学界出现了"劣币驱逐良币"的"格雷欣法则",科学界的奖励、学术评价和利益分配不仅丧失了正确价值导向,而且丧失了合理规则,正常成为反常、反常成为正常。科研人员就不再遵守学术规范和学术道德,就会将搞科研不端视为正常现象,不搞科研不端反而被视为反常现象,而科学界丧失规则就意味着科学界丧失正常秩序,一旦科研人员丧失行为规范、科学界丧失规则和正常秩序,那么,科学界的学术生态就会恶化。可见,客观公正的学术评价体系不仅关系到科研人员的行为是否合规,而且关系到科学界的利益分配、科研动力、学术规范、学术道德和学术生态等重大问题。建构客观、公正的学术评价体系是一个具有重大意义的问题,而抑制科研不端是其功能之一。在当代科学活动中,学术评价重量轻质,基本操作方法是量化,并将量化指标与经济利益挂钩,这种评价具有可操作性,但它把高度复杂的智力创造活动简约成了单一的机械操作,把创造等同于生产,从而遮蔽了科研创造活动的复杂性,同时,注重数量的考评容易导致科研人员为了数量指标而提高生产科研成果的速度,从而牺牲科学研究的质的要求;将数量指标与经济利益挂钩的做法必然将科研人员和科学研究引导到功利主义的方向上去,可见,以量化为核心的评价标准和评价体系亟待改变。

建构客观、公正的学术考评体系,还要正确处理学术考评与其他考评、对学术的考评与对科研工作的考评、对学术的考评与对科研人员的考评等辩证关系,要正确理解学术考评标准的内涵。在现代社会,由于科学和技术对经济社会发展具有决定性作用,科学和技术已经成为经济社会发展的基础,这种特点容易形成科学主义思维方式,表现在学术评价上,就是将学术评价归结为科学、技术评价,将学术评价指标归结为科学和技术指标,将对科研人员科研工作的评价归结为科研经费、论文和专著数量、课题数、获奖数等数量指标,轻视科研成果的质量。这种评价机制和评价标准比较单一,很容易只以科研成果为指标对科研人员及其科研工作进行抽象评价。问题是,学术评价不能以单一的科研成果作为指标和根据,尤其是不能仅仅以科研成果的数量为根据,学术考评的根据应该是包括科研成果、思想政治、学风学术道德、职业操守等方面在内的综合性指标。同时,学术考评不能只是对科学研究结果的考评,而且应该包括对科学研究过程的考评;不仅应该考评科研成果的数量,而且应该考评科研成果的质量;不仅要考评科研成果有什么,而且要考评这些科研成果是怎么来的。考评科研人员获得科研成果的手段和方式就是考评科学研究实践、考评科研人员的科研行为,于是,科研人员在科学研究过程中的实践理性,科研人员的行为规范等就被引入了学术考评标准之中。我国《高等教育法》明确规定:"高校应当对教师的思想政治表现、职业道德、业务水平和工作实绩进行考核,考核结果作为聘任、晋升、奖励或者处分的根据。"①这就非常明确地说明,不仅对科研人员、科研工作的考评应该以包括科研道德在内的综合性指标为根据,而且对学术的考评也要将过程与结果、道德与业务、专业能力与工作业绩统一起来,建立综合性指标体系进行考评。

因此,建构科学的学术评价体系,必须将科研道德、学风和学术规范、科研诚信等作为重要指标并置于指标体系之中,甚至置于比学术成果更重要的地位,只有如此,才能从根本上抑制科研不端。目前,我国大学和科研机构对教师和科研人员的考评,对学术的评价,主要还是以教师和科研人员发表的科研论文、出版的科研著作、到手的科研经费和科研项目、

---

① 参见《中华人民共和国高等教育法》(2018 年修订)。

获得的科研奖励等科研成果数量作为标准进行量化评价,只注重对科学研究结果的评价而忽视科学研究过程的评价,注重学术成果的评价而忽视对获取学术成果途径和手段的评价,虽然这种学术评价方法对管理者来说具有可操作性,但其弊端也显而易见,特别是它有可能忽视对行为规范、学风学术道德等方面的要求,这种状况虽然近年来已经有所改变,很多学术评价都增加了学术道德一票否决制等等,但是,具体的制度设计、评价标准的确立、评价的程序等,都还需要认真探索,才能使之更加科学合理。科学界急需制定更加贴近科研规律的评价指标体系和评价程序,大学和科研机构的学术考评应该建立更加多元化、复合型的评价体系,确立包含学术道德等因素在内的综合性评价指标,增强对科研过程的评价,突出科研成果质量,从期刊、出版社等形式考核转变到注重内容的考核,建立科研人员的诚信档案。科学研究不能立竿见影产生经济效益,应该摒弃将科学研究与经济利益挂钩的做法,引导科研人员开展遵循学术规律、符合学术规范、能够产出高水平成果的科学研究。

正如本书在前面所作的分析,现行的评价标准是以量化为基础的,单纯以数量指标来评价,而这种评价方式的实质是现代工业生产中的论件计酬制、计件工资制。量化考评很容易将科研人员引导到追求科研成果数量、通过追求科研成果数量来追求经济利益的方向上。为了达到科研成果数量增长、个人经济利益增长的目的,科研人员必然将科学研究变成学术生产,并不断改进生产手段、提高生产效率,在这个过程中至少有可能产生两方面的后果:一是个别科研人员有可能将科研不端作为提高学术生产效率、增加科研成果数量进而增加个人经济利益的手段;二是科学研究成为形式化的生产过程,从而远离学术本身。因为当科研人员关注的重点是学术成果的数量时,他关注的重点就是科学研究的操作手段,而当他关注的重点是学术生产的操作手段时,这种操作的效率及其能够产出多少数量的成果就成为第一位的问题,至于这种操作手段是否能够产出高质量的学术成果则不再重要。必须看到,学术生产不等于学术创造、学术操作不等于科学研究、生产效率高不等于生产质量高、学术成果的数量不等于学术成果的质量。因此,仅仅注重数量指标的量化考评有可能将科学研究引向偏离学术价值的方向上去,这就意味着,对科研成果数量的考评不能等同于学术考评，单纯以数量为根据的学术考评很有可能走向偏离学术的方向上去。如果说在物质生产领域中搞量化考评、论件计酬制还有一定的合理性，那么，在科学研究、学术活动等精神生产领域中搞量化考评、论件计酬制则要非常慎重，因为物质生产与精神生产是有根本区别的，在物质生产领域中适用的效率原则并不一定适用于精神生产领域，在物质生产领域中适用的生产手段与精神生产领域中适用的生产手段也根本不同。为此，以量化考评为核心的现有学术评价制度必须改变，应该建立更加科学合理的学术评价体系，制定综合性的评价标准，运用更全面完整的要素来评价科学研究，让学术评价回归学术本身，这种回归的基本取向就是从重数量回归重质量，从重科研效率回归重科研规律，从重利益回归重学术，从重生产回归重创造，只有如此，才能引导科研人员回归科学研究之道，回归学术本源，静下心来搞科研，并自觉抵制科研不端。

科学的学术评价体系还要避免急功近利。学术评价体系对科研行为有调节作用，过于注重数量而轻视质量，将量化指标与经济利益挂钩的学术评价，日益将科研人员引导到急功近利的方向上去，急功近利的极端表现就是科研不端，科研不端的实质就是通过违规行为去获取科研成果进而获利。科学的学术评价体系应该有助于鼓励并引导科研人员进行诚实科研，有助于惩戒科研造假行为；科学的学术评价体系还要准确筛选优秀科研成果、优秀科研人员，推动科学健康发展。现行学术评价体系注重"聘期考核"，要求科研人员必须在规定时间内完成规定任务，学术评价中包含有明显的计划思维，似乎科学研究能够在规定时间之内达到可计划的科研指标，这实质上是将时间作为技术手段对科研人员形成"座架"，用时间技术对科研人员形成强求、限定、促逼迫和定制，这是极端的急功近利的评价方式，将人为的功利主义要求凌驾于科研规律之上，这样的学术考评必然破坏科学研究的健康发展，对科研不端的产生有推动作用。针对这些问题，科学的学术评价体系应该引导科研人员发现新问题、提出新观点、创造新思想，注重科研成果的质，激励原创性研究，遵循科学研究的规律。

五 制度建设与文化建设协同共治

制度和文化对人类的行为都有重要影响,人类既按制度行动,也按文化行动,这不仅表现在制度和文化对行为有规范作用,而且表现在制度和文化对行为的动机、目的和价值取向等有塑造功能。科研不端是人的行为,而人的行为动机、目的和价值取向等都有文化和制度方面的根源。但是,在对人类行为的作用方式上,文化与制度之间的关系又是辩证的,二者既相互区别,又彼此相互联系和相互作用。用制度建设管控人的行为要从两个方面进行:一是从外在条件看,应该制定完备的制度规范,只有如此,才能做到有章可循。因此,制度规范的确立是管控科研不端的基本前提。二是从内在条件看,应该培养遵守制度规范、对制度规范怀有神圣感和敬畏感的人。只有内外结合,将上述两个方面统一起来,才能真正实现"依法治学",将对科研不端的制度治理落到实处。如果只有制度规范而没有敬畏制度规范、遵守制度规范的人,再好的制度规范也形同虚设。现在对很多问题不是缺乏制度规范,而是缺乏遵守制度规范的人。培养遵守制度规范的人是文化建设的重要任务。因此,无论是对科研不端的监督管理制度建设,还是对科研不端治理的法治建设,都不能忽视文化建设的作用。要通过文化建设培养科研人员对制度规范的神圣和敬畏,培养科研人员的"制度人格"和法治精神,并与制度规范的完善协同进行。

文化和制度具有统一性。文化和制度有内在联系,制度是文化的表现形式,文化是制度的内在灵魂。文化的本质是价值观,它内在地包含着特定的价值取向,从这种意义上说,文化能够限定人类行为的目标、目的和兴趣。文化主要表现为观念形态,它如果要转变为现实力量,路径之一就是转变为制度,制度是文化的具体化,也可以说制度是实体形态的文化,制度将文化转变成规范和规则,进而引导人的行为。因此,制度体现文化的基本观念,尤其是体现文化中包含的价值观。从这种意义上讲,制度要以文化作为基础,文化是制度的观念基础,制度是文化的实体形式。

制度与文化又有对立性。文化是制度的基础和灵魂,并不意味着所有的文化都必然转化为制度。制度与文化有可能具有一致性,也有可能并不一致,即制度既有可能体现某些文化观念,也有可能并不完全体现文化观念。具有质的规定性,因而不可能完全体现文化,比如文化中那些不良因素,那些违背科学精神和人文精神的糟粕就不可能转变为制度,也不应该转变为制度,因为任何制度都不可能将违背社会发展的文化糟粕转变成制度规范,道理很简单,制度不可能故意设计出一套错误的规则和规范,从而将社会发展引导到错误的价值取向上去。因此,制度与文化并不是完全等同的。

制度与文化发生作用的方式不同。制度和文化都蕴含着规范,它们是指导人类行为的两套规范,人们既按制度规范行动,也按文化规范行动。制度对文化有引导作用,文化也会制约制度的作用,它对制度既有积极影响也有消极影响。同时,文化和制度对人的行为的作用具有不同特点:文化从观念上决定行为的动机、目的和价值取向,制度从规则上外在地限定行为的动机、目的和价值取向;行为的动机和目的源自文化,行为动机和目的的实现则有赖于制度保障。换言之,文化产生出行为的根源和动力,制度决定文化能否在实践中得到落实。制度与文化存在诸多层面上的不一致,文化对行为的作用力与制度对行为的作用力是有区别的,文化能够确定行为的动机和目的,制度却并不一定影响行为的动机和目的。显然,既要注意文化和制度对行为发挥作用的差异性,又要注意文化和制度对行为发挥作用的一致性。厘清制度这一概念及其与文化的关系不是在搞概念游戏,而是具有重要意义的。它表明,应该注重文化、制度与科研人员的行为动机、目的和价值取向之间的复杂关系。对科研不端的治理来说,建构科学的制度治理体系,需要加强制度治理中的文化建设。

为了说明这一问题,以下以学术评价为例来加以具体说明。在学术评价中,就不能将制度建设和文化建设分割开来。科学研究和学术评价是两种不同的实践活动,也是由两种不同的主体来完成的,因而应该建构两套不同的制度规范和体制机制。科学研究是特殊的社会实践,因此,要为科研人员确立正确的行为规范,避免科研不端;学术评价也是特殊的实践,因此,也要为学术评价主体确立正确的行为规范,避免评价不端。评价不端也是一种科研不端,但是又跟科研不端存在一定的区别。学术评价的基本要求是客观、公正,达到这一目标需要依靠两方面的努力:一是制定科学、完善的评价标准、评价规则和评价程序;二是制定评价主体的行为规范,这就要求加强学术评价过程中的文化建设。要关注学术评价制度、规则与学术评价文化之间的矛盾。大致说来,每个人都遵循两套行为规则,有两套行为方式:一是按照制度和规则行动,二是按照文化行动。因此,仅仅制定评价制度和评价规则是不够的,还需要通过评价文化建设培养严格遵守评价制度和评价规则的人。评价制度和评价规则不可能将评价主体的行为完全"关进制度的笼子里",因为人还有可能超越制度和规则划定的界限,按照文化规定的方式行动。可见,制度和规则是一回事,按照制度和规则行动是另一回事,学术评价与其他实践活动一样,不仅要建立完备的制度和规则,而且要培养严格遵守制度和规则、对制度和规则无条件神圣和敬畏的人,塑造在评价实践中敬畏制度和规则的"学术评价人格"。学术评价不能等同于制度化和规则化,因为它不是制度和规则简单的逻辑展开过程,在学术评价中不可避免地会有文化因素介入其中,比如有些人用金钱、权力、人际关系等因素介入学术评价,影响评价的公正性。中国传统文化强调"经"与"权"的统一,即原则性和灵活性统一,这有其积极意义,但是,这种文化特点有可能破坏"规范神圣",现在在学术评价中有人常说"该怎么办就怎么办""按规矩办",其实这往往是一种文化意义上的表述,其意思不是要坚持规则,而是要按潜规则办事,按照人情文化办事。所以,学术评价不是按照制度和规则逻辑展开的过程,而是文化过程,学术评价能否做到客观、公正,不仅取决于学术评价制度和规则的建设,而且取决于能否培育出先进的学术评价文化;科学、合理的学术评价体系应该既包含科学、合理的制度体系和规则体系,又包括科学、合理的文化体系。

因此,建构科学、合理的学术评价体系,必须注重提高学术评价主体的文化素质,关注学术评价过程中的文化问题,加强学术评价中的文化建设,化解学术评价制度、规则与学术评价文化的矛盾,既要注重学术评价制度和规则的制定,更要注重学术评价的执行,加强学术评价文化建设,特别是注重学术评价主体的人格塑造。当然,加强学术评价文化建设,并不意味着否定学术评价制度和规则建设也能推动学术评价公正、客观地进行。比如，为了去行政化、功利化，去权力、金钱和人际关系的介入，学术评价可以更多地引入第三方评价主体，使其更多地参与到学术评价中来，使学术评价在中立、独立的前提下进行，进而达到客观、公正的评价结果。

六　建设现代技术管控体系

技术是一柄双刃剑，科研不端在当代科学活动中的大量滋生与现代技术的发展有密切联系。《庄子》有云："有机事，必有机心。"科研不端是一种不诚实的行为，而技术有引发不诚实行为的可能；科研不端是一种投机取巧，而技术往往是实施机巧行为的重要手段。现代社会不仅充斥着技术，而且达到了社会以技术为基础的极度技术化程度。当代技术的发展无疑对科研不端的大量滋生起到了推动作用。比如，随着电子计算机和人工智能的发展，人类的书写方式发生了革命性变化，大大提高了人们的写作速度。比如文献资料的搜集，在人类历史的漫长岁月中，科研人员如果要了解和搜集专业领域中的前沿动态和研究资料，必须亲自到图书馆阅读、查找或摘抄，可是，当代人工智能、因特网和计算机的发展，使科研人员只要进入网络空间就进入了巨大的文献资料海洋，通过网络阅读和查找科研资料已经成为当代科研人员的必备能力和必备选择。这种变化既有优点也有缺点，它大大改变了科研人员获取文献资料的途径和方式，大大提高了科研人员获取文献资料的便捷度，各种巨量信息资源也为一些科研人员提供了科研不端的机会。从科研劳动的变化看，巨量信息资源也使科学研究成为规模化生产更为便捷，电子文档很容易获得，剪贴加工非常方便，科研造假更加容易，科研不端的成本也更低。如果说人类的生产方式已经发生了从手工工场、机器大工业到智能产业的进步，那么，人类的书写方式也发生了从手工写作、机器写作到智能写作的转变，这种转变使当代科学研究的规模化生产如虎添翼，也为粗制滥造、生产嫁接、剽窃造假等科研不端行为提供了更为便捷的手段。再比如，互联网的发展提供了更为畅达的沟通渠道，它很容易快速地将学术商人、专业写手、学术杂志、科研人员等联结起来，这对科研不端产业链的形成提供了推动力量。同时,由于互联网的隐蔽性更加契合科研不端对隐蔽性的需要,从而使互联网很容易成为商业利益与学术需要之间共谋关系的中介。事实上,现在有很多商业机构出于逐利的目的,构筑网络平台,搭建虚假投稿网站,给科研人员设置陷阱,有的商业机构还串通学术杂志,在不良编辑与科研人员之间搭建桥梁,协助杂志社组稿,甚至组织专业写手代写论著、搞论著买卖交易、代开发票等等,他们以非学术方式满足科研人员在职级晋升、业务考核等方面对科研成果的需要,从中牟取暴利。

　　技术化、专业化导致的科研不端行为,只有依靠技术化、专业化的手段才能发现和管控。既然有人在利用现代技术手段搞科研不端,那么,就有必要在对科研不端的治理过程中充分运用现代技术手段。比如检测手段,现代科学的规模十分庞大,科研不端的规模也水涨船高,单靠人力来检查科研不端已经是很繁重的任务,难以为继,运用现代技术手段来检测科研不端有其不可取代的优势,而且势在必行。现代技术所导致的科研不端行为的复杂性、隐蔽性等问题,需要现代技术手段来管控和治理。可以建立专门用于学术打假、查处科研不端的技术体系,确保对科研不端的治理更加科学、合理和高效。一些科研人员运用现代技术手段搞科研不端的手段花样翻新,同样,先进的现代技术也能够提供各种各样的监管手段。在科研不端监管制度体系建设方面,要更加重视现代技术的使用,密织先进技术的恢恢法网,使科研不端无处藏身,露头就打,在这方面已经有比较成功的经验。比如,论文、著作查重就已经在杂志社审稿、出版社审稿和博士/硕士论文质量审查中发挥了重要作用,并已经成为有效的管理手段,运用现代技术对论文/著作查重不仅能够让科研不端暴露无遗,而且能够大致分清科学研究是否原创,尽管如前所述,在实际应用过程中,技术性查重存在各种问题,有其不足之处,但是从整体上看,技术查重仍然不失为管控科研不端的有效手段。针对论著查重的需要,可以建立权威、统一和完善的数据库,这样做可以避免多重查重,节省人力和财力。针对同一个学科,可以建立多个数据库,运用不同数据库对同一篇论文、同一部专著进行查重,这样做不仅能够在论文/著作查重过程中贯彻"民主原则",使论文和著作得到公正评价,而且能够设置多重防线,避免数据库查重的"技术缺陷",从而使论文著作的检测更加科学、客观和公正,可以让科研不端难逃现代技术编织的恢恢密网。同时，一个统一而完善的数据库，要建立起各种期刊、出版社等机构的信息沟通渠道，做到信息互通、资源共享，这样既可以避免暗箱操作、各自为政，又可以对论文/著作的一稿多投等现象形成全方位的监督管理。为了避免相互"踢皮球"的现象发生，提高各个机构的审查和处理效率，各科研诚信机构、科研不端治理机构与各个期刊和出版机构之间应该建立起有效联系、相互合作的工作机制，探索并细化各种交接工作，形成高效率的相互协作关系，建构职责与权利义务明确的完整合作体系、科研不端治理体系，做到及时发现问题、查清问题和处理问题。

　　当然，数据库查重也有其不足之处，目前国内科技文献数据库的科研不端检测系统平台主要有：CNKI 科技期刊学术不端文献检测系统、万方论文相似性检测系统、维普-通达论文引用检测系统、ROST 反剽窃系统等，上述系统的数据库几乎收录了所有优秀中文期刊的文献，基于庞大的数据库对中文文献进行文字查看，基本上能够有效地检测科研不端。但是，问题主要表现在：一是对剽窃外文文献的论著却无能为力。二是查重形式化。如前所述，文献查重注重的主要是文字表述方式的检测，而文字表述不等于科学思想和学术观点，同样的学术思想和观点，完全可以有多种文字表述，文字表述的缤纷多彩其实也为科研不端手段的花样翻新提供了机会。实践中规定了重复率的上限，低于重复率上限的论著被认定为合格的论著，高于重复率上限的论著被认定为不合格的论著，有些科研人员的论著经过查重后发现重复率高于重复率上限，有些作者通过删减、变换文字表述，很轻易地将重复率降低到重复率上限之内，而实际上这样的论著并不一定达到应有学术水平，这是很能说明技术检测局限性的。尤其是在人文社会科学领域中，现在搞原封不动剽窃、抄袭的人已经极少，用改变文字的方式作为伪装，将剽窃的内容、观点和思想伪装起来的"隐形抄袭"已经成为科研不端的重要形式，而技术手段只能检测文字表述而不能检测思想观点，这一缺点容易助长机巧之心，成为催生科研不端新形式的重要推手。因此，必须充分认识现代技术手段用于管控科研不端的不足，规避其缺点，发挥其优势，将技术手段与其他监管措施统一起来，将技术管控与人力管控统一起来，更加注重对内容和思想的检测。

运用现代技术管控科研不端也要与时俱进。当代科学技术发展已经进入人工智能时代,大数据技术已经运用到疫情防控、城市管理等各个领域,并取得了巨大成功。因此,也可以运用大数据技术来管控科研不端。比如,用大数据技术建立学术诚信档案,通过这种方式,建构防控科研不端的"恢恢天网",让科研不端疏而不漏。具体地说,可以注重以下几个方面的问题:首先,建立学术诚信档案要明确主体。要根据科研人员的具体情况建立诚信档案,让监督管理部门监督大学和科研机构,客观真实地记录科研人员的学术活动、学术成果和行为操守等,并向社会公开。其次,要明确学术诚信档案记载的内容。要确立"记载指标",即科研人员的哪些数据需要记载,而哪些数据不需要记载,对此要有选择和取舍。原则上说,凡是与科研活动、科研成果相关的内容都应该记录在案,比如科研履历、科研成果发表情况、参与科研的团队和项目、参加编写的学术著作、所获学术奖励、科研不端行为、科研诚信事迹等等。对科研不端问题不能回避,不能掩盖,同时也要实事求是,认真审查、核实并作出准确的处理结论。再次,要建立学术诚信档案管理系统。随着大数据和云计算技术的不断发展,应该建立专属的学术诚信档案信息管理系统,以能够代表个人身份的号码作为唯一识别编码,由科研管理部门负责编辑、录入和管理科研人员的学术诚信档案信息管理系统,真实记录科研人员的学术成果、学术活动、学术轨迹以及学术诚信数据,并接受监督管理部门的监管,并通过公开相关数据,接受社会公众的监督。

七 构建科研不端管治主体和机构

建立科研不端治理的法治体系,只是具备了依法治理科研不端的前提,但法治建设不仅要做到"有法可依",而且做到"执法必严",还要通过法治文化建设、法治精神和法治意识的培育,塑造严格遵守法律的人。执法的人指的是负责科研不端治理的主体、机构。于是,执法主体、执法机构的建设成为重要问题。西方国家历来比较注重科研不端治理主体的建设,其基本做法是按需设立专门机构处理科研不端案件。

欧洲国家和北美国家的相似之处是设置专业化机构进行管理,比如,针对科研不端问题，德国设置了专门的监管人员，包括地方高校监察专员、跨地区的监察专员和联邦政府层面的德国科学基金会监察专员。剑桥大学设置了英国研究理事会，该理事会制定了《良好研究行为治理政策和指南》(RCUK Policy and Guidelines on Governance of Good Research Conduct)，内容包括任何人都应该坚持科研诚信、要有诚实科研和专业精神等最高标准，规定所有大学、研究机构都应该承诺良好研究行为的准则，这些规定为英国治理科研不端提供了重要指南。

美国的学术不端的治理机构内部结构可以大致分为：决策层，监管层，治理基层。美国学术不端治理体系结构中的最高决策层为白宫科技政策办公室(OSTP)，负责学术不端政策法规的建议、起草及修订工作。国家科学技术委员会(NSTC)及总统科学技术顾问委员(PCAST)发挥辅助作用，与白宫科技政策办公室一起协调各部门的工作。治理结构的监管层是由联邦各部门及各类科研基金所设立的监察组织构成的，其中影响力较大的是美国卫生和公众服务部(HHS)所设的科研诚信办公室(ORI)和总监察长办公室(OIG)。治理结构的基层部门为各高校及科研机构的科研诚信办公室或类似组织。例如，斯坦福大学设立了科研管理局，在教务长和学术主席的领导下专门管理学术研究的相关事务。[①] 美国在1992年成立了科研诚信办公室(Office of Research Integrity, ORI)，其工作内容主要包括确定科研诚信的共同价值观、推动有关科研诚信的研究和讨论、推广诚信教育的最佳举措等，制定了科研不端行为防治和惩戒制度，专门负责对科研不端的调查和监督，开展科研诚信和科研伦理教育等工作，形成了保护科学自主性的科学家主导模式、保护原告的无抗辩模式、保护被告的无听证会模式等[②]。同年，美国"学术诚信中心"(CAI)在斯坦福大学成立，1997年该中心迁至杜克大学，2008年迁至克里姆森大学南校区，2010年更名为"国际学术诚信中心"(ICAI)，该中心成员遍布全球19个国家250所大学，各国在国家层面设置专门的治理机构负责

---

① 赵婷婷、冯磊：《依法监管，防治结合——美国学术不端治理体系的结构与特点》，《大学教育科学》2016(3)：93—101。

② 南燕、吴寿乾：《研究诚信的体制化——美国研究诚信办公室及其启示》，《自然辩证法研究》2006年第10期。

治理,建立相应的治理制度。①

我国对科研不端监管主体和监管机构的重视和建设还有待加强。目前还没有设置一个专门从事学术监管并具有独立行为和独立处置权力的机构。在对科研不端的监管过程中,原有监管主体,如学术委员会、学风学术道德委员会等的作用具有一定局限性,其职责任务单一、监管范围有限,基本上只能监管大学或科研机构内部人员,对大学或科研机构之外的人员(比如科研合作者)鞭长莫及。针对这些问题,可以考虑从以下方面予以加强:科研行为监督管理机构的建立应该具有普遍性。美国政府在"科研诚信办公室"之下,从国家级科研管理机构到大学,普遍垂直建立了相应监督机构。近年来,中国科协、国家科技部、中科院、国家自然科学基金委、教育部等国家级管理部门及部分大学都先后成立了防范和治理科研不端的监督机构。但是,在我国的大学和科研机构,防范和治理科研不端的机构还没有普遍建立起来,这种状况应该得到改变,应该在所有大学和科研机构都建立科研行为监督管理机构,使之成为大学和科研机构的基本建制。其次,从国家层面看,应该建立统一的监管机构,协调各部门对学风学术道德、学术规范、学术诚信的建设,对科研不端进行统一监督、审查和处理,就像国家设置了专门的生态环境部来管理生态环境一样,国家也应该设置专门机构来管理学术生态。大学和科研机构都应该设立专门的监督管理机构,负责学风学术生态建设,负责对科研不端的审查和处理。当前,很多大学和科研机构都成立了学术委员会、学风和学术道德委员会来处理相关问题,这充分说明我国大学和科研机构已经认识到了监督管理制度建设的重要性,但是,相关制度、体制和机制还有待完善和加强。对监督管理机构自身建制、人员组成、运行规则,以及对科研不端的处置程序等还有待进一步完善。比如大学的学术委员会、学风学术道德委员会往往都是由学术权威或行政主官担任领导人,这是否合理? 这是否有可能导致学术监管机构丧失独立性? 是否有可能导致科研不端问题处置上的不民主甚至包庇行为? 监管人员应该尽可能具有独立性并具有

---

① 杨柳群:《美国大学生学术不端防治与启示——以哈佛大学、普林斯顿大学、康奈尔大学为例》,《长江师范学院学报》2019 年第 06 期。

广泛的代表性，各个学科、职称、普通教师、学生和社团都应该有代表参加，这样就能够保证各层面的举报渠道畅通，使科研不端无处藏身，难以为继。

从学术出版机构来看，学术期刊和出版社应该培养编辑人员的法治意识，提高他们的法律水平，增强对科研不端的辨识能力，同时要完善审稿制度和流程，堵塞各种漏洞，建立科学而规范的匿名审稿制度、撤稿制度等，确保审稿公平公正。从社会环境来说，应该加强新闻舆论的监督作用，媒体对科研不端的报道不能只停留在赚取噱头的水平，而应该对事件的处理及其结果进行客观公正和完整的报道，相关管理部门也应该打通社会舆论、新闻媒体监督科研不端的通道，让社会公众广泛参与到对科研不端的监督和治理中来，这既是很好的法治教育，也是很好的科学普及和科学精神教育，对全社会的精神文明建设和道德建设都具有不可低估的重要意义。

八　设置科研不端问题研究机构

科研不端是科学史上始终存在的问题，更是现代科学中特别多发的问题，随着科学发展规模的不断扩大，科研不端的规模也在随之扩大，因此，治理科研不端已经成为一个重大问题。必须看到的是，科研不端治理不仅是一个重大的实践问题，而且是一个严肃的理论问题，无论在理论上还是实践上都包含很多重大问题，需要开展深入的研究。实践是理论的基础，实践又要以理论为指导。治理科研不端的实践需要以对治理科研不端的理论研究为指导。应该建立专门的研究机构来深入研究科研不端治理问题，研究诸如科学史上的科研不端、科研不端产生的根源、科研不端的认定标准、科研不端的审查处理、科研不端治理的理论与方法等问题。通过对相关问题的研究，更好地指导和推动科研不端治理的科学化、规范化，建构更加合理的科研不端治理体系，提升科研不端治理能力现代化。既然实施科研不端的行为人有一套搞科研不端的做法，就应该研究治理科研不端的办法；既然科研不端行为有一套隐蔽的做法，就应该通过研究去发现科研不端行为的做法；既然科研不端有一套生成机制，就应该认真研究并揭示科研不端的生成机制。关于科研不端治理的研究机构应该成为科研管理机构的重要组成部分,成为国家治理体系和治理能力现代化建设的组成部分。

第五章 科研不端治理：捍卫学术精神

　　科研不端是科研人员的行为错位，但是，行为错位的根源在于思想认识错位。对科研不端的治理，既要注重制度建设来管控科研人员的科研行为，更要注重学风学术道德建设来培育科研人员的学术精神。制度建设是从外在进行约束，学术精神的培育是从内在进行约束。从价值层面看，科研不端行为的根源是科研动机和目的出现了偏差，相应地，科研不端治理的关键问题是在现代性背景下科研人员的科研动机和目的如何回归本源，而这个问题的要害是学术精神的重塑。古希腊的哲学家、科学家们主要出于对科学事业的热爱、对大自然的好奇而从事学术研究；在近代，随着工业文明的发展，科学技术与经济发展日益紧密结合，科学研究的功利主义倾向越来越强烈；当代社会更是大科学时代，科学技术社会化、社会科学技术化，这不仅导致科学研究的动机和目的趋于功利化，而且导致各种非学术因素不可避免地介入科学领域之中，破坏了学术精神。因此，对科研不端的治理应该从两个方面入手，一方面，要将科研不端治理与社会治理统一起来，不能脱离社会治理孤立地搞科研不端治理，准确说，科研不端治理已经是社会治理的重要组成部分；另一方面，要重塑科研人员的科研动机、目的和价值观，重塑学术精神和学术理想。在现代社会中，科研人员必须认真审视、校正和确立正确的科研动机和目的，坚守科研初心，树立正确的价值观，坚定学术精神和学术理想。只有将上述两方面结合起来，才能从源头上避免科研不端的发生。

一　科学职业与科学事业

科研不端的根本原因在于科研人员偏离了科学研究的初心，因此，科研人员的首要任务是立心，心不正则行不端。科研人员要立科研初心、事业心、责任心、公心等等，不仅要立心，而且要"守心"，做到这两条才能知行合一，避免科研不端的发生。科研不端是科研人员对科学研究丧失事业心的表现。科学研究是职业，但科学研究更是事业。可是，在当代社会，由于科学与经济、科学与社会紧密结合，科研人员更容易将科学研究作为职业来干而不是将科学研究作为事业来追求，现代社会的科研人员更容易拥有职业心而丧失事业心。把科学作为职业而不是作为事业，这意味着科学研究被降格，科学研究走向功利化，这其实也是一种现代性特征，这种特征对现代社会中科研不端的产生是有影响的，一个将科学研究仅仅作为职业来干、对科学研究丧失事业心的科研人员，其从事科研不端的可能性显然就大。为此，治理科研不端，要求科研人员必须将科学职业与科学事业、对科学研究的职业心与对科学研究的事业心统一起来，不仅要把科学研究当成职业来干，而且要把科学研究当成崇高的事业来追求，要增强事业心，增强对科学的神圣与敬畏，增强对科学事业的牺牲和奉献。

职业（profession）与事业（career）是不同层次的问题，职业心与事业心也存在根本区别。区分职业与事业、职业心与事业心的关键是区分人们从事实践活动的动机和目的。纯洁的学术生态要求科研人员要有纯洁的学术动机和目的，这是端正科研行为的前提，如果科研人员具备正确的科研动机和目的，有正确的价值取向和价值观，就能够做到科研行为端正，科学界就能够形成良好学术生态并有序运行。因此，塑造科研人员从事科学事业的正确动机和目的是当代学术生态建设的重大课题。

马克思认为，实践是目的性活动，任何实践都有特定动机和目的。在汉语中，"动"指的是行动、实践；"机"指的是弩上的发动开关，《说文·木部》讲"主发谓之机。"引申为事情变化的枢纽、有重要关系的环节等。简单讲，动机（motivation）就是让人动起来的关键，是推动人们去实践的原因、初衷。推动人们行动、实践的关键原因有可能是外因，也有可能是内因。动机是实践的出发点，是实践主体的初心，主体将内因还是外因作为实践的出发点是一个至关重要的问题，因此，实践的首要任务是"立心"。同样，推动科研人员从事科学研究的动机既有可能是外因，也有可能是内因，科研人员的首要任务也是"立心"。科研人员把心立在何处，决定科研人员将科学视为职业还是视为事业。在"目的（purpose）"一词中，"目"是眼睛，"的"是对象，目的就是眼睛盯着的对象，引申为主体设定的实践目标，主体在实践过程中盯着的对象、也就是主体在实践过程中心向往之的东西。因此，目的有时指观念形态的东西，有时指现实状态的东西。实践的动机和目的是同一个东西，因为发动实践的"机"与眼睛盯着的"的"、让人行动起来的关键原因与这一行动追求的根本目的，必然是同一个对象。动机存在于实践的起点，目的存在于实践的终点，目的是动机的完成。亚里士多德认为，动机是目的的潜能，目的是动机的现实，将动机实现出来就是目的。因此，目的从表面上看存在于实践的终点，但实际上存在于实践的起点。

　　从动机到目的的过程就是实践。所谓"实践是目的性活动"也可以说成"实践是有动机的活动"或"实践是从动机到目的的活动"，这些表述无非是指实践有明确的动机和目的。既然如此，在从动机到目的的实践过程中，只有一直坚持动机不动摇，始终盯住目的不放松，才能最终达到目的。所谓"一直坚持""始终坚守"就是善始善终。那么，什么东西能够成为实践的动机和目的？什么东西能够让人们行动起来并一直推动人们去实践？人们发动一场实践又是要追求什么？也就是说，什么东西能够被人们设定为行动的目标、眼睛盯着的对象？当然是能够满足人们需要的东西——价值，人们发动实践的动机一定是有价值的东西，人们在实践中追求的目的也一定是有价值的东西。价值（value）指的是事物对人的有用性。在马克思那里，价值是（1）对象满足主体需要的关系；或（2）满足主体需要、对主体有用的客体。价值既是客体对主体的关系，也是能够满足主体需要的客体，它是实践的动机和目的所指向的对象。也就是说，不能满足主体需要的东西，对主体不具有用性的东西，便无法与主体形成价值关系，不会成为主体行动起来的力量，不会成为实践的动机和目的。

可见,实践的动机、目的属于实践的价值层面,它决定实践的道路,决定实践追求何种价值以及以何种手段和方式来追求价值等,同时也决定实践的方向。因此,端正实践动机、确定正确的实践目的,这是实践的根本问题,甚至是实践的首要问题。如果实践动机不端正、目的不正确,那就必然导致实践行为不端正、实践道路和实践方向不正确,这样的实践就是一场错误的实践。由此可见,动机和目的非常重要。由于实践是从动机到目的的过程,因此,动机和目的是引领实践方向的力量,在实践中必须让动机贯穿始终,让目的保持不变,否则,如果在实践过程中丢掉动机和目的,或者偏离动机和目的,实践的动机和目的就错位了,实践就会半途而废,就不能达到最初确定的目的。从实践道路上说,如果在实践过程中丢掉最初确立的动机,偏离最初确定的目的,实践就会偏离正确道路,实践就走到别的道路上去了,实践也因此丧失了正确方向,最终不能达到正确目的。因此,只有坚守实践动机不动摇,坚持目的引领不改变,实践才能一以贯之地在正确的道路上进行,实践过程中才能选择合理的行为和遵循正确的行为规范,实践的方向才能不偏不倚,从而最终达到实践目的。因此,坚守实践动机,是能否坚持正确的实践道路、能否选择正确的实践行为、能否遵循正确的行为规范、能否坚持正确的实践方向、能否达到最初的实践目的的大问题,是实践的根本问题。在实践过程中,始终坚持实践的动机不动摇,这叫"不忘初心";始终盯着实践的目的不动摇,这叫"牢记使命";一以贯之地坚持从动机到目的的正确道路,这叫"道路自信";一以贯之地坚持实践的正确方向,这叫"方得始终"。

正因为实践的动机和目的问题非常重要,所以,自古以来,有很多哲学家都注重对动机和目的等问题的研究。在《理想国》一书中,柏拉图把人的活动分为三类:其一,本身就是目的的活动。即"只要它本身,而不是要它的后果",比如欢乐和无害的娱乐,人们并不考虑它们的后果,单纯就是快乐而已。其二,既是目的又是手段的活动。即"既为了它本身,又为了它的后果",比如明白事理、视力好、身体健康。其三,仅仅是手段的活动。即"为了报酬和其他种种随之而来的利益"。第一种活动将活动过程对人的意义和价值作为实践的动机和目的,只注重过程,不计较后果,实践活动本身就是目的,除此以外没有任何其他目的,因此,这类活动不计较实践结果。第二种活动将活动过程和结果对人的意义和价值作为实践的动机和目的，既注重过程也注重结果，主体把过程与结果看得都很重要，因此，这类活动既在乎过程，也在乎结果，过程和结果都是目的。第三种活动只注重结果而不注重过程，实践活动仅仅是手段，结果才是目的。柏拉图认为，在这三种活动中，最优秀的活动是第二种，因为这种活动将过程与结果、手段与目的统一起来了，因此"正义属于最好的一种。一个人要想快乐，就得爱它——既因为它本身，又因为它的后果"。①

亚里士多德认为，可以将人所从事的活动区分为两类：一类是"制造"（making, poiesis）。比如造船、造房子、造雕像、造钱币等，这类活动指的主要是工程、技术活动；另一类是"行动、从事"（doing, praxis）。比如从事体育、从事政治、从事哲学研究等等。这两类活动的区别主要在于以下三点：其一，制造只是手段而不是目的，行动、从事却是目的而不是手段。所以亚里士多德说："善显然有双重含义：一者就其自身就是善，另者，通过它们而达到善。"②亚里士多德所说的制造活动，相当于柏拉图说的第三类活动；亚里士多德所说的行动、从事这类活动，相当于柏拉图所说的第一类和第二类活动。其二，制造的目的在活动之外，行动和从事的目的在活动之中。其三，制造指向外物，行动和从事指向人的自我实现。亚里士多德认为，行动和从事高于制造，抑制造而扬行动，原因在于，行动和从事注重过程包含的意义和价值，而制造活动只注重实践结果而忽视实践过程的意义和价值。

比照柏拉图和亚里士多德对实践动机和目的的分析，也可以将科学职业与科学事业、对科学研究的职业心与对科学研究的事业心这两者之间的区别归结为以下三点：第一个区别是科学研究追求何种目的？追求外在功利还是内在精神？对科学的职业心注重通过科学研究去获得个人的功利价值，计较科学研究给自己带来的结果，计较个人在科学研究中的得失；对科学的事业心注重在科学研究过程中获得内在意义和内在价值，科研人员考虑的重点是对科学事业的奉献和追求、人的自我实现等，所

---

① 柏拉图：《理想国》，郭斌和、张竹明译，商务印书馆，2012年，第44页。

② 亚里士多德：《尼各马科伦理学》，苗力田译，中国社会科学出版社，1999年，第10页。

以，一个科研人员如果只拥有职业心，他就有可能将科学研究导向功利主义，而一个科研人员如果拥有事业心，他就有可能将科学研究导向理想主义。第二个区别是将科学研究作为手段还是将科学研究作为目的？科研人员如果只拥有职业心，就会把科学研究仅仅作为挣钱养家的手段，科研人员只是将科学研究当成手段和工具，把自己的功利追求当成目的；科研人员如果拥有事业心，就会把科学研究视为目的，在一定程度上把自己视为手段，心甘情愿地为科学事业奉献、牺牲，所以，职业心更突出工具理性，事业心更突出价值理性。从这种意义上说，科研人员的事业心就是对科学研究的意义、价值的认识和追求。第三个区别是个人与集体。职业心与事业心的区别本质上是价值观的区别。职业主要是个人的事，事业则从属于整体。一个只将科学研究作为谋生手段的科研人员，与一个能够认识到科学研究对国家富强、民族振兴、人类进步、人与自然和谐的重要意义的科研人员，这两者显然是有本质区别的，前者仅仅将科学与个人利益联结起来，后者却将科学与整体利益联结起来。因此，科研人员缺乏事业心，实质上是把个人利益凌驾于科学事业之上，也是把个人利益凌驾于整体利益之上，突出科学为个人利益服务，也突出整体利益为个人利益服务，它本质上是一种个人主义；科研人员增强事业心，实质上是将科学事业置于个人利益之上，将整体利益置于个人利益之上，突出个人为科学事业献身，也突出个人为整体利益献身，它本质上是一种集体主义、利他主义。所以，在价值观上，如果仅仅拥有职业心，就有可能导向个人主义、利己主义，而增强事业心则能够导向集体主义、利他主义。

梁启超先生将人的实践活动划分为两种，他认为人有两种"为"：一是"无所为而为"，即不因外在功利目的而去从事某种工作，这其实就是把工作当成事业来干，是有事业心的表现，摆正了目的和手段的关系，能够推动事业发展；二是"有所为而为"，即"以另一件事为目的而以这件事为手段；为达目的起见勉强用手段"，[①]这其实是仅仅把工作当成职业来干，是只有职业心的表现，目的和手段错位，可能破坏事业发展。从人的本质来看，每个人都具有自然属性和社会属性这双重属性，科研人员也不例外。

---

① 梁启超：《梁启超论教育》，商务印书馆，2017 年，第 228 页。

科研人员具有双重身份属性:一是自然属性。每个科研人员都是普通的自然个体,都要把个人自然需求的满足作为目的,从而不可避免地要把科研工作当成手段和工具,在这种意义上,科研人员与每个人一样需要工作,需要就业,因为科研工作对科研人员来说是一种职业,而职业是人的生存手段,因此,科研人员拥有职业心是完全合理的。职业心考虑的中心问题是个人在工作中的权利,考虑这个职业能够给自己带来什么,考虑自己在这个职业中能够得到什么。二是社会属性。每个科研人员都具有社会属性,即每个科研人员都从属于特定的社会关系和社会组织(如科学共同体、集体、国家、民族、人类等),因而科研人员应该在一定程度上把自己当成手段和工具,把科学研究当成目的,在这种意义上,科学研究对科研人员来说是一种事业,事业心考虑的重点是个人能够给科研工作带去什么,能够为科学研究奉献什么、能够为整体利益牺牲什么。为此,科研人员增强事业心的关键是要正确处理个人与集体、个人与国家、个人与社会、个人与人民、个人功利与事业理想、利己主义与利他主义的关系,把个人与科学的关系、个人与整体的关系摆正,特别是要摆正个人功利与科学事业、个人利益与科学理想、个人利益与整体利益之间的关系,从而把自己从事科学研究的动机和目的定位到正确的位置上。实践可以有多种目的,在这些目的中,最高目的就是理想,因此,增强事业心要树立正确的理想。科学研究是一项伟大事业,它要求科研人员把科学职业与科学事业、对科学的职业心与对科学的事业心、个人利益与科学的利益、个人利益与国家民族的整体利益、个人理想与科学理想、个人理想与国家民族的共同理想、在科学研究中的得到与失去、得到与奉献、权利与义务等辩证地统一起来,在为人类科学事业献身和为国家民族发展的伟大事业中实现自我。

每个科研人员都是"现实个人",都免不了"为生活而工作",这意味着每个科研人员都不可避免地要把科研工作视为职业,视为生存手段和工具,从而把自己看成目的,拥有职业心。但是,科研人员还应该"为工作而生活",即把科研工作视为事业/目的,把自己看成手段和工具,为科研工作奉献和牺牲,从而拥有事业心。可见,科研人员个人与科学事业之间不是对立的,而是辩证统一的,每个科研人员与科研工作之间都互为目的、互为手段,把科研工作看成手段,把自己看成目的,科研人员就把科研工作看成职业,从而拥有职业心;把科研工作看成目的,一定程度上把自己看成工具,科研人员就把科研工作看成事业,从而拥有事业心。科研人员拥有职业心还是拥有事业心,取决于科研人员与科研工作之间建立何种"手段—目的"关系。

个人利益也不能等同于对物质价值的追求,而且还包括对精神价值的追求。职业心更注重物质价值的满足,事业心更注重精神价值的满足。1952年,爱因斯坦(A. Einstein)在为加拿大"教育周"(3月2—8日)写的贺信中指出,在一个健全的社会中,任何有益的职业都应该能够使人达到两种满足感:一是物质报酬的满足感。即在这个活动中人们"所得到的报酬应当使生活能过得去"。二是心灵的满足感。即在这个过程中人们"进行任何有价值的社会活动都可得到内心的满足;但内心的满足不能看作是物质上的安慰"。① 爱因斯坦认为这两个方面都必不可少。物质满足是在职业中应该获得的报酬,内心满足是在事业上得到的自我实现。在另外一篇文章《自由和科学》中,爱因斯坦将上述两种满足感转变为对自由的讨论,即两种满足感决定了科学家所获得的自由具有完全不同的意义。爱因斯坦认为,科学家需要两种意义上的自由。首先要有言论自由。因为"科学的进步要以不受限制地交换一切结果和判断,和一切智力工作领域里的言论和教学自由为先决条件,一个人不会因为他对知识的一般或特殊问题发表意见主张而遭到危害或严重不利。自由交换对发展和推广科学知识是不可缺少的,其实际意义很大"。② 为此,科学家的言论"必须有法律保障,但仅靠法律还不能保证言论自由;要使人人都能表白他的观点而不因此受惩罚,在全体人民中必须有一种宽容精神。这种外在的自由理想永远不能完全达到,但要使科学思想以及哲学和一般的创造性思想得到最大的进步,就必须始终不懈地去争取它"。③ 第二个自由是物质上的满足。爱因斯坦认为"满足物质上的需要,固然是使生活得到满意所不可缺少的先决条件,但是只做到这一点本身还是不够的。为了得到

---

① 爱因斯坦:《爱因斯坦论著选编》,上海人民出版社,1973年,第438页。
② 爱因斯坦:《爱因斯坦论著选编》,上海人民出版社,1973年,第379页。
③ 爱因斯坦:《爱因斯坦论著选编》,上海人民出版社,1973年,第379页。

满足,人们还必须有可能按照他们个人的特点和能力来发展他们的理智和艺术才能"。① 显然,爱因斯坦在这里所讲的是科学家在科学职业中应该得到物质和精神两个方面的满足。科学家有物质需要,因此,科学家有职业需要;科学家有精神需要,因此,科学家有事业需要。不能否定在科学研究中获得物质价值的意义,但是更要注重在科学研究中获得精神价值的意义,要将两个方面辩证地统一起来才能获得真正的自由。他说:"使一切个人的精神发展成为可能,那就必须有第二种外在的自由。人不应当为获得生活必需品而工作到既没有时间也没有精力来从事个人活动的限度。没有这第二种外在的自由,发表意见的自由也就毫无用处。"②此外,爱因斯坦认为,人还需要有第三种自由——内心自由。内心自由就是爱因斯坦在《保证人类的未来》一文中所说的内心的满足感。他认为这种"精神上的自由,使思想摆脱强权意志和社会偏见以及一般非哲学的例行公事和习惯的限制。"③爱因斯坦认为,学校既可以通过强调权威的影响和对青年人过重的精神负担来干扰他们内心自由的发展,也可以通过培养独立思考能力来促进年轻人内心自由的成长。只有不断促进外在自由和内在自由的发展,精神上的发展和完善才是可能的。而人的物质生活和精神生活也才能够最终得到改进。

韦伯在《新教伦理与资本主义精神》一书中,以及在他于 1917 年在慕尼黑大学的演讲《以政治为业》中,都探讨了"职业"概念,他认为,德语中职业(Beruf)一词的内涵是从基督教新教中衍生出来的,该词的本义并不是以工作为手段去实现个人的生存目的。Beruf 有一个"最高表现",即教徒为了光耀上帝而去从事工作,教徒从事工作的目的不是为了个人的世俗利益而是为了增进对上帝的信仰,为上帝增添光耀。在这种意义上,韦伯认为,Beruf 的准确含义是"天职"。韦伯所谓"天职"、职业的"最高表现"指的其实就是教徒应该把工作作为事业——宗教事业,教徒的职业服从于宗教信仰事业这个崇高目的,教徒这一职业的目的不是追求世俗的东西,他们在职业中将神作为目的。所以英国学者米尔斯(G. W. Mills)

① 爱因斯坦:《爱因斯坦论著选编》,上海人民出版社,1973 年,第 438 页。

② 爱因斯坦:《爱因斯坦论著选编》,上海人民出版社,1973 年,第 438 页。

③ 爱因斯坦:《爱因斯坦论著选编》,上海人民出版社,1973 年,第 438 页。

把 Beruf 翻译为英文中的 calling，意思是"因神的感召而从事的事业"。如果剥离上述观点的宗教内涵，它对科学事业来说也是同样适用的，科研人员应该带着对精神信仰从事科学研究。

　　总之，事业不同于职业，事业是人为之牺牲、奉献和献身的东西；事业心也不同于职业心，事业心是对意义和价值的追求，是人们去追求的目的和理想；事业对人来说具有信仰的神圣性，它是人所敬畏的东西。科研人员对科学的职业心主要基于科学家的自然属性，如果仅仅把科学职业视为工具和手段，只注重在工作中获得个人权利和个人利益，那么，在价值观上就会导向个人主义和利己主义。现代文明充斥着功利主义精神，过分突出个人的利益得失，这种状况在现代社会的科学界也表现得非常突出，它是导致科研不端的重要根源。科研人员对科学研究的事业心主要基于科研人员的社会属性，如果科研人员能够把科学事业视为崇高目的和理想，注重对科学事业的义务和责任，对科学怀有神圣和敬畏，那么，在价值观上就会导向爱国主义、集体主义和利他主义，科研人员就会突出对科学事业的奉献精神，这些精神气质如果能够在科学界得到加强，科研不端就会减少，科学事业就能够得到健康发展。为此，应该在科研不端的治理过程中，有针对性地批判个人主义、利己主义和功利主义，加强科学界的"不忘初心，牢记使命"教育，加强爱国主义、集体主义和利他主义教育，端正科研人员的科研动机和目的，增强科研人员的事业心，达到为科学研究立心的目的。

二　科学研究的动机与目的

　　实践的动机、目的和价值取向是同一个东西，动机存在于实践的起点，目的是动机的完成，价值取向则是从动机到目的的立场、态度和选择。确立正确的实践动机和目的，就是确立正确的实践初心。动机即初心，最高目的就是理想。由于职业心把工作当成手段，事业心把工作当成目的，因此，科研人员增强事业心就是要把科学事业当成科学研究的动机和初心，也要当成科学研究的目的和理想，并为之献身。做到这一点，科研人员就算做到了对科学事业的"不忘初心"。同时，不能简单地说不忘初心，因为有些科研人员对科学事业的初心本来就偏了,甚至是错误的。不忘初心可以从科研人员个人的角度说,也可以从科学事业整体的角度说,科研人员个人的初心有可能跟科学事业整体的初心不统一,所以才会提出不忘初心的问题,不忘初心就是要让科研人员个人的初心与科学事业整体的初心统一起来。不忘初心说的是不忘科学事业作为一个整体的初心。科研人员选择职业的初衷有可能是出于金钱、名誉、地位、职务等外在功利性动机,这些都不属于科学事业整体的初心。因此,对科研人员来说,首先要认真审视、校正并确立正确的初心,然后才存在不忘初心的问题。科学事业整体的初心就是科研人员要增强对科学事业的纯洁性,也就是科研人员对科学事业的赤子之心,对科学事业要有理想的纯洁性、道德的纯洁性、感情的纯洁性。《论语》讲:"巧笑倩兮,美目盼兮,素以为绚兮。"[1]在孔子看来,具有朴素道德底色的人能够开创最绚烂的事业。科研人员对科学事业的初心应该像素绢一样洁白、朴素,不能作两面人,两面人是可耻的,《论语》讲:"匿怨而友其人,左丘明耻之,丘亦耻之。"[2]科研不端是科研动机或初心错位的表现,搞科研不端的人是典型的两面人。

一以贯之地坚守初心和理想,才能形成强大而持久的科研动力。凡是"无所为而为"的科研人员,必然出于对科学事业的热爱而形成的内在动力去"为",基于对科学事业内在价值的追求而工作,科研人员就能够做到主动的"自动";凡是"有所为而为"的科研人员,必然出于对外在功利价值的追求而产生的外在压力去"为"。如果仅仅基于外在功利目的去从事科学研究,科研人员的工作就是被动的"他动"。科研人员如果仅仅把科研工作作为一种职业来对待,那么,从事科学研究的动力就难以持续,因为基于外在功利目的从事科学研究,就会以外在利益的多寡和得失作为标准来评判科学研究的价值和意义,也会根据外在利益的变化来确定自己对科学职业的选择,一旦个人的外在功利目的得到满足,或者出现能够获得更高功利价值的职业机会,科研人员就有可能放弃现有的科学研究而选择那些具有更高功利价值的职位。因此,科研人员只有把科学研究

---

[1] 孔子:《论语》,陈晓芬译注,中华书局,2016 年,第 26 页。

[2] 孔子:《论语》,陈晓芬译注,中华书局,2016 年,第 60 页。

作为事业来追求，才能基于科学事业本身的内在价值、基于对科学事业的热爱和敬畏来确立自己的职业选择，才能在科学事业中找到人生意义和价值，培养起对科学事业的持久热爱和追求，形成科学研究的持久动力，从而一以贯之地贯彻自己从事科学研究的动机和初心，将生命意义与事业意义、个人价值与事业价值、人生目的与事业目的统一起来，在崇高的科学事业中实现人生价值。

　　一以贯之地坚守初心和理想才能敬业和乐业。职业心与事业心的差异还体现在个人与工作的关系上。每个人都是"现实个人"，都免不了"为生活而工作"，这意味着每个人都不可避免地要把工作视为职业、工具和手段。但是，人还应该"为工作而生活"，即把工作视为事业、目的，把自己作为手段和工具。因此，职业与事业、职业心与事业心之间不是对立的而是辩证统一的，但事业的意义应该高于职业的意义、事业心应该高于职业心。出于对科学事业的热爱和内在价值的追求，而不是出于对外在功利目的的追求，科研人员就能增强对科学事业的忠诚、精专于一。《礼记》中有"敬业乐群"的说法，"忠"就是"敬业"。所以，"敬业"不仅是一种政治要求，而且是中华民族优秀传统文化的基本精神之一。孔子说："素其位而行，不愿乎其外"[1]。《庄子》讲："用志不分，乃凝于神。"[2]《论语》强调"敬事"。梁启超说："主一无适便是敬"[3]。敬业就是要求在事业上要心无旁骛。梁启超先生认为敬业、乐业是人类生活的不二法门，他说"凡做一件事便忠于一件事，将全副精力集中到这事上头，一点不旁骛，便是'敬'。"[4]科研人员的"敬"就是把科学事业看得比自己高，对其形成持久热爱和遵从，对科学事业怀有神圣感、敬畏感，就是把科学事业作为目的来追求，甚至视为自己的生命，无论何种外在功利都不可取代。对事业"唯一的秘诀就是忠实，忠实从心理上发出便是敬。"[5]精专于一的反面是三心二意。当代社会的一个重要特征是知识爆炸、信息爆炸，人的精力的

① 孔子：《大学　中庸》，王国轩译注，中华书局，2016年，第76页。
② 庄子：《庄子》，孙通海译注，中华书局，2016年，第286页。
③ 梁启超：《梁启超论教育》，商务印书馆，2017年，第237页。
④ 梁启超：《梁启超论教育》，商务印书馆，2017年，第237页。
⑤ 梁启超：《梁启超论教育》，商务印书馆，2017年，第238页。

有限性与学科知识的无限性之间存在矛盾,如果不精专于一,就无法成就事业。凡"有所为而为"的科研人员,仅仅把科研工作当成职业来对待,他们往往不是基于内在动力的推动而是由于外在压力的裹挟而做科研,因此必定把科学研究变成苦差事,在科研工作中难以获得真正的趣味和乐趣,无法达到"乐业"的境界。亚里士多德说"求知是人类的本性。"①。梁启超说:"人类为理性的动物,'学问欲'原是固有本能之一种"②其实包括科学研究在内的一切学问都始于兴趣。虽然科研人员在科学职业之外也能够得到某种价值,但那是短暂的,不能给人带来真正的快乐。凡"无所为而为"的科研人员,能够把科研工作当成事业来对待,没有任何外在压力的胁迫,纯粹基于对科学事业的热爱而做科研,因此,他们能够在科学事业之中获得内在意义和快乐,自觉献身到伟大的科学事业中去。正是在这种意义上,才能说"奋斗本身就是一种幸福,只有奋斗的人生才称得上幸福的人生"。同时,不把科学事业作为目的来追求而只是当作手段和工具来使用,那是对科学事业之神圣性的亵渎,也是对科学事业的贬抑和损害。科学研究是创造性活动,也是思想探索活动。黑格尔说:"惟有当思想不去追寻别的东西而只是以它自己——也就是最高尚的东西——为思考的对象时,即当它寻求并发现它自身时,那才是它的最优秀的活动。"③仅仅将科学研究作为职业和手段,这本质上是功利主义价值观的体现,它最终会使科研人员的功利利益受到损害,因为科研人员的功利利益往往会因为科学事业受到损害而相应地受到损害。反之,如果科学事业得到尊崇、捍卫和发展,最终会反过来给科研人员带来更大的利益,因为国家民族追求理想的过程本身也是科研人员不断实现个人功利价值的过程。把科学事业搞好,把科学研究搞好,推动中国特色社会主义伟大事业的发展,最终能够使科研人员实现自己的人生价值,在科学事业的发展和国家民族的整体发展中获得最大功利。

端正科研动机和目的,要求加强科研人员的价值观建设。价值是由价值观确立的,人在实践中如果要追求价值,形成正确的实践动机和目

① 亚里士多德:《形而上学》,吴寿彭译,商务印书馆,2016 年,第 1 页。
② 梁启超:《梁启超论教育》,商务印书馆,2017 年,第 228 页。
③ 黑格尔:《哲学史讲演录》(第 1 卷),商务印书馆,1997 年,第 10 页。

的,就要运用正确的观点和标准来对价值的有无、大小和正负等作判断。为此,在实践中应该确立并坚持正确的价值观。只有坚持正确的价值观,才能确立正确的实践动机、目的、价值标准、价值取向和价值追求,从而确保从动机到目的的过程有正确的价值观引领。只有如此,才能使实践善始善终,一以贯之地从动机到达目的,得到实践所追求的价值。得到实践所追求的价值就是实现实践的动机、达到实践的目的。可见,主体在实践中确立和坚持正确的价值观是一个重要问题。价值观不是随意选择的东西,正确的价值观建立在科学理论基础之上,这意味着实践必须坚持科学理论的指导。

价值观(values)是关于价值的基本观点,是主体在处理价值问题时所持的基本看法和根本方法。价值观是确立实践动机和目的的前提,人总是先有价值观,然后再运用价值观来确立实践的动机和目的,并在此基础上开展追求价值的实践。如前所述,实践是从动机到目的的过程,只有有价值的东西才能成为实践的动机和目的,因此,实践是追求并获得价值的过程。显然,如果价值观错了,人们就会对价值的有无、大小和正负等问题作出错误判断,实践的动机和目的也就随之错误,人们就有可能追求错误的价值,实践也成为错误的实践。可见,价值观决定实践的对错和方向,也决定行为方式、行为规范和实践道路的选择。正确的实践是对正确价值观的坚守,是对正确的实践动机、目的和价值取向的坚守,是运用正确的行为,坚持正确的道路,按照正确的规范、使用正确的方法,追求正确的价值;错误的实践必然偏离正确的价值观,偏离正确的实践动机、目的和价值取向,运用错误的行为,坚持错误的道路,使用错误的手段和方法,追求错误的价值。可见,价值观对实践动机、目的、方向、行为、手段和价值取向等具有决定性作用。一旦实践主体的价值观错了,就不可能有正确的实践动机、目的和价值取向,也不可能有正确的实践行为、实践手段、方法和实践道路,实践方向也会出现偏差,因而最终无法达到正确的实践目的和理想。

具体到科学研究来说,科研不端是对正确价值观的偏离,是对正确的科研动机、目的和价值取向的偏离,因而也是对正确的科研行为、学术规范和科研路径的偏离,是按照错误的科研动机、目的和价值取向,实施错误的科研行为,通过错误的科研手段和路径,去追求错误的价值。为此,治理科研不端的要害在于科研人员回归对基本学术价值观的尊重,这是科研人员"正心"的关键。树立正确的价值观,回归科学研究的正确动机、目的和价值取向,选择正确的科研行为,遵循正确的学术规范,运用正确的科研手段,在科学研究中追求正确的价值,这是科研不端治理中的根本性问题。什么是基本的学术价值? 勃朗诺斯基(Jocob Bronowski)把学术价值观概括为"独立性和独创性;尊重不同意见的信念;以及坚持思想与言论自由。这些价值观中,最重要的是尊重他人的观点。观点和假设都要经过辩论、检验、证实、证伪、修正、提高或推翻,这就是科学之所以为科学的原因——最最实在的学问——既是一种个人的,又是一种高度群体性的活动。它对可能引诱人们偷工减料或弄虚作假的任何行为持强烈的反对态度,而这正是为什么说科学是一种自我修正的事业的原因。"[1]在价值层面上对科研不端加以自我修正的关键在于,重建上述基本的学术价值观。

在现代社会,资本逻辑的扩张导致了人们在价值观上的迷失,这个问题同样适用于科研人员。现代科学活动中的科研不端很大程度上根源于资本文明条件下科研人员在价值观上的迷失。因此,克服科研不端的路径之一在于关注资本逻辑与科研人员的感性生活、资本逻辑设定的价值取向与科研人员的价值观、资本逻辑指向的实践动机、目的和价值取向与正确的科研动机、目的和价值取向、资本视野的价值与科学视野的价值等方面的矛盾,要关切科学研究的感性生活,注重科研人员的价值观建设。投入产出、等价交换和个人利益最大化等原则是市场经济的基本原则,在资本逻辑作用下,科研人员的物欲也有可能得到释放,对物质利益的无止境追逐也有可能变成一些科研人员的价值取向,这使他们偏离对科学事业的神圣、敬畏与不懈追求。因此,资本逻辑的作用力越强大,就越需要科研人员有更强大的精神力量来对资本逻辑加以制衡;物质利益越是得到发展壮大,就越应该建设科研人员强大的精神世界来对物质利益加以正确审视;物质财富越是增长,就越需要培养科研人员正确对待物质财富

---

① 维斯特:《一流大学　卓越校长》,蓝劲松主译,北京大学出版社,2008 年,第 23 页。

的价值观来对物质财富加以管控；资本对物质财富的追求越是强烈，就越需要科研人员坚守科学研究的初心、动机、目的、价值取向和科学理想；资本越是凸显物质财富的重要性，科研人员就越需要正确认识科学的精神价值，弘扬科学精神。在资本文明时代，科研人员特别需要坚守正确的价值观，树立正确的科研动机、目的和价值取向，培育坚定的科学理想。科研人员应该拥有对科学价值的执着追求，应该在物质价值与精神价值、科研动机与利益动机、科研目的与利益目的、以经济利益为取向与以科学事业为取向等关系的动态平衡中，保持端正的科学价值观，正确的生存方式，坚持正确的行为规范，选择正确的行为手段和方法，坚持正确的科研路径，使科学研究始终保持正确的价值引领，沿着正确的方向发展。如果科研人员仅仅以物质利益为目的去从事科学研究，那么，科研人员就不会再去追求其科学研究本来应该追求的目的，科研人员必然陷入丧失人生价值和人生意义，陷入虚无主义泥潭。如此，科研不端就不可避免。因此，在资本文明时代治理科研不端，必须关注科研人员的生存异化和价值观的扭曲。

从现实层面看，市场经济的发展固然有其积极意义，但是也带来了不可忽视的消极影响，特别是以个人经济利益为核心的狭隘功利主义蔓延，导致一些科研人员对崇高精神价值有某种程度的遗忘。社会转型和市场竞争的加剧，使人们更多地将注意力转向现实生活，而在一定程度上遮蔽了生存的理想维度。科研人员如果过分执着于现实利益的追求，就有可能忘却远大的科学理想。以个人利益为核心的狭隘功利主义一旦成为最重要的价值观，科研人员就可能丧失对其他美好事物的神圣和敬畏。在当代科学界，部分科研人员科学精神淡薄、科研行为失范、对社会的责任感缺失、严重的学术腐败、过分强烈的个人主义和狭隘功利主义等，正是这些因素导致了科学界的学术生态恶化甚至学术生态危机，导致科研不端频发，极不利于科学事业的健康发展。因此，优化和建设有利于科学事业发展的学术生态、治理科研不端的关键是科研人员的价值观建设。一方面要培养科研人员对科学事业的神圣感、敬畏感，增强科研人员对科学事业的理想主义；另一方面要批判科学界的极端个人主义、狭隘功利主义，倡导对科学的神圣和敬畏，倡导以科学事业本身作为目的、重视精神价值的价值观和献身精神。反过来说,要反对过分强烈的功利主义。要把对狭隘功利主义的批判与对人类、国家、民族的革命功利主义的教育协同进行。同时,在科学观念上,要从科学是规模化生产的观念回归到科学是人性化的创造的观念这个本源。

改革开放以来,为了大力发展我国的科学事业,国家实施了"科教兴国"战略。"科教兴国"战略的一个重要思路是大幅度增加对科学研究的物质投入,这本来是推动我国科学发展的好事。但是,在这个过程中,不少科研人员对科学的认识出现了偏差:有些人仅仅把科学研究视为需要大量物质投入的规模化生产。一旦科学研究仅仅被视为规模化生产,市场经济规律就必然侵入到科学事业之中甚至涵盖科学自身发展的规律,而当科学领域中充斥着资本逻辑的时候,科学研究就有可能被降格为纯粹的物质生产过程。在这个过程中,功利主义成为支配一切的力量,它可以夷平和消融一切崇高的精神价值。科学研究过程中人的精神层面,比如科研人员对科学事业的神圣感和敬畏感、他们对人类科学事业的献身精神与不懈追求、对国家民族的责任感等都可能被抽空。但是,这些精神价值对于真正意义的科学研究来说是至关重要的,它们是科学事业的生命。在高尚精神价值被抽空的基础上确立起来的,是功利主义、利己主义在科学领域中真正的霸权,其极端之境也就是真正意义上的科学的死亡之境。同时,以个人经济利益为核心的狭隘功利主义一旦成为一些科研人员的价值观,他们就有可能丧失对其他美好事物的神圣与敬畏,丧失对科学事业的崇高理想和神圣追求。同时,社会转型和市场竞争加剧了功利主义价值观在科学界的泛滥,科研人员更多地将注意力转向现实生活,而在一定程度上遮蔽了生存的理想维度。黑格尔在谈到他那个时代哲学不受重视的原因时说:"时代的艰苦使人对于日常生活中平凡的琐屑兴趣予以太大的重视,现实上很高的利益和为了这些利益而作的斗争,曾经大大地占据了精神上一切的能力和力量以及外在的手段,因而使得人们没有自由的心情去理会那较高的内心生活和较纯洁的精神活动,以致许多较优秀的人才都为这种艰苦环境所束缚,并且部分地被牺牲在里面。"[①]黑格尔

[①] 黑格尔:《哲学史讲演录》(第1卷),贺麟等译,商务印书馆,1997年,第1页。

的这段论述也是当代科学界的真实写照,也对科研不端治理、对科研人员的价值观建设等问题都是具有现实意义的。

就像知识需要有知识观的管控、科学需要有科学观的管控一样,价值也需要有价值观的管控。之所以要注重科研人员的价值观建设,原因就在于科研人员的价值观对科学研究的价值层面(科研动机、目的、价值取向等)具有管控作用,而由于科研动机、目的和价值取向等问题是科研实践的根本问题,因此,科研人员的价值观又对科学研究实践具有管控作用,这就是科研人员的价值观必然影响科研实践的行为选择、行动规则、行为手段和方法、实践道路、实践方向等问题的根本原因。资本逻辑对科研人员的科研实践具有巨大冲击力,对科研动机、目的、价值取向、行为规则、行为手段和方法、实践路径等构成巨大挑战,因此,也需要通过科研人员的价值观建设来对资本逻辑的作用力加以管控。中国特色社会主义市场经济与西方资本主义市场经济的根本区别在于,它是以社会主义核心价值观作为价值引领的市场经济。为此,在对科研不端的治理中,要针对资本逻辑的负面效应,加强科研人员的价值观教育,将资本逻辑的作用限定在社会主义核心价值观所允许的界限之内,用社会主义核心价值观来引领科研人员的价值观;要注重在科学界批判个人利益至上和物质利益至上等功利主义价值观,建构科研人员正确的价值观;要引导科研人员正确认识和处理物质利益与精神利益、个人利益与国家民族整体利益、个人功利与科学事业之间的辩证关系,培养科研人员对善恶、美丑、义利、得失、责任与义务、权利与义务等问题的判断能力,把科研人员引导到高尚的精神追求上去。科学研究的目的不能只突出"资本导向""职业导向"和"市场导向",还应该突出"精神导向"和"文化导向"。

健康学术生态的一个重要方面是科研人员具有对科学事业的理想主义,即把科学本身作为目的、作为精神价值来追求。不良的学术生态的一个重要表现是科研人员对科学事业怀有极端功利主义,也就是完全把科学作为一种工具,作为实现个人物质方面或精神方面的功利主义目的(金钱、名誉、地位等等)的手段。科研人员是否对科学技术怀有理想主义应该成为衡量一个国家学术生态是否健康、是否有利于科技创新的根本标准。为此,要在科学界加强对利己主义和功利主义尤其是极端利己主义和极端功利主义的批判，引导科研人员正确认识资本、正确认识价值理性与工具理性的关系，塑造科研人员正确的科研动机、目的和价值取向，培养科研人员正确的世界观、人生观和价值观。要把培养科研人员对科学事业的神圣感与对他们的世界观、人生观和价值观的教育统一起来；把对狭隘功利主义的批判与对积极功利主义的倡导统一起来；要增强科研人员对科学事业的理想主义，反对以个人利益为目的的狭隘功利主义。

对科学的理想主义就是以科学本身作为目的而不是仅仅把科学作为手段和工具，更准确地说，就是科研人员应该对科学事业怀有神圣感、敬畏感，对人类科学事业怀有虔诚之心，这是让科学研究回归本源、建设健康的学术生态、促进科学发展的基本前提。1816 年 10 月 28 日，黑格尔在海得堡大学哲学史课程的开讲词中，曾经谈到哲学研究的首要条件，他说："追求真理的勇气和对于精神力量的信仰是研究哲学的第一个条件。人既然是精神，则他必须而且应该自视为配得上最高尚的东西，切不可低估或小视他本身精神的伟大和力量。人有了这样的信心，没有什么东西会坚硬顽固到不对他展开。那最初隐蔽蕴藏着的宇宙本质，并没有力量可以抵抗求知的勇气；它必然会向勇毅的求知者揭开它的秘密，而将它的财富和宝藏公开给他，让他享受。"①这段话同样适用于科学研究。对科学的神圣感和敬畏感、对科学事业的理想主义是科学研究的首要条件，也是科研人员的首要素质。做到这一点，就有可能避免科研不端，作出真正具有原创性的科研成果，使科学事业得到健康发展。反过来，如果说对科学的理想主义、对科学事业的神圣感、敬畏感是健康学术生态的首要因素，那么，极端利己主义、极端功利主义——特别是狭隘功利主义的泛滥、对科学神圣感和敬畏感的失落就是对学术生态最大的破坏，是学术生态面临的主要问题，也是制约、破坏科学事业的首要学术生态问题和首要学术生态危机。从这种意义上说，治理科研不端就是治理学术生态问题和学术生态危机，就是科学界的环境保护。

---

① 黑格尔：《哲学史讲演录》（第 1 卷），贺麟等译，商务印书馆，1997 年，第 1 页。

三　科研不端与学术人格

价值观与人格(Personality)相关。正确的实践动机、目的和价值观是决定人格的内在因素，或者说，人格有价值层面，如何正确认识价值？如何培养正确的价值观？如何确定实践的正确动机、目的和价值取向？这些问题不仅是价值观的问题，而且是人格问题，一个人能否对这些问题给予理性判断，取决于一个人的人格独立性，也体现一个人的人格独立性；一个人对这些问题给出何种答案，取决于一个人人格境界的高低，也体现了一个人人格境界的高低。在汉语中，人格是一个多义词，对人格这个概念可以从不同的意义上理解。按照康德哲学，人的存在可以划分为"现象自我"与"本体自我"，作为"现象自我"的人服从自然规律，人是没有自由可言的；作为"本体自我"，人是不受自然规律约束的，人是自由的。人格就是人的"本体自我"，因此，人格是自由的，不受自然规律束缚，它只服从于理性。从人格的形成上说，人格应该是理性与自由意志的统一，这两个方面不可偏废，如果只讲理性，就有可能忽视自由意志，从而无法形成真正意义上的人格；如果只讲自由意志，人格就没有理性所确立的那种原则高度。因此，人格是有理性的意志自由和有意志自由的理性。人格中的理性特质，意味着人格应该包含经过理性反思后确立起来的原则，人格的形成不应该包含盲从的成分在内，有人格的人不应该人云亦云；人格中的意志自由特质，意味着人格应该具有思想独立性，人格的形成不应该是外力胁迫的结果而应该是独立思考的结果。从这种意义上说，人格是人之为人的规格和标准。工厂生产的产品要达到合格标准才能投放到市场中去，也才能被市场所接受。同样，人也要达到合格的人格标准才能进入社会，也才能被社会所接受。因此，科研人员的人格指的是，科研人员要达到合格的人格标准才能进入科学界从事科学研究，也才能被科学界所接受。

从价值、伦理和道德意义上讲，人格指的是一个人拥有经过理性审视后确立起来的道德原则。教育的一个重要价值是塑造和形成人格，使人达到做人的合格标准。塑造人格既是教育的永恒主题，也是教育必须面对的时代课题。历来的中西方教育家都非常重视人格教育。卢梭(J. Rousseau)指出，每个人"共同的天职，是取得人品；不管是谁，只要在这方面受了很好的教育，就不至于欠缺同他相称的品格。"①张伯苓说："教育为改造个人之工具，但教育范围，绝不可限于书本教育、知识教育，而应特别注重于人格教育。"②唐文治也指出："须知吾人欲成学问，当为第一等学问；欲成事业，当为第一等事业；欲成人才，当为第一等人才。而欲成第一等学问、事业、人才，必先砥砺第一等品行。"③具体到学术人格，指的是科研人员运用理性和自由意志，对科学的价值、科研动机、目的和价值取向等问题形成正确认识，科研人员对这些问题的认识既遵循理性的普遍原则，也基于自由意志的独立思考，人格的形成没有盲从和胁迫的成分在内。一个人如果要想成为科学家，其根本前提是具备良好的学术人格。道理很简单，如果一个工厂想制造一件合格的产品，就必须使这个产品具有该产品应该达到的规格和标准；同样，如果一个人想成为合格的科研人员，就应该具有作为一个合格科研人员所要求的那种人格独特性，那种作为科研人员所应该具备的特殊规格和标准。从这个角度看，科研不端虽然是一种行为不端，但是，它产生的内在条件是学术人格的失落。因此，要治理科研不端，就要注重科研人员的人格养成。

人格所内含的价值原则表现为一个人从事实践活动的动机和目的，表现为正确的世界观、人生观和价值观。从价值层面上讲，衡量人格是否合格的标准是看一个人有没有他所坚持、捍卫甚至信仰的高尚精神原则。塑造学术人格，就要注重培养科研人员做人、做事的正确动机、目的和价值观，其中最重要的是对学术精神的神圣和敬畏。所谓神圣，就是应该以某种高尚的东西本身作为目的，对它无条件地虔诚和敬畏。神圣具有质的规定性，它只能是对美好事物而言而不是相反。从根本上说，对美好事物的神圣感是人格的核心，它是一个人对信仰和原则的坚定性；是追求真

---

① 卢梭：《爱弥尔》(上卷)，李平沤译，商务印书馆，2013年，第15页。
② 张伯苓：《四十年南开学校之回顾》，陈平原、谢泳主编：《民国大学》，东方出版社，2013年，第43页。
③ 唐文治：《上海交通大学第三十届毕业典礼训词》，陈平原、谢泳主编：《民国大学》，东方出版社，2013年，第62页。

善美的执着精神；是抵御错误思想观念和不良诱惑的人格盾牌；是民族精神和民族素质的灵魂。任何美好事物都必须依赖对它具有神圣感和敬畏感的人格才能得以实现。可以说，高尚的人格是一个社会中崇高的精神价值得以存在、实现和传承——甚至也是一个社会朝着正确方向发展的内在主观条件。反之，如果没有对崇高精神价值的神圣感和敬畏感，个人和社会就不可能得到健康发展。任何一种事业都要求具有与之相匹配的人格，崇高的事业需要以崇高的人格作为支撑，健康的学术人格也是良好学术生态的首要因素。当前，一些科研人员的科研不端问题、科学界在学术生态方面存在的问题，首先是学术人格的问题，科研不端所折射的行为危机、学术生态危机其实是学术人格危机。

由于价值层面的人格指的是一个人从事某种实践活动的动机、目的及其外在表现，因此，人格就是价值观，学术人格就是学术价值观。以此为标准，可以把科研的动机和目的分为理想主义和功利主义两种，前者指的是将科学本身作为目的，研究科学的动机完全出于对科学事业的热爱，科研人员以科学作为理想，对科学事业怀有神圣感、敬畏感；后者指的是把科学作为实现其他目的的工具和手段。功利主义的科学价值观又可以分为以个人利益为目的的个人功利主义和以集体、国家或全人类利益为目的的积极功利主义。可见，学术人格的核心涉及科学研究的动机、目的，涉及对待科学的理想主义价值观或功利主义价值观。从这个角度看，科学界学术生态存在的主要问题是，以个人功利主义为核心的学术人格泛滥与以集体、国家或全人类利益为目的的积极功利主义以及对科学的理想主义为核心的学术人格缺失，这一问题已经严重影响了科学的健康发展。因此，当前治理科研不端，加强学术生态建设，重点是要特别突出批判以个人功利主义为核心的学术人格，大力倡导以集体、国家或者人类利益为目的的积极功利主义，以科学的理想主义为核心的学术人格。

从上述意义上说，健康的学术人格就是以对科学事业的神圣感、敬畏感作为内核的人格，就是以集体、国家或全人类利益为目的的积极功利主义和对科学的理想主义为核心的人格。所谓学术人格的危机，就是当对科学事业的神圣感、敬畏感丧失，对科学事业的理想主义和革命功利主义丧失。同样，如果没有对科学事业的神圣感和敬畏感，科学事业就不可能得到健康发展。同时,塑造学术人格的深远意义更在于确立科研人员做人的基本原则:无论学者还是其他人,只有对科学事业的崇高精神价值怀有神圣感和敬畏感,才有可能对科学事业具有崇高的精神理想。

是否具有良好的学风是衡量一个国家学术生态优劣最重要的指标之一,而只有每个科研人员坚持正确的科研动机、目的和价值观,具有良好的学术人格,才能够形成良好的学风,学术道德和学术规范也才能得到捍卫,健康的学术生态才能形成。当前,影响学风的因素当然很多,我国科学界学风方面存在的问题跟管理体制、考评方式、奖励制度等有很大关系,但是,与部分科研人员的价值观存在问题更是直接相关。健康的学术生态必然有健康的学风,健康的学风首先来自健康的学术人格和正确的科学价值观。这主要表现在两个方面:一是不同的价值观有不同的价值指向,从而导致科研人员不同的行为方式。价值是人们与满足其需要的外界存在物之间的关系,因此,价值观跟人们的需要及其对象物有关:正确的价值观根源于健康的需要并指向正确的对象;反之,不正确的价值观总是根源于不健康的需要并指向不正确的对象。价值观指向不同的对象就形成不同的价值取向,而不同的价值取向又决定了人们不同的行为方式、行为规则。健康的学风应该是求真与求善的统一,求真与求善是学术人格的内核,也是良好学风的内核。科研人员对科学事业的理想主义、他们对科学事业的神圣感和敬畏感,必然使其价值取向指向客观世界的客观规律,引导他们去探索自然的奥秘、发现自然的真理,这样的价值观决定了科研人员的行为特征更注重求实求真。对客观世界的求实求真形成科研人员的基本人格特征,科研人员无论是对自己还是对他人的科学研究都能够以真理为第一考虑,包括诚实对待问题,尊重他人知识产权等等。同时,积极的功利主义价值观能够使科研人员的需要和价值取向指向集体、国家和人类进步事业,引导他们为人类进步事业作出贡献。从这种意义上说,健康的学风又必然注重求善。正确的价值观使科研人员在科学研究中能够以求真为第一要务,以求善为第一原则,将大多数人的利益置于个人利益之上,以追求真理和为大众服务作为自己科研工作的最高标准和最终归属,从而形成求真、求善的学风;反之,不正确的价值观必然使科研人员以个人利益作为科研工作的标准和目标,把个人利益置于大多数人利益之上,以简单的功利主义态度对待科学事业,将科学研究作为实现个人利益的手段和工具,作为不同利益的交换手段,市场机制、等价交换等原则侵入科学领域,求真、求善被放到次要地位,从而出现各种与求真、求善背道而驰的科研不端——抄袭、作假、苟且、官学勾结、商学勾结等等。二是不同价值观能够使科研人员产生不同的科研动力。科学史表明,以集体、国家或全人类的利益作为价值取向,科研人员就能够形成最强大的动力,献身崇高的科学事业。相反,如果仅仅为了狭隘的个人利益而从事科学研究,科研人员就会失去献身科学事业的精神动力,不利于科学发展。

四 科学家的精神气质

突出科学的精神价值,就要倡导科学精神。在历史和现实中,科学既是一种物质力量,更是一种精神力量。科学精神是在科学发展中所形成的一系列优良传统,主要包括怀疑精神、批判精神、实证精神、开放精神、理性精神和民主精神等。在当代社会,科学的物质价值得到充分彰显,科学精神成为社会精神文化价值的重要组成部分,并已经成为全社会的共同财富,照耀着人类前进的道路。在这样的时代背景下,科研人员坚守科学的精神气质,在全社会倡导和弘扬科学精神等都显得十分重要。科学精神是在科学研究过程中展现出来的人性光辉和精神特质,它主要描述的是科学研究过程中人与物、人与人之间的关系,具体地说,它涉及的是科研人员与研究对象、科研人员与科学知识的关系,当然也不可避免地涉及科学研究过程中人与人之间的关系。1942年,默顿在《科学的规范结构》中首次提出这样的观念:以从事学术研究为目的的科学家的行为可能与一组规范相联系,这些规范是科学共同体共同的精神气质。默顿提出的规范包括科学的普遍性、科学的公有性、无偏见性和有条理的怀疑精神等。[①] 后来,英国物理学家、科学社会学家约翰·齐曼在《元科学导论》中对默顿范式的内涵作了新的阐发:(1)公有性(Communalism)。即科学是公共知识,科研成果不属于科学家个人,而属于整个世界。科学家的研究成果应该

---

① 默顿:《科学的规范结构》,《科学哲学》1982年,第4期,122页。

立刻公开,并与科学共同体交流,每个人都可以利用这些文献作进一步的研究。(2)普遍性(Universalism)。即科学知识不存在特殊权益的根源。科学发现和理论论证应该根据科学的内在价值和内在标准进行衡量,而不管提出者的国籍、民族、宗教、阶级、年龄或科学家的社会地位等。(3)无私利性(Disinterestedness)。即应该为科学而科学。科学家进行研究和提供成果时,除了促进人类知识以外,不应该有其他动机。他们在接受或排斥任何具体科学思想时,不应该计较个人利益。(4)独创性(Originality)。即科学是对未知的发现,科研成果应该是新颖的。如果一项研究没有给充分了解和理解的东西增添新内容,那就对科学无所贡献。(5)怀疑主义(Scepticism)。即科学家应该怀疑一切。对于科学知识,无论是新的还是旧的,都应该持续地仔细检查其中可能的事实错误或论证矛盾。任何合理性的批判性意见都应该立刻公之于众。

默顿范式自提出以来,一直是科学家们遵守的基本信条,当然也引发了很多争议。其实,科研人员的精神气质包含丰富的内涵,从几个方面简单地加以概括是很难的,也不够准确,结合当前中国科学界的实际情况,特别是治理科研不端的现实需要,以下结合中国科学院学部主席团发布的《关于科学理念的宣言》,尝试性提出在科研不端治理中,中国当代科学家的精神气质应该特别遵循以下几个最根本的原则:追求真理、尊重创新、科学方法、普遍主义。这些规范深化了默顿范式,使现代科学的精神气质更加丰满。特别是前两条对于优化学术生态具有重要意义:

追求真理。不断追求真理和捍卫真理是科学的本质。追求真理体现为两个方面:既要继承传统,又要怀疑批判。中国科学院学部主席团发布的《关于科学理念的宣言》指出:"科学精神体现为继承与怀疑批判的态度,科学尊重已有认识,同时崇尚理性质疑,要求随时准备否定那些看似天经地义实则囿于认识局限的断言,接受那些看似离经叛道实则蕴含科学内涵的观点,不承认有任何亘古不变的教条,认为科学有永无止境的前沿。"①显然,这样的提法比默顿范式更加辩证。默顿范式强调对

① 中国科学院学部主席团:《关于科学理念的宣言》,《光明日报》2007 年 2 月 27 日。

已有科学知识的怀疑精神,突出怀疑一切,这是对科学研究过程中批判精神、理性精神的强调,固然符合科学研究追求真理、真理至上的原则。但是,默顿范式却忽略了一个很重要的方面,那就是科学的发展是一个历史过程,任何科学创新都离不开人类科学史上以往创造的优秀成果。因此,继承科学传统中已经经过实践检验所确立起来的真理性知识,同样符合科学研究追求真理、真理至上的基本原则,将继承和批判统一起来更为辩证。同时,《关于科学理念的宣言》还提出了如何从科学方法论角度确保对真理的追求:"科学精神体现为严谨缜密的方法。每一个论断都必须经过严密的逻辑论证和客观验证才能被科学共同体最终承认。任何人的研究工作都应无一例外地接受严密的审查,直至对它所有的异议和抗辩得以澄清,并继续经受检验。"[①]这段话表明,真理第一往往是与实践第一直接相关的,这也是默顿-齐曼范式所没有触及的方面。

尊重创新。默顿范式强调科学的独创性,而《关于科学理念的宣言》更明确地把尊重创新作为一条重要原则,从而更加具有道德规范的意义,这对治理科研不端、加强学术生态建设具有重要意义。首先,健康的学术生态要求科学发现的优先权、首创权能够得到尊重。尊重创新意味着尊重科学研究的知识产权,尊重创新、科学发现、技术发明首创权和优先权。同时这也意味着任何基于非科学的利益目的对知识产权、科学创新、科学发现和技术发明首创权和优先权的破坏都是错误的,任何形式的科研不端都应该被摒弃。齐曼说:尊重创新这一"规范强烈地指责科学剽窃(把其他科学家的工作假冒为自己的)的所有形式,并且不允许把系统的研究成果同时向几家不同的杂志进行交流。"[②]这也说明,科学界当前存在的破坏他人知识产权、破坏他人科学创新优先权、首创权等科研不端行为,其产生的根源尽管很多,但其中的根本的问题是各种非科学因素介入科学,从而表现为对科学创新的不尊重。特别是将狭隘的个人利益置于科学创新之上,有些科研人员将名誉、地位、经济利益等放在第一位,而将科学创新放在第二位,将追求真理放在第三位,这是对本源意义的科研动机

---

① 中国科学院学部主席团:《关于科学理念的宣言》,《光明日报》2007年2月27日。
② 齐曼:《元科学导论》,刘珺珺等译,湖南人民出版社,1988年,第125页。

和科研规范的严重偏离,本质上体现了科学界狭隘功利主义抬头、理想主义缺失的现状。《关于科学理念的宣言》指出:"创新是科学的灵魂。科学尊重首创和优先权"[1],这是对科研不端的明确反对。其次,有助于营造宽松的学术环境。尊重科学创新不仅意味着尊重已经创造出来的知识、成果——知识产权、优先权,而且意味着尊重创新精神。同时,宽容失败也是一种尊重。因此,应该宽容尚未成功甚至失败的创新。《关于科学理念的宣言》指出"创新需要学术自由,需要宽容失败,需要坚持在真理面前人人平等,需要有创新的勇气和自信心。"[2]这有利于形成大胆探索、宽容失败的学术生态。在科学界形成宽容失败的宽松氛围对减少科研不端行为具有积极意义。

信任与质疑。信任与质疑是科学研究中科研人员应该具有的人格特征,也是科研人员在对待自身和他人科研成果时必须正确处理的基本原则。一方面,这一原则有助于确立科研人员对待他人科研成果的正确态度。科研人员要懂得,他人的科学创新是他人通过艰苦诚实的科学研究取得的,对他人在科学研究中出现的错误、问题应该从科学研究本身的艰巨性、复杂性去理解,而不应该动辄诉诸人格层面的质疑,更不应该动辄进行人身攻击,不应该用非科学的态度和因素来介入对他人科学研究评价。《关于科学理念的宣言》指出:"信任原则以他人用恰当手段谋求真实知识为假定,把科学研究中的错误归之于寻找真理过程的困难和曲折。"[3]这样才有助于在科学界形成彼此尊重、彼此信任、真理第一的学术生态。另一方面,科研人员又不能因此放松警惕,更不能因此忽视自律,放任自己的行为,必须质疑自己因科学本身和因人格问题而可能出现的错误,因此"质疑原则要求科学家始终保持对科研中可能出现错误的警惕,不排除科学不端行为的可能性。"[4]也就是说,质疑包括两个方面:既要质疑能力层面导致科学问题的可能性,更要质疑学术道德方面出现问题的可能性,这样的原则显然能够提升科学家的学术人格,形成严谨学

---

[1] 中国科学院学部主席团:《关于科学理念的宣言》,《光明日报》2007 年 2 月 27 日。

[2] 中国科学院学部主席团:《关于科学理念的宣言》,《光明日报》2007 年 2 月 27 日。

[3] 中国科学院学部主席团:《关于科学理念的宣言》,《光明日报》2007 年 2 月 27 日。

[4] 中国科学院学部主席团:《关于科学理念的宣言》,《光明日报》2007 年 2 月 27 日。

风,为避免科研不端提供了可能。

相互尊重。科学研究是共同的事业,科学界是一个学术共同体,任何科研人员都必须站在他人肩膀上才能有所作为,任何科学研究都离不开他人已有研究工作的支撑。因此,科学研究是一种交往实践,科研人员不是独立的主体,主体间性是科学研究中主体性的根本特征。因此,在科学研究过程中,科研人员必须正确处理继承他人成果与尊重他人成果;引证他人成果与承认他人首创权和优先权之间的矛盾。解决这一矛盾的基本原则就是相互尊重。《关于科学理念的宣言》指出:"相互尊重是科学共同体和谐发展的基础。相互尊重强调尊重他人的著作权,通过引证承认和尊重他人的研究成果和优先权"①。同时,相互尊重也意味着"尊重他人对自己科研假说的证实和辩驳,对他人的质疑采取开诚布公和不偏不倚的态度;要求合作者之间承担彼此尊重的义务,尊重合作者的能力、贡献和价值取向。"②相互尊重的原则要求科研人员将科学真理视为最高价值,而不能将个人偏见和私利凌驾于科学真理之上。

公开性。公开性原则也是默顿范式包含的原则。《关于科学理念的宣言》指出:"传统上公开性强调只有公开了的发现在科学上才被承认和具有效力。在强调知识产权保护的今天,科学界强调维护公开性,旨在推动和促进全人类共享公共知识产品。"③科研人员之所以应该坚持公开性原则,主要原因在于科学事业是人类的共同事业、科学理想是人类的共同理想,共同的事业应该是公开的事业,共同的理想应该是公开的理想,从这种意义上说,科学研究没有私密性可言,科学事业是公有事业而不是私有事业。公开性原则还意味着科研人员的科研行为应该坚持慎独的原则,即科研人员独立实施的科研行为,能够在公开的场合加以实施并接受检验,科研人员的科研行为应该内外一致、表里如一,科研人员不应该是两面人。公开性对学术生态建设具有积极意义:一方面,科学家应该公开自己的研究成果,不应该相互封锁;科学家能够公开自己的科研行为,不应该实施不可见光、不可见人的科研不端行为,只有如此,对促进科学发展才具有

---

① 中国科学院学部主席团:《关于科学理念的宣言》,《光明日报》2007 年 2 月 27 日。
② 中国科学院学部主席团:《关于科学理念的宣言》,《光明日报》2007 年 2 月 27 日。
③ 中国科学院学部主席团:《关于科学理念的宣言》,《光明日报》2007 年 2 月 27 日。

积极的推动作用;另一方面,公开性也要求科研人员尊重他人首创权、优先权和知识产权,这能够促进建设相互尊重、彼此信任的学术生态。

淡泊名利。科学事业包含对精神价值的追求,但它也可以转化为物质力量。科学共同体是理想共同体而不是物质共同体;是人类利益共同体而不是个人利益共同体。在当代社会充斥着市场法则、资本逻辑的情况下,弘扬科学家的精神气质,其中一个重要问题就是,科研人员要树立正确价值观、金钱观。亚里士多德说人有三"善",即外物、身体、灵魂。亚里士多德认为,外物是人的生存手段,但"过了量都对物主有害,至少也一定无益。"而"灵魂的各种善德都愈多而愈见其效益"[1],而且"灵魂诸善的所以能够形成并保持德性,无所赖于外物。反之,外物的效益就必有赖于灵魂诸善而始显露。"[2]因此,人的本质不在物质而在灵魂。科研人员要树立正确的价值观,正确处理物质与精神的感性,坚守对科学事业的赤子之心,不能用金钱的价值去衡量科学事业的价值。《论语》讲"饭蔬食而饮水,曲肱而枕之,乐在其中也。"[3]淡泊名利的原则要求不能将科学事业看成功利的事业,要提升科研人员的人文素养。维斯特说:"人文科学与工程学科的互惠提供非同寻常的契机。长期以来,人们认识到人文学科与自然科学之间构成了连续统一体(continuum),而较少探索从人文学科到工程技术之间构成的连续统一体。一般地说,就不少工程教育工作者而言,对人文学科和社会科学的实用主义观念干扰了这种探索,而很多人文学者对现代工程技术蕴藏的智慧也缺乏欣赏。"[4]要将科学与人文的统一渗透到科学教育和科研实践之中。

五 科研不端与科研道德

科研道德建设是科研不端治理的治本之策。中国传统文化将道德建设与制度建设并重,并将道德建设置于比制度建设更为重要的地位。道

---

① 亚里士多德:《政治学》,吴寿彭译,商务印书馆,2017年,第346页。
② 亚里士多德:《政治学》,吴寿彭译,商务印书馆,2017年,第345页。
③ 孔子:《论语》,陈晓芬译注,中华书局,2016年,第26页。
④ 维斯特:《一流大学 卓越校长》,蓝劲松主译,北京大学出版社,2008年,第11页。

德建设注重治理人心，制度建设注重治理人的行为，而人心是人的行为之源，人的行为是人心的外化，因此，道德建设是更为根本的方面。孔子在《论语》中说："道之以政，齐之以刑，民免而无耻；道之以德，齐之以礼，有耻且格。"①意思是说，用法律从外在约束人的行为，民众可能免于犯罪，但是内心缺乏羞耻感；用道德从内在教化人，民众心里会有羞耻感，并且活得有人格尊严。显然，道德教化是比制度管控更为根本的方面。提升道德素质既是社会主义意识形态的本质要求，也是中华优秀传统文化的一贯主张。《论语》中讲"为政以德，譬如北辰，居其所而众星拱之。"②对人来说，道德如同天上的北斗星，它是不动不变的原则，为人生引领方向，而人的其他一切方面都始终围绕道德原则展开。这些论述都在强调道德的重要性。在科研不端治理中，各国普遍重视科研道德建设，作为"礼仪之邦"的中国，更应该特别注重科研道德建设，这既是中华优秀传统文化的内在要求，也是中国特色社会主义道德建设的有机组成部分。

　　科研道德建设要将知识教育与道德教育统一起来。科学与人文、事实与价值是有区别的，知识可以消除愚昧，但不一定能阻止道德堕落；知识可以获得事实认知上的累积，却不一定能带来价值观念的进步。科学共同体的精神气质应该包括对科学家的道德要求。在科学研究中，科学家除了求真还应该求善，科学规范不仅应该有助于确保科学研究达到真理性，而且应该确保科学研究符合伦理道德。科学研究的目的是达到真理性认识，但获得真理性认识的行为和途径应该符合伦理道德。如果仅仅强调求真，就有可能牺牲伦理道德。从科学知识应用的角度看，具有真理性的科学知识在应用过程中也必须符合伦理道德。总之，只强调科学的求真维度或只强调科学的求善维度，对学术生态都有可能产生负面影响，不利于科学的健康发展，只有求真与求善相统一的科学研究以及与之相适应的科学规范，才能够建构健康的学术生态。大学是科研重镇，大学培养的学生是科研人员的主要来源，大学生是科研人员的后备军。因此，大学教育除了知识教育之外，还应该注重学生的人格、道德和审美等方面

---

① 孔子：《论语》，陈晓芬译注，中华书局，2016年，第11页。
② 孔子：《论语》，陈晓芬译注，中华书局，2016年，第11页。

的教育,特别是应该将学术道德、科研道德和学术规范教育作为大学教育的重要内容,使之成为大学生的必修课。要提高学生的学术道德意识,培养学生正确的学术价值观,让学生的学术道德与知识水平共同进步,和谐发展,这是科学与人文统一、事实与价值统一的哲学理念给现代大学教育提出的必然要求。同时,对教师要进行严格要求,教师不仅要从事教学,而且要带领学生从事科学研究,对学生来说,教师应该是知识和道德两个方面的导师,教师要以身作则,以严格的学术道德要求自己,感召学生。

科研道德建设要将普遍性和特殊性统一起来。在学生的学历教育中,从学生涉足科学研究开始,就应该同步开展科研道德教育,开展规范化的道德教育。应该推进科研道德和学术规范的相关内容进教材,将道德体系融入到学术规范体系之中,这样就能够为大大减少科研不端的发生提供可能。大学生、研究生不仅要参与和从事科学研究,而且应该有意识地学习科研道德类的课程,筑牢抵御科研不端的思想防线,将科研不端发生的可能性扼杀在科研生涯的起点,在进入科学界之前就系好科学人生的"第一颗扣子"。在教育内容上,既要注重普遍性的道德规范教育,又要针对不同职业的特点加强道德教育。科研道德就是科研人员的职业道德,应该将科研道德纳入科学家职业教育体系之中,使科研人员增强科研道德素养。科研道德教育还应该尊重不同学科的特点,根据不同学科的具体性确定科研道德教育的内容、案例和要求等。要根据不同学科发展的特点和要求,制定、修订和完善基本的科研道德规范;要按照学历教育的阶段和层次,按照培养流程和学科结构,分别制定针对不同群体的科研道德规范;可以编制不同学科的道德规范细则和典型案例提供学生研读。

科研道德建设要将自律与他律统一起来。他律是借助外部力量的制约去行动,主要是制度对人的约束,包括监督管理制度和法律制度的约束,因此,建立他律机制需要完善社会管理机制。自律是基于内在的理性的决定去行动,自律是人的自我约束、自我控制。对科研行为的管理必须依靠他律机制和自律机制的双重作用,但重点是增强科研人员的自律意识。按照康德的伦理学,讲道德不应该是基于外在权威,更不是基于外在利益,而是基于内在的理性自觉,道德上的善是一个人实施某种行为时自觉自愿地确认的原则。一个理性的存在者努力去做他应该做的事,出于应该的行为与出于爱好、权威或利益而做的行为完全不同。无论出于爱好、权威还是利益的行为,对人而言都显得与出于道德律的责任而实施的行为完全不在同一道德境界。在现代科学中,科研不端泛滥,一些科研人员诚信缺失、责任意识淡薄,这些问题的根源归根结底是科研人员道德自律的缺失。孔子强调道德修养的目标是培育君子,而君子应该"修己以敬""修己以安人"。"修己"的重要内涵就是自律。自律的实质在于,自觉运用道德原则来约束自己,自觉运用他人的利益来限制自身利益,自律就是用他人来定位自身。科研人员应该有道德自律意识,自觉地增强道德自律,维护学术秩序。

科研道德的一个重要方面是科研人员社会责任感的培育。现代哲学的基本路向表现为:一方面批判理性形而上学使人成为无家可归的无根之存在,胡塞尔说:"只见事实的科学造成了只见事实的人"[①];另一方面主张从知识论路向返归生存论路向,"回到事情本身"。哲学的这一存在论转向要求科学观也应该有根本改变:无论是科学还是科学家都不应该是无根的,科学不应该是"只见事实的科学",科学家也不应该是"只见事实的人",自然科学与人文社会科学应该是"一门科学"。科学首先应该是人学,科学家首先应该是"人"。科研人员既要有扎实的科学知识,又要有较高的人文素质,在培养科技人员的大学教育中,要贯彻科学与人文统一的理念,既要搞好科学知识教育,又要搞好人文素质教育,既要把科研人员培养成"智者",又要把科研人员培养成"仁者"。科学的人文维度包含很多方面的内容,其中,凸显科学的社会责任是最重要的问题之一。在德语中,"职责(Verpflichtung)"和"责任(Verantwortung)"是两个不同的概念。德裔美国学者约纳斯(H. Jonas)认为,责任是职责的一种更为特殊的情况。职责完全可能存在于一个行为(Verhalten)本身之内,而责任则指向行为之外,有一个外部关联[②]。也就是说,职责是由职业规定的责任,职责最通常的含义是指与特定职位、社会角色或机构组织相互联系的义务,指主体应该做的分内之事或者因没有做好分内之事而应当承担的

---

① 胡塞尔:《欧洲科学危机与超验现象学》,张庆熊译,上海译文出版社,2008年,第7页。
② 约纳斯:《技术、医学与伦理学》,张荣译,上海译文出版社,2008年,第54页。

过失。责任并不完全由职业规定，而主要由道德或法律规定，它不仅涉及职业之内，而且涉及职业之外，责任是人应该对自己的行为负责，这种行为应该是可以答复和解释说明的。

责任的存在论根据是人与人之间的关系性。马克思说："人的本质不是单个人所固有的抽象物，在其现实性上，它是一切社会关系的总和。"①海德格尔认为人的存在是"共同存在""共同此在"。人的关系性和共在状态决定了每个人在存在论维度上都既是自身也是他人，因此，每个人对自由和权力都要以承担责任为前提。每个人既要对自己负责也要对他人负责，而且对自己负责就是对他人负责。所有人的行为、自由和权力都应该有相应的责任原则加以约束。萨特说：人应该"把自己存在的责任完全由自己担负起来。还有，当我们说人对自己负责时，我们并不是指他仅仅对自己的个性负责，而是对所有的人负责。"②每个人承担责任的方式是对自身的自由和权力加以约束，这种约束是责任的本质要义。首先，行为的自由与责任密切相关，自由是受责任约束的，因而是有界限的。只有能够认识到对公平和社会秩序的责任，人才有资格谈自由。因此，科研人员有约束自己行为自由的责任，在科学研究中要把握底线、坚持原则，否则，如果无约束地滥用自由，就有可能实施科研不端行为，而科研不端行为显然是一种不负责任的行为。其次，自由是对权力的支配，因此，责任也是对权力的约束。从这个意义上看，责任是知识和权力的函数。这一观念包含两个维度：一是责任与权力成正比：权力越大责任就越大，因为权力越大也就意味着权力给他人造成的正、反两方面的可能后果越大。因此，权力越大的人越应该有责任心，越有权力的人越应该谨慎。二是责任随权力延伸：权力的影响达到什么时空范围，责任就应该延伸到什么时空范围。在现代社会，科学就是权力，科学进步就是权力增长，科学家是拥有很大权力的人；科学对自然界和人类社会的影响，无论在空间维度上还是在时间维度上都十分巨大，科学家的行为会产生比其他人的行为更

---

① 马克思：《关于费尔巴哈的提纲》，《马克思恩格斯选集》（第1卷），人民出版社，2012年，第135页。

② 萨特：《存在主义是一种人道主义》，包利民编选，《西方哲学基础文献选读》，浙江大学出版社，2007年，第269页。

大和更长远的影响。因此,科学家应该负起更大的责任,需要用特殊的规范来约束自己的行为。科研不端就是一种不加约束的权力滥用。责任具有特定的价值蕴含,对权力和自由的约束要坚持正确的价值标准。负责任的科研应该是有正确价值蕴含的科研。作为特殊的社会实践,科学研究是有价值取向的活动,科学家的权力和自由能够被用于不同目的,这就要求科学家要把合规律性与合目的性统一起来,在科学研究中不仅要求真而且要求善;不仅要承担起做科学研究的职责,而且要承担起做好的科学研究的责任。

责任是伦理学上具有普遍性意义的范畴,责任与人同在,与人的一切行为同在,人只要存在,就要承担相应的责任。人对于与自身相联系的任何人和事都负有责任。责任与角色认同相关,只有意识到自己责任的人才算进入相应角色。责任感能够使人获得无穷力量。一个人不管从事何种职业、具有何种身份地位,在其内心深处都应该对自己所从事和献身的事业抱有不同程度的责任感。科研人员不仅处于科学共同体之中,而且处于社会共同体之中,每个科研人员都是社会关系的总和,因而必然构成责任关系,学术关系的有序性要由学术规范来维系,它需要科研人员自觉遵守,自觉增强责任意识。因此,科研人员是否自觉认识到自身所肩负的特殊责任,这是判断其是否进入科研人员职业角色的重要标准。责任在科学研究中的具体化就是学术责任。科学研究涉及科研人员与其他科研人员、科研人员与科学发展、科研人员与社会公众等维度的关系,因此,学术责任是科研人员在科学研究中担负的对其他科研人员、对科学发展、对社会公众的基本义务。学术责任是科学共同体成员应该接受并遵守的基本规则,每个科研人员都有遵守学术规范的义务,都有从事负责任科研的义务,都有对科研行为及其后果负责的义务。科研人员是责任主体,应该以学术规范作为行为准则,如果科研人员丧失学术规范、学术行为准则和学术标准的约束,其行为必然无所顾忌,他们也会丧失对科研不端的警惕,就有可能作出违背学术规范、破坏学术秩序的事情来。因此,科研人员就需要为科研不端行为负责。归结起来,人无非有两种责任:道德责任和法律责任。道德责任主要针对一种能力可能对他人造成的危害,具有在行为发生之前的前瞻性和反思性,因而被称为"远距离的伦理"、延伸的利他主义;法律责任主要针对一种能力已经对他人造成的危害,因而被称为"近距离的伦理"。科研人员首先应该承担起道德责任以避免可能危害的发生,防止道德责任演变成法律责任。科研人员的职责是科学职业所规定的任务,科研人员的责任则主要涉及科学与外部社会之间的关系,它从科学的社会功能方面体现出来。科研人员的工作能够影响国家民族甚至人类的未来,因而涉及社会利益,这是科学家应该承担责任的重要原因。通过对科研人员的精神世界培根铸魂,科学参与到国家民族甚至人类的精神传统之中,科学研究是崇高的事业,科研人员必须自觉认识到其中蕴涵的巨大责任。

在科学研究问题上,长期以来有一种重要观点,那就是科学研究无禁区,科学只管发现而不管应用。20 世纪以来,在经历了两次世界大战的野蛮事件后,特别是随着分子生物学等现代科学的发展,人类越来越认识到,不仅在科学的应用过程中必须有责任作为指引,而且在科学研究过程中也必须有责任在场。必须保持责任对科学研究和科学应用的约束,科研人员应该有正确的责任观。在大科学时代,社会科学技术化的特征明显,科学技术全面进入社会生活,它如何既能够推动社会进步,又尽可能地避免给社会造成负面影响? 在科学与社会之间必须有一个"过滤器",科研责任就应该充当这个"过滤器"。因此"科学工作者必须更加自觉地遵守人类社会和生态的基本伦理,珍惜与尊重自然和生命,尊重人的价值和尊严,同时为构建和发展适应时代特征的科学伦理作出贡献。"①社会责任感是"过滤"科学的重要武器。因此"科学工作者更加自觉地规避科学技术的负面影响,承担起对科学技术后果评估的责任"②。在治理科研不端的过程中,增强科研人员的社会责任感是世界各国普遍通行的做法。比如,美国实施了名为"负责任研究行为"的行动准则;澳大利亚实施了"负责任的研究行为准则"等。相比之下,我国虽然在科研道德、科研诚信和学术规范的建设等方面作了大量工作,但是除了中国科学院、中国科学院学部主席团于 2007 年公布了《关于科学理念的宣言》外,各大学和科研

---

① 中国科学院学部主席团:《关于科学理念的宣言》,《光明日报》2007 年 2 月 27 日。

② 中国科学院学部主席团:《关于科学理念的宣言》,《光明日报》2007 年 2 月 27 日。

机构尚未出台标准统一的"研究行为准则"①。为此,应该尽快出台类似文献,对科研行为制定明确的规范,比如在科研信息保密、科研数据存档规定、科研道德的原则和底线、论著署名的规定、对科学研究的监督管理办法、科研利益的获取原则等方面都应该划定行为界线。制定科研行为规范的实质是要尊重科研人员对科学、社会和他人的责任。

增强科研人员的社会责任感,还应该从科学与社会的协作关系中加以思考。科学与社会协作,意味着科学家的社会责任也是与社会相关的。科学要发挥其实用价值以服务社会,但是,社会对科学的要求和评价除了功利标准之外,还应该有其他要求和其他评价标准。如果对科学完全进行功利主义评价,那么,即使科学极大地满足了社会的功利需要,发挥了自身的功利价值,社会对科学也有可能产生负面评价。可以说,这是科学与社会协作中的一种悖论,这个悖论意味着,科学在与社会协作的过程中,要对自身有准确定位,社会也要对科学有准确定位,否则不仅不利于科学的健康发展,而且也不利于社会的健康发展。比如科研不端,它跟科学与社会的协作有关,很多科研不端源于科学与社会协作,但是,科研不端的大量出现又破坏了科学在社会公众中的形象,也改变了社会公众对科学的态度和评价。在极端情况下,科研不端甚至会影响社会对科学的投入。在西方,有远见的教育家已经意识到,科研不端已经危及公众对大学和科学的信心。可见,科研不端有可能是在科学与社会协作中产生的,但科研不端又有可能反过来破坏科学与社会的协作,损害科研人员、大学和科研机构在公众心目中的形象,从而对学术生态产生不良影响。因此,科研不端是不负责任的行为,不仅是对科学不负责任,对其他科研人员不负责任,而且是对社会不负责任,因此,增强科研人员的社会责任感是治理科研不端的必然要求,也是推动科学与社会协作健康发展的必然要求,不仅是科学界的任务,而且是全社会的任务。

要加强科研诚信教育。科研诚信的缺失无疑是导致科研不端的重要原因,相应地,增强科研人员的科研诚信也是治理科研不端的重要路径。无论古今中外,诚信都是社会发展进程中人人应该遵守的道德规范。诚

---

① 中国科学院学部主席团:《关于科学理念的宣言》,《光明日报》2007 年 2 月 27 日。

信是衡量个体行为的重要道德标准,它要求每个人以诚取信于人,以真取信于人。相反,科研不端试图以虚假取信于人、以欺骗取信于人,而事实上,虚假和欺骗不能取信于人。因此,科研不端与诚信背道而驰,它是对科学研究中诚实、守信等科研道德的践踏,应该予以坚决杜绝。

世界各国对科研不端的治理都注重科研诚信建设。在美国,维护和保持大学生的学术诚信是治理科研不端过程中较早受到关注的问题,对这一问题的关注最早可以追溯到 19 世纪中期,至今已经有百余年的历史。迄今为止,美国学术界并没有形成对"学术诚信"的统一界定。为了培养研究生学术诚信的品质与学术责任感,美国高校开设了四类课程:RCR 培训课程、CITI 在线课程、知识产权课程和 OEC 在线课程等。[①] 在整个学习过程中,高校都会有相应的管治措施,加强对科研不端行为的约束,并且注重营造学术诚信氛围和加强学生与学生之间的相互监督。针对已经出现的违背学术诚信的行为,学校会在公平公正的取证调查之后,根据相应条例和规定进行惩处,至于在调查、取证和审理过程中的隐私保护工作,美国高校的做法是可圈可点的。对违纪人员的隐私保护制度使美国高校的学术诚信治理更为完善。从 1990 年开始,美国国立卫生研究院就要求,在国家研究辅助基金(NRSA)的申请中,必须包含正式或非正式的科研诚信培训项目,其对象集中于研究生及博士后阶段研究人员,建议针对他们开展数据的记录和保存、负责任的署名等的培训工作。[②] 1992 年,科研诚信办公室(Office of Research Integrity, ORI)在美国成立,它由科学诚信办公室与科学诚信审查办公室合并而成,该组织主要负责调查和监督科研不端行为,制定相应的防治和惩戒制度,开展学术诚信的教育。[③] 同年,美国"学术诚信中心"(CAI)在斯坦福大学成立,1997 年该中心迁至杜克大学,2008 年迁至克里姆森大学南校区,2010 年更名为

① 杨新晓、陈殿兵:《循法成德:美国大学生学术诚信培养特征及路径探究》,《现代教育科学》2020(01):150—156。
② 赖雪梅:《美国高校研究生学术诚信课程设置及其特色探析》,《学位与研究生教育》2017(04):64—69。
③ 符琼霖:《美国大学荣誉教育组织发展的制度探索及启示》,《外国教育研究》2020(09):63—74。

"国际学术诚信中心"（ICAI），该中心成员现今已经遍布世界上 19 个国家。[①] 2010 年 7 月，在新加坡举行的第二届世界科研诚信大会上，通过了《科研诚信新加坡申明》；2017 年 5 月，欧洲科学院联盟向欧盟委员会呈交了新的《欧洲科研诚信行为准则》；英国在国家层面出台了"维护科研诚信协约"等。

在我国，党的十八大召开后不久，中央文明委就发布《关于推进诚信建设制度化的意见》，这是我国第一份强调从制度层面推进国家诚信建设的中央文件。2016 年 5 月，国务院发布《关于建立完善守信联合激励和失信联合惩戒制度加快推进社会诚信建设的指导意见》；2016 年 9 月，国务院颁发《关于加快推进失信被执行人信用监督、警示和惩戒机制建设的意见》。另外，教育部发布的《高校人文社会科学学术规范指南》、中国科技部发布的《科研活动诚信指南》等，都是科研诚信建设的重要举措。

科学的"研究法则"被亚里士多德称为"智性美德"，而其中最重要的两条是自由探究（free inquiry）和智识活动中的诚实（intellectual honesty）。按照帕利坎的说法，一方面，科学探究的自由与言论自由是有区别的，这种区别表现在言论自由的根据是宪法规定，因而与社会制度有关，它由民主国家的社会制度担保，在专制国家不存在言论自由。可是，科学探究的自由在范围和限度上不同于言论自由，它不是以宪法为根据的，也不应该因社会制度的不同而不同，不同社会制度的科研人员都应该享有言论自由。另一方面，无论言论自由还是科学探究的自由，都不是绝对自由，而是受限制的自由，言论自由中的"不自由"，即受到限制的部分，主要是由纪律或法律限定的，学术自由中的"不自由"则主要是由道德限定的，在这种对学术自由的限定中，最基本的道德原则就是诚信。因此，研究法则"以一种特殊的方式把自由探究和智识活动中的诚实不可分离地结合起来了。"[②] 从存在论维度看，人是在关系中的存在，所以，人的自由是相对自由而不是绝对自由，每个人都要限制自己的一部分自由，才能

---

① 张妍、胡剑：《美国国际学术诚信中心：历史、功能及启示》，《高教探索》2016（07）：67—71。ICAI-History [EB/OL]．[2015 - 04 - 19]．http://www. academic integrity. org/icai/about-3. php.

② 帕利坎：《大学理念重审》，杨德友译，北京大学出版社，2008 年，第 54 页。

确保社会关系的和谐。因此,诚信包含有通过对自己的言行加以约束来为他人负责、维持社会整体和谐稳定这一维度。科学研究中的诚信就是科学研究中的"有限自由"、相对自由,科研不端则是科学研究中的"无限自由"、绝对自由。显然,有限自由或相对自由应该得到提倡,无限自由或绝对自由应该得到摒弃。

科研诚信是诚信原则在科学研究中的具体表现,因此,科研诚信既具有人类一切实践活动都应该遵循的普遍性,也具有只是在科研活动中才存在的特殊性。科研诚信的特殊性是由科研活动的特殊性规定的,也是由科学研究的内在特征规定的。同时,科研诚信的内涵和特征也不是固定不变的,它会随着社会发展、科学发展、科学与社会之间关系的发展而变化,因此,科研诚信的内涵和特征具有时代性、动态性。大致可以从以下几个维度把握科研诚信的内涵和特征:一是从科研主体与客观世界的关系看,由于科学研究是求真的活动,科学是对客观世界的真理性认识,因此,科研人员对科学要"诚实",科研人员应该以诚立言,科研人员不诚实相当于"欺天";从科研人员之间的关系以及科研人员与社会之间的关系看,由于诚实是信任的基础,因此,科研人员应该以诚立信、以真立信,科研人员不诚实相当于"欺世"。可见,作为追求真理过程中的道德原则,科研诚信集中体现了真与善、科学与人文的统一,"诚"就是真,"信"就是善,真是善的基础,善是真的保障,如果丧失了诚,就丧失了信的基础,如果丧失了信,也就丧失了诚的保障。因此,诚信是学术秩序的根本法则,丧失诚信必然导致学术秩序的混乱。诚实守信是保障科学知识可靠性的前提条件和基础,而科学知识是现代社会的基础,这意味着不讲诚信就是在破坏现代社会发展的基础,可见,科研人员不应该从事任何不诚信的行为,社会也不应该容忍不诚信的行为。

诚实守信主要意味着两个方面的要求:一是科研人员在自身的科学研究中诚实守信。在科学研究中,科研人员在项目设计、数据资料采集分析、科研成果公布、科研成果署名以及在求职、评审、评奖等方面应该实事求是,应该以客观、真实的态度对待科学研究和科研成果,反对一切弄虚作假行为。对科研成果中的错误和失误,应该及时以适当的方式予以公开和承认;二是对他人科学研究的诚实守信。科研人员在评议、评价他人贡献时,必须坚持客观标准,避免主观臆断。显然,诚实守信的灵魂是科学真理的价值高于个人利益,个人利益必须服从科学真理而不能凌驾于科学真理之上,这一原则有助于形成科学第一、真理至上的学风;有助于以真实、客观的真理关系来建构学术关系,而不是以非科学的利益关系来构建学术关系,防止利益关系和等价交换原则等非学术因素介入学术活动之中,从而使利益关系从学术关系中剥离,使学术成为求真活动,形成健康的学术生态。维斯特说:"诚实是科学能够建立的唯一可能基础。"[①]科研人员为什么要讲诚信? 理由主要可以从以下几个方面去把握:

诚信是一种理性法则。讲诚信不是人与人之间的感情问题,感情深就讲诚信,感情浅就搞欺骗,这是不行的。诚信是一种普遍性法则,所谓"童叟无欺"指的就是这种普遍性,其实男女无欺、贵贱无欺、尊卑无欺、老幼无欺……在"无欺"这个问题上,人人平等,人人适用,每个人都享有不被欺骗的权利,每个人都不具备欺骗他人的权利。诚信不仅是人与人之间的道德法则,而且是人与人之间的理性法则。其一,诚信要求每个人所作的承诺应该以严肃的理性思考为基础,不经过理性审视而作的轻率诺言必然是儿戏性质的、非理性的。因此,诚信原则要求不要轻率作承诺。其二,诚信是知与行的统一,在理性上知道该怎么做才是对的,在实践上就理性地去践行,这就是行动上的诚信。知行分离、说一套做一套,这种人不可能是诚信的。诚信既是一种理性认识,也是一种理性行为,两方面的统一构成诚信的理性人格。因此,诚信的前提是理性人格的形成,没有理性人格就不能理性思考并作理性承诺,也不能理性地约束自己的行为并理性地行动。因此,理性人格/理性的人格性是诚信的人格前提。

诚信是在人的关系性中建立秩序的基本法则。人是社会关系的总和,科研人员不是孤立的个体,而是在社会关系中的存在。因此,在存在论维度上,科研人员既是自身也是他人,科研人员的言论和行为既影响自身也影响他人。人与人之间的关系不能无序和紊乱,而必须有秩序而和谐,诚信就是在人与人之间的关系中建立秩序的基本法则,若讲诚信,则有秩序;若无诚信,则意味着失序。在一个无序的社会关系中,个人会无

---

① 维斯特:《一流大学 卓越校长》,蓝劲松主译,北京大学出版社,2008 年,第 164 页。

所适从,社会生活会乱套。同样,科研诚信是科学界保持良好秩序的基本法则,而科研不端是对科研诚信的违背,因而是科学界丧失学术秩序的重要根源。学术秩序无序是学术生态恶化的根源和表现,因此,坚守科研诚信也是建设健康学术生态的重要环节。治理科研不端的一个重要途径是凸显科研诚信,使其成为科学界人人遵守的基本法则,只有如此,才能让科学界的学术秩序由乱而治,从无序走向有序。

诚信是个人的生存根基。既然人是关系性的存在,而诚信是在人际关系中建立秩序的重要法则,因此,诚信也就成为每个人进入人群共同体的通行证、入场券,讲诚信的人才有资格进入有秩序的社会,不讲诚信的人只能破坏社会秩序,这种人必然被社会排斥和孤立。不讲诚信就不能进入特定人际关系,就意味着被特定社会关系排斥,从而成为游离于人群共同体之外的孤立个体,无法在人群中生存发展,这就是"人无信不立"的重要内涵。不能在人际关系中立身,也就无法在人群中立言,这种人在人群中就无法生存了。正因为如此,中国文化把诚信看得比生命更重要,比土地城池更重要。从这种意义上说,不讲诚信就意味着宣判自己社会生命的死刑,意味着社会生命的丧失:即作为人的关系性死了。所以,诚信能够使人获得作为人的本质,人只有首先在人的关系性中获得存在,然后才能生存和发展;如果在人群中不能立住,无立足之地,没有自己的社会生态位置,何谈生存和发展? 从这个维度上看,科研人员坚守科研诚信,就是维护自己在科学界的生存基础、立足之地,讲诚信是科研人员的生存之本。相反,科研人员不讲诚信,就是破坏自己在科学界的生存基础,他们就会丧失在科学界的立足之地,实施科研不端的科研人员是最不懂得生存之道的人。

诚信是生存确定性和安全感的基础。作为秩序性的延伸,人只有在有序的社会关系中才能有确定性和安全感,因为只有在有序的人际关系中,人才能相互信任,人的言行才是可预期的,否则,人与人之间失去了互信的基础,对一切丧失了确定性,人就生活在不确定性和无安全感的环境之中了。所以孔子说"人而无信,不知其可也"[①]。人际关系需要确定性,每个人都需要安全感,这是社会稳定的基本标志,诚信是建立确定性和安

[①] 孔子:《论语》,陈晓芬译注,中华书局,2016 年,第 20 页。

全感的基本法则。诚信代表的是确定、安全和可预期;不诚信代表的是不确定、不安全和不可预期。每个人在人际关系中都是追求确定性而逃避危险性的。因此,人应该坚守诚信的一个重要原因在于,诚信作为一种理性法则,能够让人摆脱危险性而达到确定性、摆脱不安全而达到安全,社会也能从不稳定达到稳定。每个人都想避免人际关系中的不确定性,也想避免人际关系中的危险性,而不讲诚信就是人际关系中最大的危险,不讲诚信的人就是最大的危险分子。谁都喜欢能给自己带来安全感的人,谁都讨厌给自己带来危险性的人。孔子说"人而无信,不知其可也"的另一层意思是说,只有讲诚信的人才能给人带来确定性/安全感/可预期,这种人才是可交的;反之,不诚信乃是无常性和危险性的代名词,不讲诚信的人只能给人带来不确定性/不安全感/不可预期,这种人是危险的和不可交的。跟讲诚信者交,就是进入一种有秩序的状态,跟不讲诚信者交,就是进入无序状态,何去何从,一目了然。科研不端的危害之一在于,它瓦解了科研人员之间的互信基础,使科研人员丧失了科学研究中的确定性和安全感,试想,如果科研人员互不信任,无法确定其他科研人员提供的数据和结论是否真实,随时担心自己的科研成果被恶意剽窃和抄袭,那科研人员还有什么确定性和安全感?科学研究还有什么稳定性?加强科研诚信,治理科研不端,就是要摒弃科学研究中的不确定性、风险性,让科学研究建立在真实、可靠和稳定的基础之上,同时也是建立科学界的互信基础,让科研人员获得确定性和安全感。

诚信决定生存的基础和方向。诚者真实,信者可靠,人为什么都相信真实而厌恶虚假?因为真实是每个人生存的基础,一切生存的决策都必须在真实性的基础上做出来才是有价值的。如果以虚假的东西为基础去作生存决策,则必然导致人生的原则性错误,从而导致做人做事走到错误的方向上去。因此,是否讲诚信,这对人来说具有引领生存方向的作用,诚信能够把人引导到正确方向上去,而不诚信则容易把人引向歧途甚至引向危险。言重一点说,诚信可以成就人,不诚信可以毁灭人。在科学界,诚信也是科学研究的基础,它能够引领科学研究的方向。科学研究是求真的事业,它必须建立在真实可靠的数据、材料、信息和结论之上,每个科研人员都有责任提供真实信息,如果科研人员造假、作伪,给科学界提供虚假信息，那就会导致其他科研人员的科学研究建立在虚假材料基础之上，从而浪费科研资源，浪费科研人员的时间和精力，也误导科学界的学术同行，从而对科学事业带来严重损害。可见，科研不端有可能导致科学研究建立在虚假信息的基础之上，有可能导致科学研究的方向性错误，有可能给科学同行以至整个科学界造成严重损失，它是对科学求真本性的严重破坏，也是对他人科研工作的干扰，是不负责任的行为。加强科研诚信建设，就是要夯实科学研究的真理性基础，引导科学研究朝着正确方向发展。诚信代表了一种责任，加强科研诚信建设，就是倡导负责任的科研。由于人的关系性，每个人的言论和行为都会对他人构成影响。因此，每个人都有责任管束好自己的言行，从而为他人负责。诚信才能给他人带去好的影响，不诚信则有可能给他人带去危害，而这是绝对不可以的。

诚信蕴含"人是目的"。诚信包括理性承诺和理性践行两个方面。知行合一。因此诚信意味着把人当目的。不诚信的实质就是把人当工具，将在人之外的原因作为目的，从而把人降格为工具和手段，这实质上是用外在功利价值来剥夺人的价值，是对他人价值和尊严的践踏。所以康德的伦理学要求把人当目的。科研不端的实质是把其他科研人员，甚至把社会公众当成工具和手段，把自己的利益当成目的。加强科研诚信教育，要求科研人员坚守人是目的的原则，将人是目的作为科研中的"绝对命令"。

六　科研人员的学术规范教育

科学研究需要在有序的学术生态中进行，学术秩序是保证科学研究健康发展的基本条件，而规范科研人员的行为、维护科学界的秩序，关键要发挥学术规范的制约作用。实践是合规律性与合目的性的统一，合规律性，要求行为必须遵循客观规律，这是对行为的真理性要求；合目的性，要求行为必须遵循价值规范。任何行为都要遵循行为规范，这是规范的普遍性；不同行为要遵循特殊的行为规范，这是规范的特殊性。自古以来，不同行业都要制定各自的"行规"，行规就是行为规范，它是普遍性规范在具体职业中的具体化，是普遍性与特殊性的统一。学术规范是学术界的行规,它既体现了道德规范的普遍性,也体现了学术领域的特殊性。行为的真理性和价值性缺一不可,不注重其中任何一方面,就不能开展有原则高度的实践。科学研究也是如此,不注重学术的真理性和价值性,就不可能开展有原则高度的科学研究。科学研究是有价值蕴含的,学术规范的重要性在于,它能够将科研人员的科研行为划定在特定界限、特定范围之内,在这个界限和范围之内的科研行为是善的,而一旦超越这个界限和范围,科研行为就有可能变成恶的。因此,学术规范的意义在于划定科研人员行为的善恶界限。科研不端无疑是一种恶行,它使科学研究偏离了正确的价值标准、逾越了合理的价值边界。如果科研人员不遵守基本的学术规范,无视基本的学术底线,就难以保持科研人员应有的学术操守,必然践踏科研人员应有的学术形象,破坏科学研究的价值准则,最终使学术秩序和学术生态受到破坏。

学术规范体系的建设是一个系统工程,除了制定完备的学术规范、制定严格执行学术规范的体制机制,还要加强学术规范教育。科研不端分为故意违规与过失违规两种情况,在已经发现的科研不端案例中,有一些科研人员并不是故意违反学术规范和科研道德,而是因为缺乏基本的学术素养而无意触犯的,他们属于科研不端中的"过失犯规"者,这种情况表明,现有科学教育中缺失了学术规范教育这一块,至少对学术规范教育没有给予足够重视。实际上,大学教育和科研机构的研究生教育中,普遍重视科学素养、科研能力、知识基础、科研方法的教育,而相对忽视学术规范素养、学术道德素养、学术诚信意识等方面的教育,这就很容易导致科研人员只懂得"怎样做科研"而不懂得"怎样用正确的规范做科研",有些人违反了学术规范而不自知。科学界应该制定适用于每个科研人员的"行规",这些行规就是人人必须遵守的学术规范,它应该成为科学界具有法律意义的规范,这些规范应该成为科研人员进入科学界的入门证,成为科研人员在科学共同体中立足的身份证。学术规范应该成为科研人员的存在论根据,不遵守学术规范、逾越学术规范划定的界限,就意味着科研人员丧失学者身份,丧失在科学共同体中存在的资格和合理性。既然科学研究实践有真理性和价值性两个方面,那么,学术训练主要包含科研能力的提升和学术规范的养成两个方面,科技人员就应该有两方面的素质。

学术规范教育应该贯穿科研人员学习和科研活动的全过程,成为科研人员的终身教育,它主要包括科学精神、科研道德、科学研究的行为准则等方面的教育,通过科学精神的教育培养科研人员的求真、理性、实证、批判等精神气质。通过科研道德和行为准则的教育培养科研人员的求善、诚信、责任感、人文、民主等精神气质。要让科研人员既懂得科学研究应该遵循何种规律,又懂得科学研究应该遵循何种学术规范。要让科研人员掌握合理引用、借鉴他人成果和文献的正确规范;实验数据的采集、记录和适用规则等。学术规范教育、人文素质的培养,目的在于增强科研人员自律的意识和自律的能力,引导他们自觉遵守学术规范,严格约束科研行为,遵守科研过程中的行为规范和道德准则,避免科研不端的发生。

学术规范教育在很大程度上是全社会面临的问题。当代社会是以知识为基础的社会,一个以知识、科学和技术为基础的社会,必然是科学思维、技术思维泛化的社会,也必然是专业化的社会,于是,运用科学、技术尺度衡量人,甚至衡量一切,已经成为当代社会的基本做法。这就意味着,人人参与学术、用学术要求每个人成为当代社会的重要特征。比如,职称最初是在大学、科研机构中适用的一种职阶,可是,现在已经变成了社会很多领域和部门的职业符号和职业要求。1986年,我国人事部门开始搞职称改革,实行专业技术职务聘任制,国务院当时设置了21个专业技术职称系列,到现在,国家已经建立了29个专业技术职称系列,教育、科学、文化、卫生、医疗、演艺、厨师等各个行业都要搞职称评定,而评定条件往往都以论文、论著为基础,这种变化使学术要求成为各个行业的普遍性要求。问题是,职称评定是跟资格、地位和工资收入挂钩的,职称是一个名利双收的东西,于是,利益驱动介入各个行业的职称评定中,它以强大的动力推动各行各业千军万马"搞学术""搞科研",在强大的利益动机驱动下,各行各业掀起了"全民学术"的高潮,千军万马发论文、出专著、拿学位,全社会兴起大搞科学研究之风,大兴学习之风,本来是对社会发展有益的事情,但是,如果仅仅基于评定职称的需要等利益目的去搞科研,那就是动机不纯、偏离科学研究初心的。如果对这种现象不加以管理,有没有可能变成千军万马糟蹋学术、千军万马冲击学术界? 如果纯粹基于利益需要发文章、出专著、拿证书、拿学位,那就很容易将科学研究引导到功利主义方向,很容易导致科学界与社会其他领域的利益共谋,从而使各个行业的游戏规则介入科学界,各行各业的急功近利之风渗透到科学界,严肃的学术规则遭到破坏,这对科研不端的滋生形成巨大的推动力量。在这种情况下,科学研究必然成为短期行为,学术研究规律、科学研究的求实精神、学术研究所需要的严谨、学者应该遵循的基本学术规范和学术道德等,都有可能被践踏。比如不择手段拿项目/搞经费、四处挂名发表论文出版专著、购买论文著作署名权、权力与学术共谋、发表文章和出版著作不坚持学术标准、不讲学术公正、不注重学术质量,只考虑权力大小、职称高低、名气有无、关系亲疏、出价多少等,如此一来,在表面的学术的繁荣之下隐藏着的必然是原创缺乏、学风和学术道德失落、学术生态和学术文化堕落等等。可见,加强学术规范教育,建立相关体制机制确保学术界按照严格的学术规范运行,已经成为知识经济社会科研不端治理的重大任务。

参考文献

马克思:《1844 年经济学哲学手稿》,人民出版社,2008 年版。

马克思、恩格斯:《马克思恩格斯文集》(1—10 卷),中共中央马克思恩格斯列宁斯大林著作编译局编译,人民出版社,2009 年版。

马克思、恩格斯:《马克思恩格斯选集》(1—4 卷),中共中央马克思恩格斯列宁斯大林著作编译局编译,人民出版社,2012 年版。

斯塔夫里阿诺斯:《全球通史》(上、下),吴象婴等译,北京大学出版社,2005 年版。

北京大学哲学系外国哲学史教研室编译:《西方哲学原著选读》(上、下),商务印书馆,2011 年版。

希尔贝克、伊耶:《西方哲学史》(上、下),童世骏、郁振华、刘进译,上海译文出版社,2012 年版。

黑格尔:《哲学史讲演录》(1—4),贺麟等译,商务印书馆,1997 年版。

黑格尔:《小逻辑》,贺麟译,商务印书馆,2004 年版。

黑格尔:《法哲学原理》,范扬、张企泰译,商务印书馆,1961 年版。

黑格尔:《精神现象学》(上、下),贺麟译,商务印书馆,1983 年版。

柏拉图:《理想国》,郭斌和、张竹明译,商务印书馆,2012 年版。

亚里士多德:《形而上学》,吴寿彭译,商务印书馆,2016 年版。

亚里士多德:《政治学》,吴寿彭译,商务印书馆,2017 年版。

亚里士多德:《尼各马科伦理学》,苗力田译,中国社会科学出版社,1999 年版。

亚里士多德:物理学,张竹明译,商务印书馆,2002 年版。

胡塞尔:《欧洲科学危机和超验现象学》,张庆熊译,上海译文出版社,2005 年版。

伽达默尔:《哲学解释学》,夏镇平、宋建平译,上海译文出版社,1994 年版。

海德格尔:《存在与时间》,陈嘉映、王庆节合译,生活·读书·新知三联书店,2012 年版。

费迪耶等:《晚期海德格尔的三天讨论班纪要》,丁耘编译,哲学译丛 2001(3)。

霍克海默:《霍克海默集》,曹卫东编选,上海远东出版社,2004 年版。

西美尔:《货币哲学》,陈戎女等译,华夏出版社,2002 年版。

韦伯:《新教伦理与资本主义精神》,康乐、简惠美译,广西师范大学出版社,2007 年版。

韦伯:《经济与社会》,阎克文译,上海人民出版社,2010 年版。

韦伯:《学术与政治》,冯克利译,商务印书馆,1998 年版。

韦伯:《伦理之业》,王容芬译,广西师范大学出版社,2008 年版。

丹皮尔:《科学史及其与哲学和宗教的关系》,李珩、张今译,商务印书馆,1995 年版。

怀特海:《科学与近代世界》,何钦译,商务印书馆,1997 版。

伯特:《近代物理科学的形而上学基础》,徐向东译,北京大学出版社,2003 年版。

科林武德:《自然的观念》,吴国盛、柯映红译,华夏出版社,1999 年版。

墨顿:《社会理论和社会结构》,唐少杰、齐心等译,译林出版社,2015 年版。

墨顿:《科学社会学》(上、下),鲁旭东、林聚任译,商务印书馆,2004 年版。

墨顿:《十七世纪英格兰的科学、技术与社会》,范岱年译,商务印书馆,2000 年版。

默顿:《科学的规范结构》,《科学哲学》1982 年第 4 期,第 122 页。

卢梭:《爱弥尔》(上、下),李平沤译,商务印书馆,2013 年版。

卢梭:《论科学与艺术的复兴是否有助于使风俗日趋淳朴》,李平沤译,商务印书馆,
    2002 年版。

孔子:《论语》,陈晓芬译注,中华书局,2013 年版。

庄子:《庄子》,孙通海译,中华书局,2016 年版。

赖永海主编:《坛经》,尚荣译注,中华书局,2013 年版。

梁奇译注:《墨子译注》,上海三联书店,2014 年版。

梁启超:《梁启超论教育》,商务印书馆,2017 年版。

冯友兰:《中国哲学简史》,世界图书出版公司,2013 年版。

贝尔纳:《科学的社会功能》,陈体芳译,张今校,商务印书馆,1985 年版。

巴伯:《科学与社会秩序》,顾昕等译,生活·读书·新知三联书店,1991 年版。

希尔斯:《学术的秩序》,李家永译,商务印书馆,2007 年版。

齐曼:《元科学导论》,刘珺珺等译,湖南人民出版社,1988 年版。

爱因斯坦:《爱因斯坦论著选编》,上海人民出版社,1973 年版。

贾德森:《大背叛:科学中的欺诈》,张铁梅、徐国强译,生活·读书·新知三联书店,
    2011 年版。

维斯特:《一流大学　卓越校长》,蓝劲松译,北京大学出版社,2008 年版。

帕利坎:《大学理念重审》,杨德友译,北京大学出版社,2008 年版。

斯劳特、莱斯利:《学术资本主义》,梁骁、黎丽译,北京大学出版社,2008 年版。

吴国盛编:《技术哲学经典读本》,上海交通大学出版社,2008 年版。

陈平原、谢泳《民国大学》,东方出版社,2013 年版。

中国科学院:《科学与诚信　发人深省的科研不端行为案例》,科学出版社,2013 年版。

美国科学院、美国工程院、美国医学研究院:《科研道德　倡导负责任行为》,苗德岁译,
    北京大学出版社,2007 年版。

高文波、柳咏心:《对美国高校处理学术不端行为机制的研究》,《学校党建与思想教育》
    2011(25)。

杨新晓、陈殿兵:《循法成德:美国大学生学术诚信培养特征及路径探究》,《现代教育科
    学》2020(01)。

杨柳群:《美国常春藤大学学生事务管理研究》,湖南师范大学博士论文,2019 年。

杨柳群:《美国大学生学术不端防治与启示——以哈佛大学、普林斯顿大学、康奈尔大
    学为例》,《长江师范学院学报》2019,35(06)。

禹旭才、闫峥:《美国大学生学术诚信教育的"三阶段"与"三结合"》,《当代世界与社会
    主义》2014(01)。

张银霞:《美国常春藤联盟高校本科生学术诚信治理模式研究》,《比较教育研究》2016,
    38(09)。

刘爱生:《防治学生学术不端:美国高校的两种路径差异及其启示》,《江汉大学学报(社
    会科学版)》2020,37(04)。

刘爱生:《美国高校学术不端的调查程序与处罚机制——以埃里克·玻尔曼案为例》,《外国教育研究》2016,43(11)。

王凤玉、张馨予:《诚信为本:美国高校荣誉制度探究》,《沈阳师范大学学报(社会科学版)》2019,43(02)。

张爱芳:《美国大学学生荣誉承诺制度——内容与意义解读》,《比较教育研究》2008(07)。

宫艳华:《美国大学荣誉制度探析》,《比较教育研究》2011,33(11)。

高新战、刘培蕾:《美国高校的荣誉规章制度及启示》,《教育学术月刊》2009(11)。

刘朝芳:《美国弗吉尼亚大学荣誉制度研究》,上海师范大学硕士论文,2020年。

朱燕、吴连霞:《麻省理工学院对学术不端行为的处理程序及评析》,《世界教育信息》2008(03)。

胡科、陈武元:《高校学术不端行为治理的国际经验及其启示——以斯坦福大学、剑桥大学、东京大学为例》,《东南学术》2020(06)。

陈翠荣、张一诺:《美国高校学术不端行为处理程序分析——以四所美国研究型大学为例》,《教育科学文摘》2016,35(5)。

马焕灵、赵连磊:《美国高校学生学术不端行为校园规制摭探》,《比较教育研究》2012,34(09)。

王晓瑜、温从雷:《品味一流大学的开放与严谨——论芝加哥大学的学术人事管理特点》,《辽宁教育研究》2007(02)。

苏志勇:《芝加哥大学通识教育课程设置及管理研究》,《湖南师范大学》2011年。

李晓燕:《美国高校治理学术不端行为制度研究》,《陕西师范大学学报(哲学社会科学版)》2014,43(4)。

郭洁、郭宁:《美国传统名校是怎样捍卫学术诚信的——普林斯顿大学本科生学术规范管理制度评述》,《比较教育研究》2008(07)。

王洪涛、徐晋、吕瑞博、贾青青:《国外高校研究生科研诚信建设经验借鉴》,《教育教学论坛》2020(49)。

李奇:《美国大学学术诚信问题的研究报告》,《比较教育研究》2006(05)。

王阳:《美国科研诚信建设演变的制度逻辑与中国借鉴》,《自然辩证法研究》2020,36(07)。

赵婷婷、冯磊:《依法监管,防治结合——美国学术不端治理体系的结构与特点》,《大学教育科学》2016(3)。

王英杰:《改进学术环境,扼制研究不端行为——以美国为例,比较教育研究》2010,32(01)。

史玉民:《论科学活动中的越轨行为》,《科学管理研究》1994(02)。

蔡瑞:《国外学术不端行为治理机制及其启示》,哈尔滨师范大学硕士论文,2015年。

赖雪梅:《美国高校研究生学术诚信课程设置及其特色探析》,《学位与研究生教育》2017(04)。

符琼霖:《美国大学荣誉教育组织发展的制度探索及启示》,《外国教育研究》2020,47(09)。

黄军英:《美国政府在科研诚信体系建设中的作用研究》,《科技管理研究》2018,38(12)。

水梦云、金卫婷:《美国处理学术不端中的保密政策》,《科技中国》2006(8)。

韩宇、王国骞、李安:《美国国家科学基金会对学术不端行为的法律规制》,《中国基础科学》2009,11(06)。

李安、王国骞、韩宇:《美国国家科学基金会处理学术不端行为的法律程序》,《中国基础科学》2010,12(01)。

淮孟姣、潘云涛、袁军鹏:《美国科研诚信管理体系建设研究——以美国科研诚信办公室为例》,《全球科技经济瞭望》2016,31(12)。

Robert A. Rothman, A Dissenting View on the Scientific Ethos, *British Journal of Sciology*, 23(1972).

The Honor Systemin American Colleges . *The William and Mary Quarterly*, 1914, Vol.23, No.1:6-9.

Ell is Ellen Deborah. The Honor System Re-examined. *The Journal of Higher Education*. 1966.37(8):460.

Turner Sharon P., Beemsterboer Phyllis L. Enhancing Aca-demic Integrity: Fortmulating Effective Honor Codes. *Journal of Dental Education*. 2003, 67(10):1124.

McCabe, D L., Trevino, L K. Honesty and Honor Codes. *Academe*, 2002,88(1): 37-41.

Department of Computer Science, Columbia University. Police and Procedure Regarding Academic Dishonesty [EB/OL]. http://www. cs. colum bia. edu/education/hone sty/,2011-06-30.

Sybil Francis. Developing a Federal Policy on Research Misconduct. *Science and Engineering Ethics*, 1995(5).261-272.

Rebecca Ann Lind. Evaluating research misconduct policies at major research universities. A pilot study. Accountability in Research. *Policies and Quality Asurance*, 2005,12(3).241-262.

美国研究诚信办公室处理科研不端行为的程序[EB/OL]. [2016-01-18]. http://www. cdgdc. edu. cn/xwyyjsjyxx/hyxsdd/gjjj/276727. shtml.

美国大学学术诚信条例. https://www. forwardpathway. com/23804.

张德昭、徐慧茹:《现代性批判视野中的学术不端分析》,《自然辩证法研究》2013年第5期。

张德昭:《作为现代性现象的科研不端》,《学术界》,2016年第11期。

曾国平、张德昭:《当前研究生素质教育的几个观念问题》,《学位与研究生教育》,2005年第7期。

张德昭、张丽:《开启智慧:创新型教育的核心》,《自然辩证法通讯》2006年第4期。

张德昭、袁媛:《塑造学术人格,培养人文情怀》,《自然辩证法通讯》2007年第3期。

张德昭、杨庆峰、石敦国:《论伦理评价对科学技术的张力》,《自然辩证法研究》2002年第1期。

张德昭:《解释模式的转换与后现代科学实在论》,《教学与研究》2008年第1期。

张德昭、陈莹:《大科学时代的学术生态建设》,《科学技术哲学研究》2007年第5期。

后　记

　　科研不端是学术界的个别现象,绝大多数科研人员是诚实工作的,但科研不端也要引起重视。本书是 2018 年立项的国家社科基金西部项目"科学社会学视野下的科研不端问题研究"(18XZX004)的最终成果,申报书原计划于 2020 年 12 月底完成,但由于教学任务繁重,拖延到 2022 年 5 月才完成并结题,课题最终以"良好"等级顺利结题。在此,首先要感谢全国哲学社会科学工作办公室,感谢重庆市社会科学界联合会,感谢重庆大学社会科学研究处。在课题申报、立项和写作过程中,得到重庆市社科联陈开慧老师的亲切关怀,得到重庆大学社科处处长袁文全教授的关心和指导;得到重庆大学马克思主义学院各位领导和同志们的帮助与支持;参与本课题申报、在研究过程中给予大力支持的专家还有何兵副教授、董玲副教授、辛小勤博士等,在此,向以上各位领导和专家表示最诚挚的谢意!本书的出版还得到中央高校基本科研业务费项目"21 世纪国际共产主义史学新发展研究"(2022CDJSKZX12)等项目资助。研究生王梦诗为项目研究的资料搜集和整理做了不少工作;向文杰同学协助我处理了大量烦琐的事务,并且在书稿定型后作为第一读者仔细通读了全书,协助发现了其中的一些问题,提出了宝贵的修改意见;重庆大学公共管理学院研究生杨玲和法学院研究生洪悦等同学也协助我搜集和整理了部分资料,在此衷心感谢上述同学付出的辛苦。虽然本项目是集体申报,但全书实际上主要是我个人思考和完成的,因此,书中存在的问题和不足也应该由我个人负责。

　　科研不端是一个复杂的学术问题,也是一个复杂的社会问题,学术界对该问题的研究已经比较多,本书的研究只是在对这一问题的研究上尽一点绵薄之力。虽然在项目结题中得到了专家们的一些肯定,但我深知自己才疏学浅,对这一问题的研究并不深入,只能说从特定视角谈出了自己的一些想法,希望这些想法能够对推动科研不端问题的深入研究,对治理科研不端和推动科学研究的健康发展,对优化科研管理和科研考评以及净化学术生态等方面能够产生一点积极作用。至于书中的片面性、问题和不足等是肯定在所难免的,诚恳希望得到各位专家学者以及本书读者的指教和批评。

张德昭

2022 年 6 月于重庆渝州路陋室